AF644802

Wolf-Dietmar und Philipp Unterweger

Das große Buch vom Kleinvieh

Handbuch zur Haltung glücklicher Haus- und Nutztiere

Unter Mitarbeit von
Philipp Unterweger und Esther Schrode
Wolf-Dietmar und Ursula Unterweger

Leopold Stocker Verlag
Graz – Stuttgart

IMPRESSUM

Umschlaggestaltung:
Werbeagentur Rypka GmbH, 8143 Dobl/Graz, www.rypka.at
Titelbilder: Dr. Wolf-Dietmar Unterweger
Umschlag Rückseite: Dr. Wolf-Dietmar und Dr. Philipp Unterweger

Bildnachweis: Dr. Wolf-Dietmar und Dr. Philipp Unterweger
Farbabbildungen der Hühnerrassen: Mit freundlicher Genehmigung von Jakob Relowsky: S. 69 rechts unten, 75 rechts oben. Alle weiteren gemalten Farbabbildungen von Max Holdenried, Malmsheim, mit feundlicher Genehmigung von Marianne Holdenried.

Der Inhalt dieses Buches wurde von den Autoren und vom Verlag nach bestem Gewissen geprüft, eine Garantie kann jedoch nicht übernommen werden. Die juristische Haftung ist ausgeschlossen.

Bibliografische Information der Deutschen Nationalbibliothek
Die Deutsche Nationalbibliothek verzeichnet diese Publikation in der Deutschen Nationalbibliografie; detaillierte bibliografische Daten sind im Internet unter http://dnb.d-nb.de abrufbar.

Hinweis: Dieses Buch wurde auf chlorfrei gebleichtem Papier gedruckt. Die zum Schutz vor Verschmutzung verwendete Einschweißfolie ist aus Polyethylen chlor- und schwefelfrei hergestellt.
Diese umweltfreundliche Folie verhält sich grundwasserneutral, ist voll recyclingfähig und verbrennt in Müllverbrennungsanlagen völlig ungiftig.

Auf Wunsch senden wir Ihnen gerne kostenlos unser Verlagsverzeichnis zu:
Leopold Stocker Verlag GmbH
Hofgasse 5/Postfach 438
A-8011 Graz
Tel.: +43 (0)316/82 16 36
Fax: +43 (0)316/83 56 12
E-Mail: stocker-verlag@stocker-verlag.com
www.stocker-verlag.com

ISBN 978-3-7020-1866-5
Alle Rechte der Verbreitung, auch durch Film, Funk und Fernsehen, foto- mechanische Wiedergabe, Tonträger jeder Art, auszugsweisen Nachdruck oder Einspeicherung und Rückgewinnung in Datenverarbeitungsanlagen aller Art, sind vorbehalten.

© Copyright by Leopold Stocker Verlag, Graz 2020
Layout und Repro: Werbeagentur Rypka GmbH, 8143 Dobl/Graz
Druck und Bindung: Livonia Print SIA, Lettland

Esel und Ziegen haben ähnliche Beweidungsvorlieben. Kargheit macht sie glücklich.

INHALT

Die extensive Haltung von Ziegen und Eseln hat dazu geführt, dass eine große Vielfalt an Rassen und Lokalschlägen entstanden ist, auch bedingt durch das Futter und das Klima. Sie sind an die jeweiligen örtlichen Gegebenheiten bestens angepasst.

Schafe sind die besten Grasmäher. Sie pflegen Kulturlandschaften und erhalten die Schönheit wertvoller Obstwiesen.

DIE KLEINVIEHHALTUNG

ZIELE UND MÖGLICHKEITEN DER KLEINVIEHHALTUNG

Der Wunsch, eigene Tiere zu halten, kann vielfältige Ursachen haben. Vom Genuss des Anblicks von Bauernhoftieren im eigenen Garten, über die Nutzung der tierischen Produkte im Eigenbedarf bis hin zur Bereicherung des eigenen Verkaufsangebotes. Die Ziele, die Vorfreude und die idealisierte Vorstellung des Tierhaltens beeinflussen unsere Entscheidung.

Aber nicht allein emotionale Gründe sollen den Entschluss fällen, sondern auch rationale Überlegungen. Habe ich die nötige Zeit, die Verantwortung zu übernehmen? Wie sieht es aus, wenn die Schafe aus der Koppel ausbrechen und zusammen mit den Ziegen den nachbarschaftlichen Garten leer fressen? Habe ich die Energie und die Kraft, auch kleine Rückschläge zu bewältigen? So groß das Glück und die Freude der eigenen Tierhaltung auch sein mag – eine realistische Einschätzung der eigenen Ressourcen ist immer notwendig, um sich für das passende Tier zu entscheiden.

WELCHES TIER PASST ZU MIR?

Die Abschätzung der zur Verfügung stehenden Ressourcen beinhaltet Überlegungen auf vier abstrakten Ebenen:

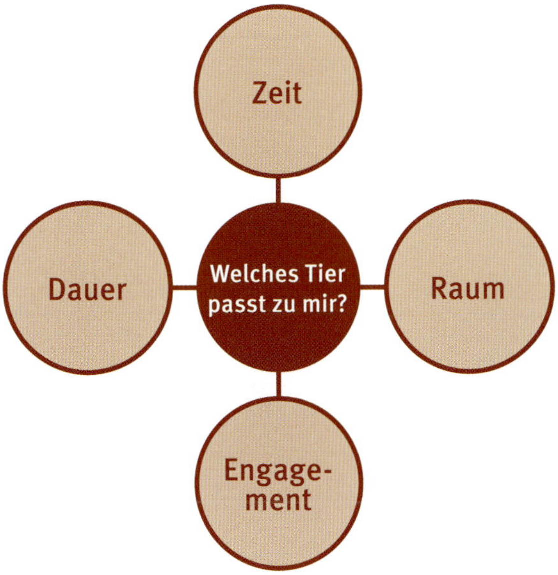

Diese vier Ebenen ermöglichen eine realistische Abschätzung der Machbarkeit. Unterschiedliche Arbeitseinteilungen und Organisationsformen lassen dann die Haltung verschiedener Tiere zu. Pauschale Aussagen zur Haltung eines Tieres sind jedoch nicht möglich, da die Rahmenbedingungen jeweils unterschiedlich sind.

Die Zeit: Zur Auswahl des passenden Tieres gehört zunächst immer die Überlegung der Zeit. Wieviel Zeit benötigt die art- und rassegerechte Haltung eines Tieres? Reicht es morgens und abends, die Tiere zu besuchen? Kann ich die Pflege und Fürsorge bewältigen? Wie sieht es in meiner Familie aus? Ist die Akzeptanz da, mir die Zeit zu gönnen, die Tiere zu versorgen? Können mir Nachbarn helfen? Ist die Arbeit teilbar? Was ist mit den Urlaubsreisen? Wer übernimmt die Vertretung? Das anspruchsloseste Tier ist sicherlich das Huhn, gefolgt vom Kaninchen. Esel und Schafe bzw. Ziegen benötigen mehr Zeitaufwand, da hier die zurückzulegenden Distanzen bis zur Weide größer werden und die Ansprüche steigen.

Der Raum: Welcher Raum steht mir für die Tierhaltung zur Verfügung? Brauche ich nur einen Stall mit passendem Auslauf? Wie groß muss dieser Stall sein, damit die Tiere tierwohlgerecht gehalten werden? Wie viele Tiere pro Fläche kann ich halten und wie ist es mit den Jungtieren, den überzähligen Männchen und den gegebenenfalls kranken Tieren? Werden Weiden benötigt? Wie viel Weide brauche ich pro Tier und Jahr? Zu jedem Weidetier gehört natürlich das Winterfutter. Heu und Zusatzfutter kann man kaufen oder kostengünstig selber anbauen. Die Fläche für die Produktion geht vom Weideland ab und die Fläche für die Lagerung des gesamten Winterfutters muss bei der Stall- und Scheunengröße berücksichtigt werden.

Das Engagement: Die Idee der Tierhaltung mag neu und fremd sein. Aber Sie sind nicht der erste Mensch, der Tiere hält. Fast alle unsere Vorfahren haben stets Tiere gehalten. Mit Erfolg, denn sonst wären sie verhungert. Obwohl wir Menschen eine Vergangenheit haben, die aus Ackerbau und Viehzucht hervorgeht, ist uns die praktische Erfahrung in Vergessenheit geraten und alles muss neu erlernt werden. Eine Herausforderung, die jeder meistern kann. Dennoch spielt die Frage nach dem Engagement eine wichtige Rolle: In wieweit kann ich mich dem Rhythmus der Tierhaltung anpassen? Wie weit gehen mein Glücksempfinden und die Frustrationstoleranz bei Rückschlägen? Wie groß ist die Bereitschaft, Verantwortung zu übernehmen und mit den Tieren durch dick und dünn zu gehen? Tierhaltung ist für jedermann. Dennoch müssen wir manchmal bis an unsere Grenzen gehen, wenn unvorhergesehene oder wenig attraktive Aufgaben auf uns zukommen.

Die Dauer: Bevor man sich mit der Haltung von Tieren beschäftigt, muss man wissen, dass die Verantwortung für diese Tiere keine Teilzeitaufgabe ist. Auch wenn man es schafft, sich die Arbeit zu teilen oder mit wenigen Stunden am Tag die Tiere tiergerecht zu versorgen, so gilt es doch, auch die Dauer einer solchen Beziehung zu berücksichtigen. Vielfach werden die Tiere sehr alt. Ein Huhn begleitet uns etwa 4 Jahre und ein Lama kann bis zu 20 Jahre alt werden. Sollte es Ihnen nicht gelingen, Tiere pragmatisch während der jungen Jahre zu schlachten, so haben Sie viele Jahre lang eine Verantwortung für diese Tiere. Gerade bei Nutztieren, die wir essen, ist eine nüchterne und akribische Planung des Schlachtzeitraums ein wichtiger Faktor. Mit jedem weiteren Jahr, welches ein Individuum älter wird, sinkt die Bereitschaft, es zu essen. Anders als bei einem guten Rotwein werden die Qualität und die Appetitanregung von älteren Tieren selten besser und die emotionale Bindung und der Gesunderhaltungsaufwand steigen.

Hühner in einem ländlichen Garten, in dem es noch eine lebensvolle Idylle gibt: Plätze zum Scharren und Picken im Schatten eines Birnbaumes, am Zaun, entlang einer Hecke, auf der Wiese.

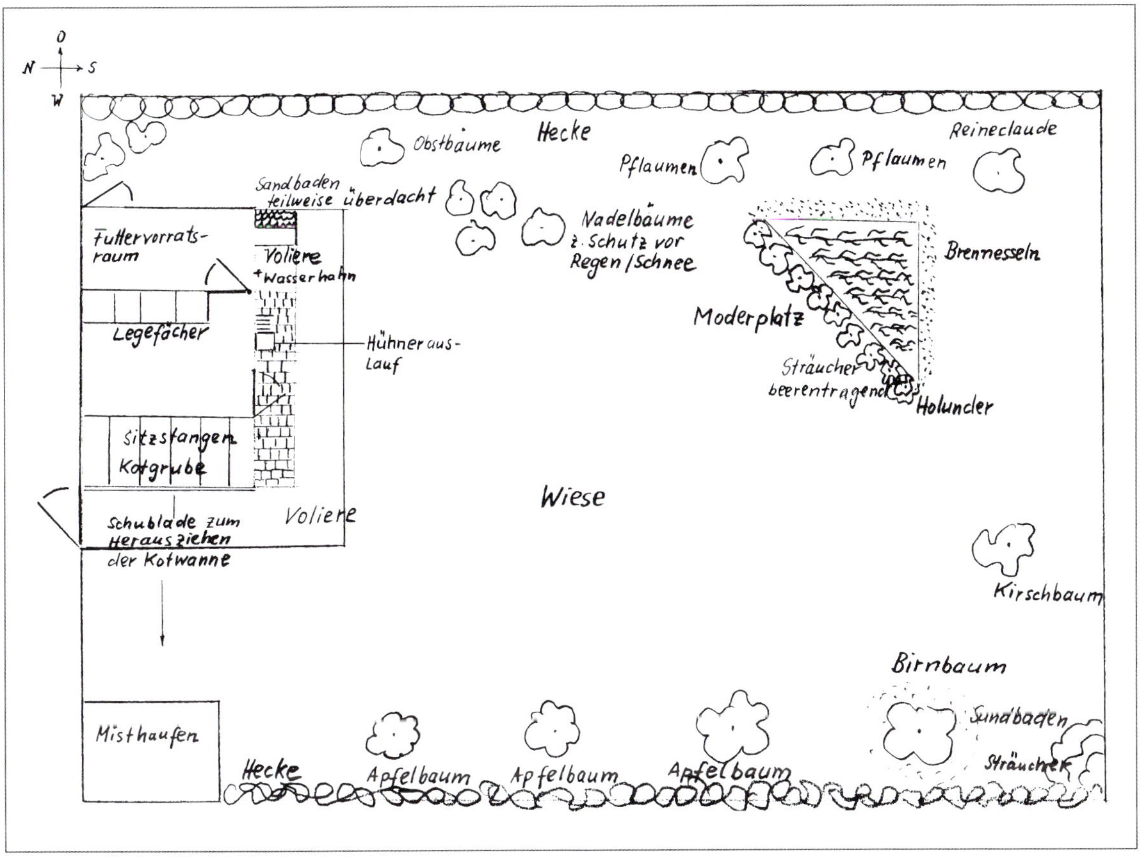

Ein solcher Kleinviehgarten ermöglicht es den Tieren, alle Verhaltensbedürfnisse zu befriedigen: uneingeschränktes Fortbewegungsverhalten.

DIE ANFORDERUNGEN DER TIERE

Jede Tierart stellt andere Anforderungen an die Haltung. Die Tabelle auf S. 12 schafft einen Überblick über die grundlegenden Bedürfnisse der einzelnen Tiere. Jede Spalte ist ein zentraler Faktor, der sich entweder durch finanzielle Aufwendungen oder durch das Vorhandensein von genügend Fläche bewältigen lässt.

Gerade die unterschiedlichen Bestandteile des Futters erfordern entweder einen kontinuierlichen Zukauf oder die Produktion auf eigenen Flächen. *Raufutter* bezeichnet alle Futtermittel, bei denen die gesamte Pflanze verfüttert wird. Demnach ist Stroh, Heu, Silage und Gras dem Raufutter zuzuordnen. Die Lagerfähigkeit von Heu, Stroh und Silage ermöglicht die Winterfütterung. Gras und frischer Schnitt der Wiesen fällt unter *Grünfutter.* Auch grün gemähtes Getreide (Hafer oder Mais) zählt dazu. *Saftfutter* besteht hauptsächlich aus Knollen, Wurzeln und anderen Pflanzenteilen. Der hohe Wassergehalt ist für Wurzel- und Knollenfrüchte typisch und macht sie verderblich. Dennoch lohnt sich gerade hier der eigene Anbau.

Leguminosen sind alle Hülsenfrüchtler. Der Anbau dieser Pflanzen bereichert den Boden durch die Fähigkeit der Stickstofffixierung. Zudem sind die geernteten Hülsenfrüchte eine sehr wertvolle und eiweißreiche Kost, die vielfach geschrotet verabreicht wird. *Auch grün gemähtes Getreide (Hafer oder Mais) zählt dazu. Körner* sind die Früchte der Gräser. Somit ist das gesamte Getreide gemeint, welches bei der Ernte Körner liefert – und auch Stroh (Raufutter).

	Stallgröße	Auslauf/Weide	Gewässer	Raufutter	Saftfutter	Legumi-nosen	Grün-futter	Körner
Perlhühner	40 cm Stange pro Tier	30 m²				X	X	X
Hühner	1 m² pro 4–5 Hühner; 35–50 cm Stange pro Tier	10–20 m²				X	X	X
Puten/Truthühner	1 m²	10 m²			X		X	X
Wachteln	0,2 m²	0,2 m²				X	X	X
Pfau	9 m²	800 m²						X
Enten	0,5 m²	400 m² pro Paar	X		X	X	X	X
Gänse	¾ m²	1.000 m² pro Paar + 100 m² pro weiteres Tier	X		X	X	X	X
Tauben	1 m³	Freiflug						X
Kaninchen	1 m²	1 m²		X	X		X	
Esel	5–9 m²	1.500–2.000 m²		X	X		X	
Schafe	4 m²	350–600 m²		X	X		X	
Ziegen	3,5 m²	350–600 m²		X	X		X	
Lamas/Alpakas	ausreichend, ohne Körperkontakt	1.500 m² für 3 + 200 m² pro weiteres Tier		X			X	
Schweine	3 m²	500–1.000 m²		X	X	X		X

Anforderungen an die verschiedenen Nutztierarten. Idealer wäre, wenn die unterschiedlichen Futterbestandteile auf dem Hof selbst produziert werden könnten.

Nicht alle Flächen dürfen versiegelt werden, wenn ein Kleinviehhof für alle Bewohner zum Wohlfühlort werden soll.

TIERE UND MENSCHEN – DAS ZUSAMMENLEBEN

GESETZLICHE BESTIMMUNGEN

Die Rahmenbedingungen und gesetzlichen Regelungen für die Haltung von Haus- und Nutztieren variieren von Land zu Land und dann meist nochmals innerhalb der Verwaltungsgrenzen. Es ist daher wichtig, dass sich die Halter zunächst auf verschiedenen Wegen über die nötigen Erlaubnisse, Anforderungen und Meldepflichten informieren.

Bei vielen Haus- und Nutztieren sind einfache, formlose Meldungen ausreichend. Das Halten von Gänsen und Kaninchen ist meist mit weniger hohen Hürden ausgestattet als der Einstieg in die Schweine- oder die Hühnerhaltung.

INFO! **Generell gilt:**

Das Halten von Haus- und Nutztieren ist erlaubt, wenn man sich an die Vorschriften und Meldepflichten hält.

Bevor man sich mit den verschiedenen Verwaltungsebenen beschäftigt, sind gute Gespräche mit erfahrenen Tierhaltern der Weg zum Erfolg. Meist ist es motivierender und praxisnäher, wenn man sich dem Thema aus der Richtung der Erfahrungen nähert, als den Weg über die Vorschriften und Meldebögen geht. Das Ziel ist auf beiden Wegen dasselbe: gesunde Tiere in rassegerechter Haltung ohne Schädigung benachbarter Viehbestände und Anwohner.

In Deutschland, Österreich und in der Schweiz sind die gesetzlichen Bestimmungen unterschiedlich. So gibt die Organisation *PROVIEH* für Deutschland regelmäßig Auskunft, welche gesetzlichen Vorgaben für die einzelnen Tiere zu beachten sind.

Auch über das Lebensmittelrecht, die Lebensmittelhygiene, die Schlachtung – ein möglichst schonendes Ende – wird rechtlich fundierte Auskunft erteilt.

Für Österreich ist es ratsam, die gesetzlichen Bestimmungen im Einzelnen bei den entsprechenden Ämtern zu erfragen. Über die Nutztierhaltung erhält man bei der zuständigen Bezirkshauptmannschaft oder dem Magistrat rechtlich fundierte Auskünfte.

In der Schweiz regeln detailliert das Tierschutzgesetz (TSchG) und die Tierschutzverordnung (TSchV) die Haltung und Zucht von Nutztieren. Wie in Deutschland und Österreich so auch in der Schweiz ist der Halter von Nutztieren dem Tierwohl verpflichtet. Es ist selbstverständlich, dass man auch in der Schweiz wie in anderen Ländern den behördlichen Anordnungen Folge leistet.

HAFTPFLICHTVERSICHERUNG

Für das Halten von größeren Haustieren (v. a. Schafe, Ziegen und andere Weidegänger) empfiehlt es sich, eine Tierhalterhaftpflichtversicherung abzuschließen. So sind die Ziersträucher der Nachbarn abgesichert und das große Chaos nach einem unbeabsichtigten Ausbrechen aus der Koppel bereitet Ihnen keine Kopfschmerzen.

DAS ZUSAMMENLEBEN VON MENSCH UND NUTZTIER

Menschen und Nutztiere bilden durch die Domestikation eine eingeschworene Gemeinschaft. Durch den gegenseitigen Nutzen entsteht eine Vertrauens- und Schutzbeziehung. Die Aussicht auf eigene Eier, das Wissen um den Wert des zu erwartenden Fleisches und natürlich die emotionale Bindung zu den Tieren lässt Viehhalter ihre Tiere oft anders wahrnehmen, als dies ein Außenstehender tun würde.

In der Realität gibt es jedoch immer mehrere Ebenen: die Tiere, die Halter und die „Stakeholder", also alle die Menschen, die in irgendeiner Form mit der Tierhaltung in Berührung kommen, seien es Familienmitglieder, Nachbarn, Passanten, Behörden oder Mitglieder der Gemeinde/Kommune. Dieses Netzwerk darf man nicht ausblenden, sondern sollte stets eine gute Kommunikation anstreben, die die anderen Akteure im Blick behält.

Auch wenn es modern klingt, so sind Begriffe wie Moderation und Mediation auch in der Dorfgemeinschaft schon immer zentrale Bestandteile der Akzeptanzförderung. Das gute Gespräch mit dem Nachbarn, die gemeinsame Nutzung von Ressourcen und das Dulden von Nutzung – alle diese Aspekte brauchen die Kommunikation. Wenn die Gänse vor der Einfahrt des Nachbarn ruhen, dann kann das Angebot der Nachbarschaftshilfe über die Verunreinigungen hinweghelfen. Ein paar Eier hin und wieder sind Gold wert und als Geschenk äußerst beliebt. Die Beweidung ungenutzter Obstgärten wird oft gern gesehen.

Das Halten von Tieren war schon immer ein fester Bestandteil unserer Gesellschaft. Tierhaltung ist die Grundlage unserer sozialen und gemeinschaftlichen Entwicklung. Daher lohnt es sich, diese wieder zu fördern und die Akzeptanz zu fordern.

AKZEPTANZ UND WERTSCHÄTZUNG DES BÄUERLICHEN LEBENS

Das bäuerliche Leben und die partielle Selbstversorgung sind der Grundstock für ein gesundes Dorf oder ein solides Gemeinwesen. Gackernde Hühner sind das Symbol für Ernährungssouveränität. Weidende Schafe, Ziegen – und auch das Großvieh – sind Symbole für den Klimaschutz und die Förderung der biologischen Vielfalt. Die Tiere, wie wir sie hier präsentieren, schufen unsere Kulturlandschaft und schafften das, was wir lieben und im Urlaub genießen.

Daher sei allen Tierhaltern geraten, die kulturellen, ästhetischen und künstlerischen Aspekte ihrer Viehhaltung zu betonen und zu teilen. Durch schöne Ställe, durch einen plastikfreien Hof, durch gesunde Tiere und arkadische Weiden wird Akzeptanz und Wertschätzung geschaffen. Es ist dem Menschen zu eigen, dass er gesunde Tiere anerkennt und wertschätzt. Es liegt in unserem Instinkt, die gute Tierhaltung zu erkennen und zu honorieren. So müssen die Tierhalter und die Tierlosen gemeinsam für ein vielfältiges Dorf einstehen und voneinander lernen. Nur so entstehen Respekt und eine gesunde und nachhaltige Dorfatmosphäre.

Die Anwesenheit von Kleinvieh vervollständigt den schönen Anblick eines dörflichen Umfelds. Hier fühlen sich nicht nur Menschen wohl, sondern auch Insekten, Vögel und Wildtiere.

NUTZTIERE UND DIE NACHBARSCHAFT

Auch die beste Kommunikation im Dorf und in der Nachbarschaft wird nie alle Menschen zu Freunden machen. Immer wird es Kritiker, Unglückliche und Menschen, die sich gestört fühlen, geben. Der Dialog wird dann nicht reichen. Das Recht und die kulturelle Pflicht, Tiere zu halten und an der Nahrungssouveränität mitzuarbeiten, ist das stärkste Argument. Ein guter Zaun, eine gesunde Hecke, ein geräuschgedämmter Stall und ein gepflegter Misthaufen wirken Wunder.

MENSCH-TIER-KONFLIKTE

Das Thema der Mensch-Tier-Konflikte begleitet den Menschen schon immer. Die zunehmende Abgrenzung von der Natur schuf daraus „Mensch-Wildnis-Konflikte". Das Verhältnis des Menschen zu seiner belebten Umwelt gestaltet sich durch den Wunsch nach Handlungshoheit und der reflektierten Kommunikation sehr schwierig.

So ist die unbeherrschte Wildnis für die meisten Menschen ein Ort der Angst und der Inakzeptanz. Zugvögel, die temporär in großen Massen auftreten, werden als abnormal wahrgenommen und als störend empfunden. Gänse, die auf ihrem Zugweg einen Mauserplatz aufsuchen und dort nach Nahrung suchen, werden zum Problem deklariert. Stare oder Krähen, die im Winter in Plantagen und Parks rasten, werden, da sie als kulturfremd wahrgenommen werden, nicht akzeptiert.

Die Bezeichnung Raubtier stammt aus diesem Denken. Obwohl ein in der freien Wildbahn lebendes Tier niemals raubt, sondern nur Nahrung in Form von Beute entnimmt, nehmen wir diese Tiere als Gegenspieler wahr. Während der Adel und die großen Landbesitzer schon früh daran arbeiteten, die großen, wild lebenden Fleischfresser zu dezimieren und zu kontrollieren, blieben Fuchs, Marder und Ratte für die Kleinviehhalter eine große Bedrohung.

Ein gesundes Dorfumfeld zeichnet sich durch tierbelebte Straßen aus.

Durch die naturwissenschaftliche Beobachtung der Ökologie und der Netzwerke des Lebens zeigte sich der wahre Wert von Wolf, Luchs und Wildkatze in unseren Ökosystemen. Naturschutzfachlich ist daher ein Besatz mit diesen Tieren aus vielen Gründen nötig und zwingend erforderlich.

Allerdings führte der gesellschaftliche Wandel zu einer komplett neu gestalteten Landbevölkerung. Das Jagdrecht wurde verbürgerlicht und einer breiten Masse zugänglich. Die Hirten und Hutetraditionen (Beweidung auf Weiden, die vormals Wald waren, der aber nicht gänzlich gerodet worden ist. Die Weiden sind von lichtem Baumbestand durchsetzt.) wurden wegrationalisiert und das Vieh dem Weidezaun überlassen. Der Mensch entfernte sich vom Land und hinterließ eine hochspezialisierte Landschaft mit wenigen Arbeitsplätzen. Die Zahl der Jäger ist größer als die Zahl der Hirten, und das, wo es doch mehr Vieh als Wild gibt. Das führt zu einem Denken, dass allen Bedrohungen des Viehbestands durch Wolf, Bär und Luchs nur durch die Jagd begegnet werden kann. Kleinviehhalter mussten schon immer ihren Viehbestand hegen und pflegen und nachts sichern, damit der Fuchs nicht die Gans holt, den Weidetierhaltern ist diese Form des Einpferchens und Eingralens verloren gegangen. In einer Landschaft, in der Hirten wieder ein erträgliches Arbeitsumfeld finden, indem Einkommen, Regelungen und Infrastruktur positiv auf diese Arbeit wirken, ist ein Nebeneinander von Mensch und Wildnis möglich.

Alle romantisierenden Gemälde mit arkadischen Motiven zeigen den Hirten als Vermittler zwischen Wildnis und Menschen, niemals jedoch Gewehre, Fallen und Giftköder.

Die Haltung von Kleinvieh löst viele Probleme der fehlenden Kulturlandschaftspflege und reintegriert die wertvollen Flächen in Kreisläufe.

KLEINVIEHHALTUNG: VOM BALKON BIS ZUM BAUERNHOF

Kleinviehhaltung liegt in unseren Genen. Kaum jemand kommt 2 oder 3 Generationen zurück, ohne dass nicht zumindest ein Vorfahr einen Stallhasen (Kaninchen) gehalten hat. Meist sind sogar richtige Rossbauern in den Vorfahren vertreten. Das Meerschweinchen, das die Kinder heute halten, ist nur ein kleines Trostpflaster für den unbewussten Verlust.

Zwar sind wir meist froh, wenn wir nicht mehr um 5 Uhr in den Stall müssen, damit wir gemolkene Kühe zurücklassen, wenn wir um halb 7 in den Berufsverkehr starten. Dennoch ist der Anblick von gesundem Weidevieh, von glücklichen Tieren auf dem Urlaubsbauernhof – oder gar der Urlaub in Rumänien in guten Weidelandschaften – sehr befriedigend und spricht längst verborgene Instinkte an. Daher sollte man versuchen, in allen Lebens- und Wohnlagen zumindest ein Mindestmaß an tierischer Selbstversorgung zu ermöglichen.

KLEINVIEHHALTUNG AUF DEM LAND

Auf dem Land, also in den Dorf- und Mischgebieten der Dörfer und auf den alten Hofstellen ist die Tierhaltung meist gar kein Problem. Zwar ist es oft schwierig, angrenzende Weiden zu finden oder überhaupt Grünland zu pachten. Dennoch ist es möglich, einen leerstehenden Stall zu finden, eine Obstwiese zu pachten oder in einem kleinen Hof unterzukommen.

In den Neubaugebieten gibt es leider zunehmend Regelungen, die das Halten von Haus- und Nutztieren einschränken oder gar verbieten. Nach dem Einholen von Informationen sollte man dann noch von Fall zu Fall erörtern, inwiefern nicht doch ein paar Zwerghühner, drei Laufenten oder ein paar Kaninchen den Garten beleben können.

Beim Aufstellen eines neuen Bebauungsplanes sollte man die Gemeinde dahingehend aufmerksam machen, dass das Halten von Haus- und Nutztieren mit in den Plan aufgenommen wird und somit im neuen Baugebiet erlaubt ist.

Gänse halten den Bewuchs auch da kurz, wo Schafe und Ziegen nicht unbeaufsichtigt weiden können.

Die natürliche Nutzung eines Feuchtgebietes erhält Funktionen und Strukturen. Sie spart Kosten in der naturschutzfachlichen Pflege und wird auch in Notzeiten nicht eingespart. Denn die Hirten wissen, dass sie diesem Biotop die Vitalität ihres Viehs verdanken.

INFO! **Bebauungsplan anpassen**

Fordern Sie Ihre Gemeindeverwaltung auf, im Rahmen einer Neuausweisung von Baugebieten die Rahmenbedingungen für eine Kleinviehhaltung im Sinne der ökologischen und nachhaltigen Dorf- und Stadtentwicklung zu ermöglichen. Diese Forderung lässt sich im Einklang mit den Zielen „Bildung für nachhaltige Entwicklung“ und „Artenschutz“ der vereinten Nationen bringen und unterstützt diverse Förderprogramme für mehr Natur im Siedlungsbereich.

KLEINVIEHHALTUNG IN DER STADT

In der Stadt gilt das Gleiche wie für Neubaugebiete und Wohngebiete in den Dörfern. Der Gartenplatz beschränkt die Anschaffung von Tieren und die Vorschriften und Akzeptanz im Wohnumfeld regeln den Rest.

Sollte man nur eine Wohnung zur Verfügung haben, so ist der Platz auf dem Balkon meist zu klein und Mietverträge reglementieren die Haltung sehr deutlich.

Das Tierhalten in Schreber- und Gemeinschaftsgärten mag hier eine Alternative sein, die neben dem Vorteil der Arbeitsteilung oft auch den Nachteil der ungewünschten Fütterung oder des Diebstahls mit sich bringt.

KLEINVIEHHALTUNG IM INDUSTRIEGEBIET

Für Gartenlose lohnt sich die Überlegung, ob sich auf dem Betriebsgelände des Arbeitgebers nicht ein Projekt zur Förderung der regionalen Ernährung starten lässt. Von Tomaten entlang der Firmenhalle bis hin zum kleinen Hühnerhof. Das Engagement der Mitarbeiter ist gewünscht und führt zu einem besseren Betriebsklima. Die Beweidung der Grünflächen und der Baulandreserve eröffnet bald neue Möglichkeiten und schon ist man in der Lage, das gesamte Industriegebiet ringsum zu beweiden.

Tierhaltungskonzepte für Industriegebiete werden im Rahmen von CSR-Maßnahmen (corporate social responsibility/soziale Verantwortung des Unternehmens) und für das betriebliche Gesundheits- und Umweltmanagement zunehmend von großer Bedeutung sein.

Eine beliebte Abnahmequelle für die Produkte ist die Betriebskantine und ein gemeinschaftlicher Kühlschrank/Tauschtisch, der die Arbeit für alle schmeckbar macht.

Esel sorgen für Arbeitserleichterung, wenn sie magere Standorte regelmäßig beweiden.

Enten und Gänse ernähren sich zudem aus dem Wasser und nutzen so die Gewässer nachhaltig.

Ruhendes Wassergeflügel wirkt beruhigend und entspannend.

Jeder Besucher wird sich freuen, wenn er schon am Hofeingang von der rastenden Hühnerschar begrüßt wird.

KLEINVIEHHALTUNG IN SCHULE, BILDUNGS- ODER SOZIALER EINRICHTUNG

Auch Schulen, Altersheime und andere soziale Einrichtungen sind ideale Plätze, den Menschen den Wert der Natur und regionaler Lebensmittel näher zu bringen. Es bieten sich vielfältige Möglichkeiten, den Schulgarten um die Bereiche der Tierhaltung zu erweitern. Hühner im Seniorenheim erwecken bei den Bewohnern vielfach sehr positive Empfindungen und sind ein beliebtes Ziel für Spaziergänge. Soziale Einrichtungen und Wohnheime für Menschen mit verschiedenen Einschränkungen sind für die Haltung von Kleinvieh ebenfalls prädestiniert. So bringt die Verantwortung für Tiere und die entgegengebrachte Wertschätzung oft ungeahnte therapeutische Wirkungen hervor. Bei einem Besuch in Genf entdeckten wir auf dem Gelände einer wirtschaftswissenschaftlichen Hochschule einen Gemeinschaftsgarten. Die Idee der gesunden und vielfältigen Ernährung kennt also keine Grenzen.

Mit diesem Buch wollen wir alle ermutigen, die Ernährungssouveränität auch wieder mit der Vielfalt der heimischen Nutztierrassen zu erweitern und einen Beitrag zu leisten, dass weniger Tiere in Massentierhaltung gehalten werden und Billigfleisch unsere Lebensgrundlage wie auch andere Kulturen bedroht.

KLEINVIEH, BERUF UND FREIZEIT: KLEINVIEH MACHT AUCH MIST

Die Kleinviehhaltung unterscheidet sich im Zweck: Während die einen nur als Hobby Tiere halten, dient sie anderen zur Erweiterung des Angebots im Hofladen oder für das Geschäft. Auch die Kleinviehhaltung zur Bereicherung der Schule oder der Betriebskantine kann eine ernsthafte Überlegung sein. Zunehmen werden auch die „Teilzeitbauern“, also die Menschen, die ihre reguläre Arbeit reduzieren, um einige Prozent der Woche für den Eigenbedarf oder zur Selbstverwirklichung zu arbeiten. Das Modell des bedingungslosen Grundeinkommens, welches vielerorts diskutiert wird, ist ebenfalls ein Grund, die Kleinviehhaltung zu thematisieren.

Die Übernahme von Verantwortung für Tiere erfordert Zeit. Es ist bei vielen Tierarten kein „Nebenher“ möglich. Auch Kaninchen kosten Zeit, Schweine mehr, Schafe und Ziegen schon viel mehr, vor allem dann, wenn die Milch ins Spiel kommt.

WIR TEILEN UNS DEN BAUERNHOF

Die solidarische Landwirtschaft und Modelle des geteilten Eigentums lassen sich auch auf private Tiergruppen anwenden. Gemeinschaftlich gehaltene Hühner sind ideal machbar. Gemeinsame Schafe ermöglichen es allen Parteien, in den Urlaub zu fahren und die Betreuung der Tiere zeitlich zu koordinieren. Es erfordert Vertrauen, Verantwortungsbewusstsein und gute Planung. Dann lassen sich in Wohngemeinschaften, in Straßenzügen oder in Wohnvierteln bestens Tiere gemeinschaftlich halten.

Die Idee vom wandernden Hasenstall, der reihum alle Rasenmäher überflüssig macht, wird dann schnell zur Realität. Kinder können gemeinschaftlich dafür sorgen, dass der Freilauf immer in einem anderen Garten steht und die umweltschädlichen Rasenmäher auch nur noch teilzeitaktiv sind, wenn überhaupt die Sense sie nicht ganz ersetzt.

Die Urlaubsvertretung hat die Aufgabe, die einzelnen Tiere auf ihren Gesundheitszustand zu überprüfen, für das Futter und reichlich frisches Wasser zu sorgen, die Funktionen der Automaten zu überprüfen und den Zaun auf undichte Stellen zu überprüfen.

CHECKLISTE! Urlaubsvertretung

- ❑ Leben alle Tiere?
- ❑ Gibt es kranke oder gar verendete Tiere? Wenn ja, Tierarzt konsultieren!
- ❑ Ist der Zaun/Stall dicht oder zeigen sich Einbruchsspuren?
- ❑ Ist die Tränke gefüllt und sauber?
- ❑ Ist das Futter ausreichend und sauber?
- ❑ Ergänzen des Futters.
- ❑ Überprüfen der Funktionen (ggf. Elektrozaun, automatischer Schieber, Futter- und Getränkeautomaten)
- ❑ Absammeln der Eier beim Federvieh (Hühnern, Enten und Gänse etc.)
- ❑ Überprüfen der Nester und Stallungen auf Verunreinigungen. Im Bedarfsfall misten.

Ein Kaninchenstall und das gelagerte Holz machen die Fassade lebendig. Es ist selbstverständlich, dass auch Kaninchen Auslauf brauchen.

DIE INFRASTRUKTUR: STALLUNG, GARTEN, WIESEN UND WEIDEN

DER KLEINVIEHGARTEN

Der Kleinviehgarten ist das unmittelbare Umfeld um das Wohnhaus der Menschen beziehungsweise rund um den Kleinviehstall. Diese beiden Faktoren bestimmen die Ausstattung des Kleinviehstalls maßgeblich. Für den Menschen ist es interessant, dass unnötiger Schmutz, Geräusche und Gerüche vom Wohnhaus ferngehalten werden, was durch die Ausrichtung der Türen und Fenster und die Lage bezüglich zur Windrichtung beeinflusst werden kann.

So ist eine Stallung in Süd-West-Lage direkt vor dem Wohnzimmerfenster sicherlich nicht optimal. Auch die Rückseite eines Kaninchenstalls am Schlafzimmerfenster lässt auf eine ungünstige Raumnutzung im Kleinviehgarten schließen. Da sich die Witterung (Hitze, Feuchtigkeit ...) oftmals negativ auf den Untergrund im Auslauf auswirkt, können hier auch Gedanken an die Platzierung gemacht werden. Die Kotecke einer Schweinekoppel und das Küchenfenster sind unpassende Nachbarn, während eine Weide vor der Terrasse dafür sorgt, dass man während der Mahlzeiten Tiere beobachten kann und alles im Blick hat.

Es lohnt sich auf alle Fälle je nach Tierart über die Gestaltung im Gartenraum nachzudenken. Ästhetische Gesichtspunkte spielen eine große Rolle bei der Vermittlung von Freude und Akzeptanz der Tierhaltung. Kurze Wege, gerade im Winter, erleichtern die Fütterung und Pflege und ermöglichen auch noch im höheren Alter eine gefahr- und mühelose Tierhaltung.

Ein wichtiges Merkmal ist die biologische Vielfalt des Gartens. Der Wert der Biodiversität macht sich im Kleinviehgarten bemerkbar. Bäume und Sträucher spenden Schatten und ermöglichen Staubbäder, zugleich reduzieren sie die Verdunstung von Schweinesuhlen und Schwimmteichen. Artenreiche Säume fördern die Selbstmedikation

Ein schöner Anblick ist die gemischte Nutzung der Grünflächen hinterm Haus.

Ideales Areal für Kleinvieh. Gewässer für Wassergeflügel. Säume für Esel und Ziegen.

der Tiere und unterstützen Nutzinsekten bei der Parasitenkontrolle. Nisthilfen in den Bäumen steigern die Anzahl der Gartenvögel, was den Haus- und Nutztieren zu Gute kommt, indem die lästigen Insekten auf natürliche Weise in Schach gehalten werden. Der Star übernimmt in unseren Breiten die Funktion des „Madenhackers“ und befreit die Weidetiere durch enge Begleitung von jeder Menge Lästlingen und Parasiten. Vielfalt ist demnach die beste Gesundheitsprävention für die Tiere. Artenreiche Hochstamm-Streuobstwiesen bieten durch den Frühjahrsschnitt der Bäume Knospen und Misteln. Die extensiven Wiesen und Weiden führen zu ausgewogener Ernährung. Strukturelemente ermöglichen den Ziegen das Klettern und bieten Schatten und Deckung für die kleineren Haustiere.

Vielfalt ist ein wichtiger Helfer bei der Gestaltung des Kleinviehgartens. Vielfalt ist tolerierte Natur und bewusste Wildnis. Sie ergänzt unsere Verantwortung für die Tiere und hilft bei der Gesundheitsprävention. Keinesfalls entbindet sie uns von unserer Sorgfalts- und Beobachtungspflicht. Ein naturnaher, wilder Garten ist sinnvoll und erstrebenswert, da er das klimaschädliche Kohlendioxid bindet. Verwilderte oder verwahrloste Haus- und Nutztiere sind dagegen nicht zu akzeptieren.

DER KLEINVIEHSTALL

Die Stallungen dienen den Tieren zum guten Leben. Das bedeutet, dass hier auf eine solide und art- bzw. rassegerechte Haltung geachtet werden sollte. Neben den typischen Anforderungen für die unterschiedlichen Tierarten spielen aber auch noch andere Aspekte eine große Rolle. Die Benutzerfreundlichkeit durch kurze Wege, sicheres Arbeiten und leichte Pflegbarkeit, die Schönheit im System, sodass der Stall zur Region, zur Landschaft zum Dorf und auch zum Haus passt. Ein Stall im Toskanastil wirkt in Schweden fremd und bei unbedachter Verwendung wie ein Fremdkörper. Dennoch kann es auch gut passen, wenn sich Kulturen vermischen und ergänzen.

In keinem Fall jedoch ist ein Stall im Baumarktstil zu rechtfertigen. Offen gezeigte Grobspan- oder Siebdruckplatten, einfallsloses Wellblech, offen verbaute Hohlblocksteine haben in unseren Dörfern und in der Kulturlandschaft keinen Platz. Die Kleinviehhaltung muss schön sein, wenn sie Akzeptanz erfahren möchte. Es ist daher sinnvoll, den Baumärkten keinen Glauben zu schenken, wenn sie uns mit Lockangeboten überhäufen. Denn neben der Schönheit und den vorangegangenen Punkten spielt auch die Nachhaltigkeit und die Gesundheitsverträglichkeit eine große Rolle bei der Haltung von Nutztieren. Ökologisches Bauen mit heimischem Holz, mit Lehm und Fundsteinen geht in jedem Fall in die richtige Richtung. Regionale Ziegelsteine, Lehmflechtwände, Rundholzkonstruktionen, Natursteinmauern und Zimmermannshandwerk erfüllen alle Anforderungen an eine nachhaltige Gestaltung.

Bei den Fahrten mit der Bahn und durch Vororte fallen die Schrebergärten auf, die mit den Mitteln der Baumärkte hergerichtet werden. Keiner dieser Schrebergärten ist zukunftstauglich. Unverrottbare Bauteile zersplittern in der Witterung, Wind und Wetter machen Kunststoffe brüchig und verteilen sie in der Landschaft. Zersprungene Hohlblocksteine, geborstene Dachabdeckungen, aufgequollene OSB-Platten schaffen unnötige Probleme und Belastungen für die, die sie entsorgen müssen und somit für die Gemeinschaft.

Ein Storch zeigt an, dass es im Umfeld genug Futter gibt.

Dieses kleine Eindachbauernhaus bietet Platz für Mensch und Tier. Es beherbergt Wohnräume, Stallungen für Kleinvieh, Stroh, Heu und Futterrüben.

Der Bau von Stallungen ist ökologisch zu gestalten. Das Halten von Hühnern ist kein Grund, die zukünftigen Generationen mit Sondermüllbaustoffen zu belasten.

Unsere Freilichtmuseen geben wunderbare Beispiele für ökologisches und nachhaltiges Bauen. Sie zeigen, wie ein Leben zwischen Mensch und Tieren möglich ist, ohne dass chemisch verunreinigte Baustoffe das Leben belasten. Ein Besuch in diesen Museen gibt wichtige Ideen für tolle Stallbauten – vom Eindachbauernhaus bis hin zum Weideunterstand.

Ein harmonisches Ensemble, bestehend aus Wohnhaus, Stall- und Wirtschaftsgebäude sowie Lagerscheune. Die Anordnung ist gestaffelt, so steht das Wohnhaus leicht verschoben in der ersten Reihe im Süden. Zudem schützen die in Westrichtung gebauten Gebäude das Wohnhaus und den dahintergelegenen Wirtschaftshof vor der Witterung aus der Hauptwindrichtung. Das Einbauen einer Terrasse, eines Gemüsegartens und die Gestaltung der Weide vor dem Wohnhaus ermöglichen das Beobachten der Tiere vom Wohnzimmer aus. Außerdem kann durch das Pflanzen von Bäumen und Sträuchern die Kulissenwirkung sehr passend gestaltet werden.

Die flächendeckende Verfügbarkeit genormter Baumaterialien und die billigen Baustoffe der Großhändler sind kein Freischein dafür, dass Ihr Kleinviehstall nicht aus regionalen und ökologischen Baustoffen besteht und sich in seiner Optik harmonisch an die Region anpasst. Bauen Sie schön.

Grundbauform und Module

Die Freude an der Kleinviehhaltung bleibt lange erhalten, wenn die Infrastruktur praktisch angeordnet ist. So ist die Vermeidung langer Wege und das zeit- und kräftesparende Gestalten der Anlage ein wichtiger Faktor. Auch die Barrierefreiheit und die volle Nutzbarkeit bei Schnee und Eis beeinflussen die Tierhaltung positiv.

Der hier vorgestellte Kleinviehstall ist ein modularer Vorschlag zur Haltung verschiedener Nutztiere. Der dreigegliederte Stall bietet auf seiner Grundfläche drei variable Haltungsformen an, wobei der mittlere Teil auch als Werk- und Tierhaltungsraum fungiert und somit nur zum Teil für die Tiere zur Verfügung steht. Im Dach findet sich Platz für das Heu.

Da die Tiere unterschiedliche Anforderungen an ihren Stall haben, bespricht dieses Kapitel zunächst nur den Aufbau und die Grundbauform. Aufgrund von einzelnen Modulen gehen wir in den jeweiligen Kapiteln auf die speziellen Anforderungen der Tiere ein und besprechen die artspezifischen Anpassungen an Einrichtung und Ausstattung.

Selbstverständlich gibt es eine Fülle von Varianten und Eigenkonstruktionen, die alle für die Haltung von Kleinvieh genutzt werden können. Prädestiniert sind bestehende Stallungen in Ge-

Grundriss

A: Hühnerstall
B: Legenester
C: Fluchtsicherer Zugang
D: Luke zu Heustock im Dach
E: Kaninchenstall
F: Vorraum
G: Futteranrichte
H: Schaf-/Ziegenstall
I: Doppeltor
J: Voliere

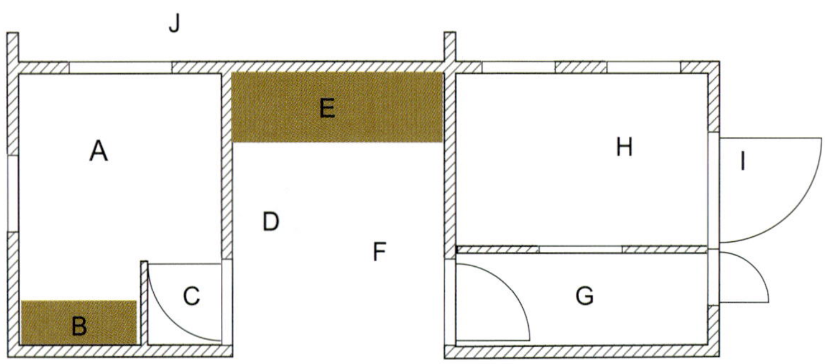

Ein Kleinviehstall ist das optimale Gebäude für ambitionierte Halter und Familien mit der Freude an Haustieren. Hier finden neben den Hühnern auch noch Kaninchen und eventuell Pferde, Esel, Ziegen, Schafe oder Schweine einen sicheren Unterschlupf. Die Bauweise mit dem offenen Wirtschaftsraum ermöglicht ganzjährig geschütztes Arbeiten und einen Unterstand an nassen Tagen. Außerdem kann der zweite Anbau auch als Geräteschuppen genutzt werden, da er räumlich getrennt ist. Der Dachboden bietet ausreichend Stauraum für Heu und Stroh oder für Transport- und Obstkisten.

höften, die durch eine Instandsetzung wieder benutzt werden können. Hierbei ist an mögliche Anpassungen in Bezug auf Tierwohl, Arbeitssicherheit und Arbeitserleichterung zu achten. Dennoch ist die Wiedernutzung bestehender Stallungen auch aus Gründen des Ressourcen- und Klimaschutzes sicherlich die sinnvollste Lösung. Die Trennung von Lagerscheune und Stall kann manchmal baulich sinnvoll sein, dennoch ist das tägliche Schleppen von Futter eine nicht zu unterschätzende Aufgabe, die durch einen integrierten Heustock erleichtert werden kann.

Multifunktionelle Futterkrippe

Die Erfahrung, welche sich durch das Halten von Tieren einstellt, wird Schritte zur Arbeitserleichterung und zur Schonung von Ressourcen hervorbringen. Dass im abgebildeten Futterstand das herausgezupfte und herunterfallende Heu durch einen Trog aufgefangen wird, erhält wertvolles Futter und schützt es vor Verunreinigungen durch Tritt. Das gerettete Heu kann in den Kaninchenstall verbracht werden.

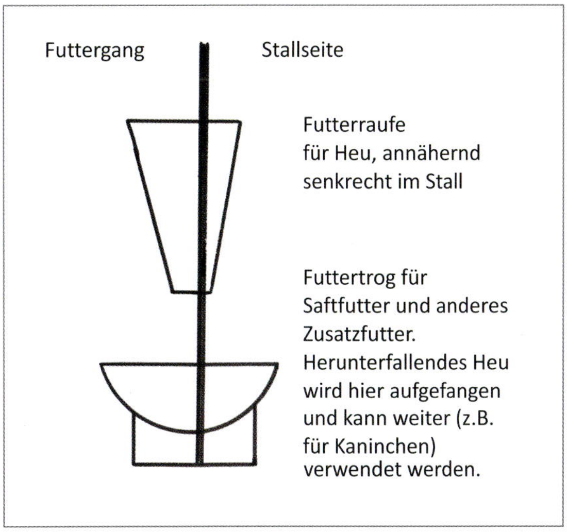

DER AUSLAUF

Neben dem Stall und der Weide bietet der Auslauf für manche Tiere einen temporären Freigang. Der Auslauf ist für Geflügel die Voliere. Volieren bieten Schutz vor garstiger Witterung und sind für manche Tage eine Alternative zum Freilauf. Im Falle einer Stallpflicht ist die Voliere der einzige Kontakt zur Außenwelt und sollte daher für Geflügel vorschriftsmäßig und recht üppig gestaltet sein.

Ein Schweinekoben ermöglicht den Schweinen das Verlassen des Stalls, wenn die Weide zu nass ist oder anderweitig genutzt wird. Der Auslauf ist somit ein Vorhof am Stall, der den Tieren und Tierhaltern temporäre Entlastung bieten soll. Diese Entlastung sollte stets das Tierwohl als Ziel haben und zeigt, dass die Nutzung des Auslaufs zeitlich sehr begrenzt ist.

Beispiel zweier kleiner Geflügelställe: für Hühner, Gänse, Enten, Perlhühner und auch Wachteln.

Die Farben eines Schweinestalls ergänzen sich harmonisch.

DAS GRÜNLAND

Durch die Sesshaftwerdung des Menschen vergrößerten sich um die Siedlungsgebiete herum die offenen Flächen für die Haltung und Fütterung der Tiere. Während der Vegetationszeit wurden die Tiere nachts in Pferchen und Koppeln vor Raubtieren geschützt und während des Tages zogen sie – vom Hirten begleitet – auf *die Weiden* und Wald*weiden*. Zur Fütterung der Tiere während des Winters brauchte man Heu. Dieses wurde auf speziellen, unbeweideten Flächen erzeugt – den Wiesen.

Die Wiesen

Als Wiesen bezeichnet man Grünland, welches mindestens einmal pro Jahr gemäht wird. Diese Mahd dient der Gewinnung von Futter oder Einstreu. Durch diesen Eingriff unterscheiden sich Wiesen erheblich von Weiden, welche ursprünglich nie gemäht, sondern ausschließlich beweidet wurden.

In der natürlichen Landschaft Mitteleuropas sind Wiesen demnach künstliche und vom Menschen geschaffene Ökosysteme. Dennoch nehmen sie eine ganz besondere Rolle ein. Durch die regelmäßige, aber reduzierte Mahd, welche in aller Regel nur ein- bis zweimal pro Jahr durchgeführt wurde, konnten sich auf diesen Flächen sehr vielfältige Pflanzengesellschaften entwickeln. Diese Entwicklung, die über viele Jahrhunderte in Mitteleuropa stattfand, führte zu den artenreichen Blumenwiesen und zu der damit einhergehenden Insektenvielfalt. Heu und Streu waren demnach die Treiber für eine sehr artenreiche Landschaft.

Die Intensivierung der Mahd, die Düngung der Wiesen und die Einführung der Silage führten dazu, dass die Vielfalt der Pflanzen und Tiere drastisch zurückging. Wiesen sind ein stabiles System und entwickeln sich über die Jahre zu artenreichen Beständen. Die Änderung in der Pflege in den letzten Jahren führte zur Verarmung der Blumen- und Kräuterzusammensetzung und schuf eine Menge von Problemen. Die häufige Befahrung durch viel zu schweres Gerät verdichtet die Böden und sorgt für Hochwasser. Die starke Düngung mit Gülle belastet das Wasser mit Nitrat, Chemikalien und Keimen und somit die Gesundheit von Menschen, aber auch von Tieren. Die schnelle und effiziente Mahd und Aufbereitung tötet nahezu alle Insekten und Wiesenvögel, vergleichbar wie bei der Überfischung der Meere.

Viele globale Probleme könnten gelöst werden, wenn die klassische Heuwirtschaft – zwei Schnitte pro Jahr – und die nachhaltige Pflege der Streuwiesen – ein Schnitt pro Jahr – kombiniert mit extensiven Weidelandschaften wieder zur Regel gemacht würde. Die Haltung von Kleinvieh hilft dabei.

Nach der zweimaligen Mahd konnten die Wiesen im Herbst und Winter nachbeweidet werden. Dadurch bekamen diese Flächen eine einmalige und gut dosierte Düngung. Außerdem brachten die Tiere durch Fell und Kot Samen auf die Flächen und erhielten so die Pflanzenvielfalt – oder bereicherten diese. Die Nachbeweidung umfasste alle Wiesen, aber auch die Stoppelfelder und die abgeernteten Feldfruchtäcker. Die Mischung der Weidetiere sorgte dafür, dass verschiedener Mist aufgebracht wurde und dass die Nutzung der Pflanzenreste und der möglicherweise aufgetretenen Schädlinge effizient war. Während Schafe

Die Steinmauern zeigen, dass die Feldeinfriedungen Europas vielfältig, ökologisch und wertvoll sind.

Ziegen und Schafe ergänzen sich bei der Beweidung. Schafe bevorzugen Gräser und Kräuter. Ziegen reduzieren die Verbuschung.

Dem Zeitgeist des übertriebenen Ordnungssinns und der wirtschaftlichen Optimierung erlegen, traut sich die Mehrheit der Menschen immer noch nicht, ihren Rasen in eine artenreiche Wiese zu verwandeln. Solch blühende Wiesen, wie die Bilder zeigen, könnten auch in Ihrem Garten und auf Ihrem Grünland blühen. Wenn Sie zudem Teile der Wiese ungemäht über den Winter stehen lassen, dann können große Mengen von Insektenarten unterschiedlicher Entwicklungsstadien überwintern und das biologische Gleichgewicht und die ökologischen Funktionen im Frühjahr aufrecht erhalten.

und Rinder vorwiegend den Aufwuchs verwerteten, nutzten Schweine zusätzlich tiefer liegende Energiequellen, wie Wurzeln oder bodenlebende Insektenlarven.

Die Weiden

Oft wird der Begriff Weide recht statisch gesehen. Das mag zum einen an den rechtlichen Regelungen der Förderungspolitik liegen oder an dem durch den gestiegenen Wohlstand veränderten Anspruch an Fläche. Beides ist für die Beweidung von großem Nachteil. Fassen wir nämlich zusammen, was die eigentlichen Weiden für Kleinvieh sind, so ergibt sich plötzlich ein Bild einer Landschaft, in dem viele Probleme neu geordnet werden müssen oder gar nicht erst entstehen.

Weiden sind Grünland, welches beweidet wird und somit anderen Anforderungen entspricht als Wiesen, welche gemäht werden. Wege, Grabenränder, Ufer, Triften, Böschungen, Säume, Geflügelausläufe, Obstgärten, Waldschneisen, „Unland", abgeerntete Stoppel- und Hackfruchtfelder sind Weiden. Zählt man diese Flächen zusammen, so ergeben sich in den Städten und Gemeinden riesige Flächen, die nicht in Konkurrenz zum Ackerland oder zu Wiesen stehen. Es muss in unserer Landschaft wieder selbstverständlich werden, dass man diese Bereiche beweidet. Ein wichtiger Gedanke für eine Beweidung der gesamten Landschaft ist das Einführen bzw. Wiedereinführen von „Weidedienstleistern" oder Gemeindehirten.

Setzt man diese Definition und diesen Umfang des zu beweidenden Landes in den Kontext mit den allgegenwärtigen Begriffen des Bienen- und Insektensterbens und des Verlusts der biologischen Vielfalt, so ergibt sich in der Beweidung ein interessantes Lösungsmodell. Derzeit wird die Pflege dieser Randstrukturen aus Kosten- und Effizienzgründen meist durch ein flächendeckendes Mulchen gelöst. Mulchen von Grünland wiederum schadet der Blütenvielfalt und den Insekten erheblich, eine Lösung ist die Beweidung. Es ist daher unsere gesellschaftliche Pflicht, dass wir die Beweidung wieder neu denken und gerade diese kleinen unscheinbaren Flächen wieder besser nutzen. Sei es beim Viehtrieb, durch die Triebbeweidung oder durch ein gezieltes Einhagen. In jedem Fall muss dieses Neudenken sowohl von den

Ein Esel frisst auf einer schwer zu bewirtschaftenden Weide. Kleinviehhalter sind in der Lage, fast alle Landschaftstypen nachhaltig und wertvoll zu pflegen. Sie sind Dienstleister und wertvolle Mitglieder unserer Gesellschaft. Von der düngenden Nachbeweidung eines Stoppelfeldes oder Beets bis zum Steilhang: Kleinviehhalter werten alles auf.

Kreislaufwirtschaft und Upcycling. Die Beweidung des Gründüngers nach dem Abernten des Getreides stimuliert den Wuchs der Leguminosen und regt die Stickstoffbindung im Boden an. Die Kühe und die munter schnatternden Gänse veredeln dieses Pflanzenmaterial in delikater Weise. Eine Win-Win-Situation, die einen ganzheitlichen Bauernhof mit geringer Spezialisierung fordert.

Tierhaltern als auch von den Ordnungsbehörden und den Anwohnern neu geregelt werden, wenn wir langfristig und effizient Landschaftspflege betreiben möchten.

Beweidung fördert die biologische Vielfalt und trägt aktiv zum Klimaschutz bei. Voraussetzung für die Erfüllung dieser Funktionen ist die extensive Beweidung ohne Zufütterung. Durch den angepassten Besatz und die Verwertung von Nährstoffen durch die Tiere werden die Weiden artenreich und vital. Die Stickstoffzufuhr durch den Niederschlag ist derzeit hoch genug, damit die Flächen wüchsig bleiben. Zur Pflege einer extensiven Weidelandschaft gehört dazu, dass die Flächen nicht befahren, nachgemäht oder egalisiert werden. Dadurch entsteht eine dreidimensionale Vielfalt, die durch Hochstauden, Sträucher und Bäume, aber auch durch langjährige Ameisenhaufen einen erheblichen Wert für die Artenvielfalt und die ökologische Funktion hat.

Die Tiere pflegen die Weiden, indem sie Dünger und Samen verteilen. Sie sparen Energie und sorgen für gesunde, regionale Lebensmittel. Aber natürliche Tierhaltung erfordert Wissen, Können und Liebe. Die Regionalität, die Rassen, das Individuum und auch die Natürlichkeit des Umfelds stiften den Unterschied zum eintönigen Massenauftreten auf der Weide.

Haustiere sind domestizierte Wildtiere. Durch diese artenreiche Kleingruppenhaltung auf der Weide wird dem Insektensterben entgegengewirkt. Denn das Insektensterben ist real. Es geht nicht nur um das Hundekottütchen und den Flüssigmist des Massentierhalters; wir sind längst eine Stufe weiter. Das Bienensterben ist in aller Munde – das Sterben und Fehlen der Zersetzer, der Destruenten, merkt kaum jemand. Der flüssige Mist der Massentierhaltung versickert unzersetzt und gelangt dadurch zu schnell ins Grundwasser. Und zugleich zeigt er, dass die Bauernhoftiere nicht auf Stroh liegen dürfen. Anders bei den Kleinviehhaltern.

Unterstand auf der Weide

Zum Schutz vor den unterschiedlichen Witterungen empfiehlt es sich, einen einfachen Unterstand auf der Wiese zu installieren. Dies lohnt sich freilich nur auf langfristigen Dauerweiden. Je nach Bauart kann dieser Unterschied verschiedene Funktionen erfüllen. Grundlegend ist jedoch die Einfachheit der Bauart.

Ein einfacher Unterstand aus Rundhölzern. Herunterhängende und büschelweise angebrachte Reisigbesen erlauben es den Tieren, sich von Fliegen und anderen Lästlingen zu befreien. Diese Einrichtung hat gegenüber Kunststoffbesen den Vorteil, dass kein Mikroplastik ins Erdreich und somit in unseren Nahrungskreislauf gelangt.

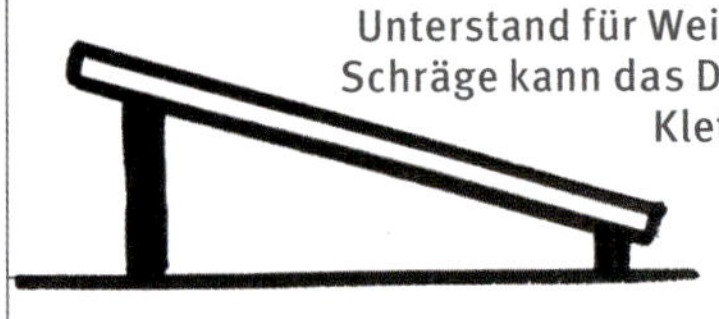

Unterstand für Weidetiere. Durch die Schräge kann das Dach für Ziegen als Kletterfläche benutzt werden.

Durch das Einbauen einer erdnahen Dachschräge kann der Unterstand als Klettergerüst für Ziegen benutzt werden. Optimal ist die Verwendung eines Gründachs. Dadurch wird die Dachhaut geschont und Weidefläche bleibt trotz Bebauung erhalten. Die Statik muss bei einer Schichtdicke von 30 cm mindestens 300 kg pro Quadratmeter aushalten.

INFO! Weideregeln

Wege, Grabenränder, Ufer, Triften, Böschungen, Säume, Geflügelausläufe, Obstgärten, Waldschneisen, „Unland“, abgeerntete Stoppel- und Hackfruchtfelder sind Weiden.

- Besitzverhältnisse klären und Betretungsberechtigung einholen.
- Den Übergang von der Stallhaltung zur Beweidung allmählich durchführen.
- Wasser und Minerallecksteine vorhalten.
- Tiere ruhig fressen lassen und nicht unnötig stören.
- Verschmutztes Weidefutter meiden.
- Sonnenschutz und Regenunterstand anbieten.
- Stoppelweiden mit Bedacht nutzen.
- Blähendes Futter, frischer Klee, Rübenblätter vermeiden und ggf. Raufutter, Heu und Stroh zufüttern.
- Bei „intensiver Weidehaltung“: kurze Besatzzeiten und lange Ruhezeiten
- Bei „extensiver Weidehaltung“: Dauerweide mit geringer Dichte (1–2 GVE pro ha in gemischter Beweidung)
- Moderne Grassorten können durch Endophyten zu Problemen beim Weidevieh führen.

Der Zauber, der Reiz und die Funktionalität einfacher Unterstände, aus regionalen Hölzern konstruiert und erbaut.

Die Zäune

Zäune und Feldeinfriedungen sind vielfältig. In der Anfangsphase der bäuerlichen Lebensweise war die Strategie, Feldeinfriedungen und Zäune zu errichten, komplett anders als heute. So wurden aus Kosten- und Effizienzgründen nur die Pferche und Koppeln eingefriedet, um das Vieh nachts zu schützen. Des Weiteren umfriedete man Felder und Äcker mit Lesesteinen oder Hecken und schuf so unbewusst die sehr artenreichen Wallhecken, Knicks und Lesesteinwälle. Man schützte somit das Vieh vor nächtlichen Angriffen und die Feldfrüchte vor Übergriffen durch Tiere.

Das Vieh stand im Mittelpunkt. Man war entweder selbst Hirte oder hatte Hirten. Hirten waren Teil der Familien oder die Gemeinde stellte einen Gemeindehirten. Da das Vieh der wertvollste Besitz war, war die Arbeit als Hirte oder die Beschäftigung von Hirten selbstverständlich. Eine Umfriedung aller Weiden, die zum Teil als Allmende der Gemeinschaft gehörten und sich über weite Flächen erstreckten, war finanziell und politisch nicht vorstellbar. Erst die soziale Verteuerung des Lebens und die günstige Herstellung von Stacheldraht machten Weidelandschaften unrentabel. Eine Katastrophe für die biologische Vielfalt und den Klimaschutz. Nun wurden Weiden eingezäunt und Felder blieben uneingefriedet. Jagdpächter vertrieben recht schnell die letzten Haustierherden aus dem Wald und nahmen den Fraßdruck von den Feldern.

Die Entwicklung war auf verschiedenen Ebenen problematisch für die Umwelt. Der Verlust von Wallhecken, Hecken und Mauern entstrukturierte die Landschaft und reduzierte die Vielfalt. Der Strukturverlust ging auf Kosten der Tier- und Pflanzenvielfalt. Erosion durch Wind und Wasser bedrohte die Felder und die Verstecke von Vögeln, Insekten und Niederwild gingen verloren.

Der Stacheldraht schuf zunächst noch Lebensraum für Wildpflanzen und Insekten, da entlang dieser Strukturen der Fraßdruck geringer war und auch nur schlecht gemäht werden konnte. Bewachsene Stacheldrahtzäune rund um die Weiden schufen ein kilometerlanges Blütennetz durch ganz Deutschland. Das endete abrupt mit der Einführung des Elektrozauns: Dieser muss zum Erhalt der Funktion ausgemäht werden. Viele Kilometer Lebensraum gingen so schon verloren, als die Tiere noch auf den Weiden waren.

Zäune können intelligent angelegt werden und so passiv darüber entscheiden, wer durchgelassen wird.

Ob man für die Herstellung der Materialien eines Zauns eine Fabrik, ein Sägewerk oder einfach nur die Ruten einer intakten Hecke braucht, entscheidet sich von Fall zu Fall. Ein bunter Katalog voller Sonderangebote sollte einem das Denken nicht abnehmen.

Feldeinfriedungen sind vielfältig. In Europa gibt es Hunderte verschiedene Typen. Von der viehsicheren Hecke über verschiedene Steinmauern und Erdwälle bis zur nahezu grenzenlosen Vielfalt regionaler Holzzäune. Es lohnt sich die Beschäftigung mit den Feldeinfriedungen Europas, um zu sehen, dass Weiden auch sehr schön aussehen können und dass die Pflege von Hecken plötzlich eine für das Vieh nützliche Aufgabe wird, die den Zweck der Weideeinfriedung erfüllt.

Ob man nun einen Holzzaun wählt oder sich mit einem Drahtzaun beschäftigt – der Vielfalt sind keine Grenzen gesetzt. Mit Sicherheit ist ein Elektrozaun mit mobilen Pfählen und Solarplatte schnell aufgebaut. Dennoch sollten gerade bei langfristigen Weiden auch schöne und nachhaltige Zäune gebaut werden. Hierzu gibt es eine Vielzahl von Anregungen und Modellen. Eine Elektrolitze ist dennoch sehr praktisch und hat in manchen Bereichen große Vorzüge.

Die Höhe des Zauns richtet sich nach der Tierart. Niemals sollte man die Sprungkraft eines Schafs oder gar einer Ziege unterschätzen. Auch die Kraft und das Geschick eines Esels oder Schweins ist unvorstellbar. Kaninchen graben flink und Hühner können oft erstaunlich gut fliegen. Als Teilzeittierhalter müssen wir uns immer wieder vor Augen führen, dass der Tag dieser Tiere auch 24 Stunden hat. In dieser Zeit bleibt genug Energie und Kraft für die Tiere, sich ausgiebig mit den Einfriedungen zu beschäftigen, um sich weiteres Weideland zu erschließen. Drücken und Schieben sind beständige Kräfte, die jeden Zaun irgendwann knacken. Esel zeigen außerdem großes Geschick beim Bearbeiten von Riegeln und Schiebern. Hier wirkt der Elektrozaun durch seine psychologische Wirkung Wunder. Dennoch ist die regelmäßige, strenge Kontrolle der Zäune ein Muss.

Während bei den meisten Tieren ein solider Zaun als Weideeingrenzung genügt, ist für die Freifläche um den Stall eine stabilere und langfristigere Lösung sinnvoll. Bei Schweinen gilt vielerorts zur Verhinderung des Kontakts mit Wildschweinen eine doppelte Zaunpflicht. Hier muss parallel zum Weidezaun ein weiterer Zaun gezogen werden, der den Tierkontakt vermeidet.

Nicht vergessen darf man, dass man nicht nur das Ausbrechen der Tiere oder den ungewünschten Kontakt mit den Wildformen verhindern, sondern auch das Eindringen von „Raubtieren“ oder Menschen regulieren möchte. Somit ist je nach Lage der Koppel oder des Geheges auch ein intensiver Schutz gegen ungewollten menschlichen Kontakt sinnvoll.

Das Aufkommen des Wolfs versetzt nun auch die Säugetierhalter wieder in die Situation, aus der Geflügelhalter nie herauskamen: die Hege und Pflege der Tiere durch nächtliche Sicherung.

Zäune sind vielfältig und können zudem schön und sinnvoll sein. Es lohnen sich eine Recherche und etwas handwerkliche Zuneigung zum Zaunbau, wobei regionale Zäune bevorzugt werden sollten.

DIE FELDER

Zur effizienten und kostengünstigen Kleinviehhaltung empfiehlt es sich, möglichst viele Futtermittel selbst anzubauen. Dadurch reduzieren sich die Kosten erheblich. Es gibt kaum Grenzen des Anbaus und die vollständige Ernährung der Tiere kann durchaus gelingen. Wenn der Platz nicht ausreicht, so sollte zumindest das Heu für Kaninchen oder den alltäglichen Bedarf als Nesteinlage in fast jedem Garten produziert werden können. So spart man sich das Rasenmähen und fördert nebenbei artenreiche Blumenwiesen. Auch das Anbauen von vielen Zucchini- oder Kürbispflanzen ist ein großer Beitrag zur Tierfütterung. Riesenzucchinis werden geraspelt und können so die Hühnerschar satt machen.

Kartoffellegen ist eine Einzelarbeit, die sich lohnt. Man legt die Kartoffeln in Abständen auf den Mist und drückt sie an. Ein Wohl- und Glücksgefühl überkommt einen nach getaner Arbeit – beim Legen und späteren Ernten.

NUTZUNG DER PRODUKTE

DER STREICHELZOO

Der Streichelzoo ist ein Ort, an dem Tiere gehalten werden, damit Sie von Kindern (seltener von Erwachsenen) durch Anfüttern dazu gebracht werden, sich anfassen zu lassen. Diese wohl etwas zugespitzte Beschreibung zeigt eine Haltungsform, welche sicherlich nur ein eingeschränktes Potential hat. Die Zielgruppe von Streichelzoos ist recht eingeschränkt und die meist überfetteten Tiere erfüllen nicht die Anforderungen einer tiergerechten Haltung und nachhaltigen Nutzung. Streichelzoos bringen zwar die entfremdeten Kinder näher an Tiere, allerdings auf einem fragwürdigen Weg. Wie schafft der didaktische Anspruch, den Spagat von der „lächelnden" Ziege zur Billigbockwurst auf der Picknickbank neben dem Gehege?

Die Zuneigung für ihre Tiere dürfen junge und alte Menschen gleichermaßen zeigen. Sie zeugt von Empathie und Respekt.

UMWELTBILDUNG UND PÄDAGOGIK

Da das Streicheln von Tieren keiner vollumfänglichen Annäherung mit den Lebewesen und deren Haltungsgründen entspricht, ist die Aufgabe der Vermittlung von Wertschätzung der Kleinviehhaltung sicherlich ein wichtiger Bestandteil der Umweltbildung. Das Verständnis von Nahrungskreisläufen und der Lebensläufe der einzelnen Tiere schafft ein solides Wissen über die Entstehung unserer Nahrung.

Auch hier ist die reine Fokussierung auf die Erzeugung von Nahrung unzureichend. Denn die Vermittlung der Schlachtung schafft immer großen Gesprächsbedarf und es wird oft so enden, dass man selbst zwar nicht schlachten möchte, jedoch fertige Würstchen und Braten sehr gerne isst. Wenn die Umweltbildung eindimensional bleibt und nur dem Zweck folgt, dass aus einem Küken später Frikassee wird, dann ist das sicherlich einer der wichtigsten zentralen Gedanken der Tierhaltung, bildet aber keinesfalls ein stabiles Gerüst der Umweltbildung.

Die Heranführung an Tiere zeigt den Kreislauf des Lebens, aber auch die Einbettung in Systeme: von der Natur, der biologischen Vielfalt, bis hin zum Verantwortungsbewusstsein und zu langfristigen Tier-Mensch-Beziehungen. Durch die gemeinschaftliche Haltung wird auch das Miteinander geregelt, denn ohne strenge Vorschriften und Verlässlichkeit ist das Tierwohl schnell in Gefahr.

Neben dem Erlernen der Tierbiografien ist auch für den Menschen einiges Positives dabei. Aspekte aus der Gesundheitsförderung und tiergestützten Therapie werden ganz schnell unbewusst aufgegriffen. Schon das Beobachten einer Hühnerschar oder das Streicheln von Kaninchen fördert in großem Maße die positiven Wirkungen auf die Menschen. In allen Bereichen nützt das selbstverständliche Vorhandensein von Tieren. Regelhaftigkeiten werden geschult. Respekt für und vor den tierischen Mitbewohnern. Verantwortungsbewusstsein und das Gefühl der Wichtigkeit gehen mit der Tierhaltung einher. Aber selbst die stillen Dinge dürfen nicht vergessen werden. Eine Sitzbank in der Nähe des Geheges oder sogar auf der Weide sorgt für eine große Nähe zu den Tieren. Schafe und Hühner hören sich jedes Gespräch an und auch Schweine kennen kein Verplappern, wenn man ihnen von Sorgen und Freuden des Lebens berichtet.

Die frühkindliche Prägung bleibt lange erhalten. In blauer Latzhose nähert sich einer der Autoren hier erstmals den Hühnern an, während der andere Autor ihn dabei fotografiert.

TIERGESTÜTZTE THERAPIE

Viel zu selten werden die heimischen Nutztiere, und vor allem das Kleinvieh, in der tiergestützten Therapie eingesetzt. Während Delfine und Pferde die Vorstellung dieser Therapieform prägen, scheinen die kleineren Nutztiere nicht beachtet zu werden. Dabei sind die Vorteile kleiner Nutztiere ganz erheblich. Auf einem Biolandbauernhof, auf welchem Menschen mit geistiger Behinderung arbeiten, spielen Lamas eine ganz besondere Rolle. Diese Tiere haben ihren Kopf auf Augenhöhe der Menschen und schauen nicht wie die Pferde neutral und scheinbar abwesend zur Seite, sondern sind im Leben mancher Menschen die ersten Bezugspersonen, die den direkten Augenkontakt suchen und ihn auch ertragen. Es ist für diese Menschen Gold wert, dass die Lamas nicht die gleichen Unterscheidungen machen wie wir Menschen. Es ist ihnen schlicht egal, ob der Pfleger sabbert oder ein wenig schief schaut. Was den Besuchern und Fremden entweder die Scheu ins Gesicht treibt oder zu einem unverminderten Abwenden führt, kompensieren die Lamas damit, dass sie einfach auch hin und wieder sabbern. Augenhöhe und standhafter Blickkontakt zeichnen Lamas aus. Eine wunderbare Eigenschaft für Therapietiere.

Schafe, Ziegen, Schweine, aber auch Hühner und Gänse haben jeweils hervorragende Eigenschaften, um in der tiergestützten Therapie genutzt zu werden. Die tiergestützte Therapie ist ein vielfältiges Feld. Die Ziele sind so unterschiedlich, wie das Angebot und die Nachfrage. Von der reinen Aktivität mit Tieren bis hin zu einem zielorientier-

Hahn und Lämmchen auf dem Strohbett. Ein vorzüglich eingestreuter Platz. Für das Wohl der Tiere ist gesorgt.

ten Ansatz ist alles möglich. Es kommt auf die Qualifikation des Anbieters und die Bedürfnisse des Patienten an.

Schweine lassen sich durch ihr großes Bedürfnis am „Suchen" und „Wühlen" gut begleiten und letztendlich gezielt motivieren – was den Klienten ebenfalls motiviert. Schafe sind passiv und nicht fordernd und bieten so Wärme und haptische Erlebnisse. Hühner sind neugierig und lassen sich gut anfüttern, wobei das Aufschlagen der Flügel und der Fluchtreflex große Ruhe und Beharrlichkeit bei den Patienten fordern. Der Schnabel schult Vorsicht und Mut und die Zerbrechlichkeit eines Kükens die Zärtlichkeit. Esel erfordern Aufmerksamkeit und Respekt und sind zugleich starke Partner. Neben den einzelnen Tierarten spielen auch die generellen Erfahrungen im Hofumfeld eine große Rolle: Vom Füttern über das Misten bis hin zum Einrichten eines neuen Freigeheges mit gemeinsamem Umzug der Tiere.

Patentrezepte zur Nutzung von Kleinvieh in der Therapie gibt es nicht. Eine menschennahe Aufzucht ist nötig, da die Tiere sonst scheu sind. Tiere sind keine Menschen und verhalten sich anders, das heißt, eine Vermenschlichung kann zu Unfällen führen und setzt geschultes Personal voraus. Beachtet man alle möglichen Aspekte einer Tier-Mensch-Therapiebeziehung so können sehr wertvolle Erfahrungen und Bindungen entstehen.

DER HERD IST DAS ZIEL: MILCH, FLEISCH, EIER

Zierpflanzen und Nutzpflanzen sind die groben Unterscheidungsmerkmale im Gartenbau. Bei Tieren ist das recht ähnlich. Dennoch gibt es von den wenigsten Arten reine „Zierrassen". Zierrassen sind Tierrassen, die vor allem auf optische Merkmale gezüchtet wurden. Der weit größere Teil und eben auch die Zierrassen enden irgendwann auf dem Teller. So ist jedenfalls der ursprüngliche Ansatz.

Durch das Halten von Tieren wird die „ökologische Nische" oder das Nahrungsspektrum des Menschen erweitert. Nahrungsressourcen werden durch die Tiere für den Menschen zugänglich, die ihm sonst verschlossen bleiben. So wandelt ein Karpfen algiges und nährstoffreiches Wasser in Speisefisch um. Ein Pferd, eine Ziege, ein Schaf verwandeln Gras in Kraft, Fleisch, Pelz, Leder und Milch. Schweine und Hühner veredeln Speisereste, ungenießbare Knollen und kleine Samen in Fleisch und Eier.

Dieser Schritt der Veredelung von für den Menschen Unnutzbarem ist die einzigartige Chance der Tierhaltung. Es ist zugleich auch das stärkste Argument gegen die Veganisierung der Ernährung, die industriell und künstlich ist. Die klimagerechte Bewirtschaftung des Grünlands (Weiden und Wiesen) und der Wälder, die Aufwertung von Ungenießbarem und die Nutzung nachhaltiger Kreisläufe sind unverzichtbare Bestandteile einer klimaschützenden und biodiversitätsfördernden Ernährung. Somit ist der Herd ein nachhaltiges Ziel der Kleinviehhaltung.

Zwei Blickwinkel prägen unsere Beziehung zum Kleinvieh. Optisch bereichert es jeden Blick aufs Land. Auch ein kulinarischer Blick lohnt sich: Ein duftender Gänsebraten, frischer Schafskäse und ein feines Schnitzel erfreuen Leib und Seele.

Die Isolationswirkung von Wolle zeigt der Schnee, der auf dem lebenden Schaf liegen bleibt.

TIERISCHE „NONFOOD“-PRODUKTE

Tierische Nonfood-Produkte können unterschiedlich und regional sehr vielfältig sein. Die Federn des Geflügels und die Knochen der Tiere sind sicherlich Bestandteile einer vollumfänglichen Nutzung, werden aber nicht regelmäßig und wenn, dann regional sehr unterschiedlich genutzt.

Die Wolle und das Fell bilden volumenmäßig sicherlich die Hauptmenge der zyklisch anfallenden und zu verwertenden Produkte. Vom Kaschmirpullover bis zum Wolldünger – die Wertschätzung für diese natürliche Hightechfaser variiert global sehr stark.

Auch Felle und Leder können die Vielfalt der Nutzungstypen noch bereichern. Leider haben es Naturfasern und Felle in letzter Zeit schwer. Dabei sollte gerade das Problem der zunehmenden Vermüllung der Meere, Böden und des Wassers mit Mikroplastik ein dringendes Umdenken herbeiführen. Ein Wollpullover und ein Tierfell werden zu wertvollem Humus. Die sich beim Waschen ablösenden Fasern verunreinigen das Wasser nicht langfristig. Eine neue Wertschätzung von tierischen Fasern und Häuten ist ein wichtiger Beitrag zum Schutz unserer Umwelt.

Mist ist als entstehende Biomasse auch ein Faktor, den man nicht außer Acht lassen sollte. Ohne eigenen Acker oder großen Garten muss man sich auch hier um den regelmäßigen Absatz kümmern.

Der Mist von Geflügel ist reich an Stickstoff, Phosphorsäure, Kalk, Kali und Magnesium und ähnelt dem importierten Guano stark. So lohnt es sich, allen Ausscheidungen des Geflügels große Aufmerksamkeit zu zollen und diese Produkte im Gemüseanbau, bei der Zierpflanzenzucht oder im nachbarschaftlichen Tauschhandel einzusetzen. Der Mist ist neben den Eiern und dem Fleisch das beste Produkt des Hühnerhalters. Eine begehrte Geheimwaffe, bei der sogar Hühnerskeptiker schwach werden und plötzlich mit einem Eimerchen klingeln. Aus Hühnermist entsteht hervorragender, nahezu samenfreier Humus, der verdünnt als Anzuchterde verwendet werden kann. Auch der

Die Produktion von Mist und das Durcharbeiten von Flächen sind Dienstleistungen, die uns die Tiere erbringen.

direkte Einsatz von Hühnermist ist möglich, da er gebundene Nährstoffe beinhaltet, die durch die Bewässerung oder den Regen in den Boden übergehen. Dennoch ist Hühnermist recht scharf und für manche Kulturen nur bedingt zu empfehlen. Aus diesem Grund empfiehlt sich die Herstellung von Flüssigdünger aus Hühnermist. Diese Brühe macht jedem industriell hergestellten Flüssigdünger Konkurrenz und übertrumpft ihn in Sachen Nachhaltigkeit, Ökologie und in der Energiebilanz.

Schafdung hat den höchsten Stickstoffgehalt und eignet sich daher bestens für die Düngung von Gemüsegärten und Feldern.

Auch der Mist von Ziegen ist sehr wertvoll für die Düngung. Sowohl für Schafe als auch für Ziegen benötigt man etwa 1 m^2 Dungstätte/Misthaufen pro Tier, welcher schattig gelegen sein sollte, um eine zu rasche Kompostierung zu verhindern.

Schweinemist bereichert die Felder, auf denen sie wühlen. Durch die Bodenbearbeitung wird er gleich in den Untergrund eingearbeitet. Alles Fressbare wird vom Schwein genutzt – das Nichtfressbare zur Verrottung tief eingewühlt. Schweine suchen somit den Mist der anderen Tiere nach Fressbarem durch und arbeiten ihn in den Untergrund ein.

Der Mist aller Nutztiere des Kleinviehhofs eignet sich zur Düngung. Je nach Zweck wird dieser unverdünnt angewendet, zur Jauche angesetzt, verdünnt oder kompostiert ausgebracht.

TIERISCHE DIENSTLEISTUNGEN

Tiere sind Bausteine einer belebten Welt. Alle diese Bausteine sind demnach nötig, damit das System funktioniert. Um die Wirkung der Pflanzen und Tiere zu benennen und gegebenenfalls zu monetarisieren, wurde das Konzept der „Ökosystemdienstleistungen“ oder der „Ökosystemingenieure“ entwickelt. So lassen sich verschiedene Leistungen, die die Natur allein durch ihre Anwesenheit vollbringt, besser erklären und wertschätzen. Kleinvieh trägt auch entschieden zu diesen

Oft ergibt sich der Nutzen für die Kultur- und Naturlandschaft erst, wenn wir das Gesehene mit dem Wissen unserer Zeit verknüpfen und sich die Tiefe derartiger Anblicke vor uns auftut.

Dienstleistungen bei, denn unterschiedliche Arbeiten werden von den Tieren durchgeführt, ohne dass es einen zusätzlichen Aufwand benötigt.

Schweine und Hühner: Bearbeiten den Boden und begrenzen das Überhandnehmen von Insekten und Wurzelbeikräutern.

Gänse, Enten: Revitalisieren Gewässer, vertilgen Schnecken und dezimieren das Überwuchern von Vegetation.

Schafe, Ziegen, Esel: Sorgen dafür, dass Grünland artenreich bleibt, indem sie die Vegetation kürzen und auch die Verbuschung verhindern. Durch die Hufe wird der Boden vitalisiert und nicht verdichtet

Alle zusammen: Sorgen mit ihrem Dung für die Belebung des Bodens und tragen so zur Humusbildung und Bodenfruchtbarkeit bei.

ZUG- UND TRAGTIER

Esel, Ziegen und Lamas/Alpakas lassen sich hervorragend als Zug- und Tragtiere nutzen. Entweder tragen sie die Lasten auf dem Rücken oder ziehen kleine Wägen. Natürlich erreichen diese Tiere niemals die Leistungsfähigkeit einer Kuh, eines Ochsen oder gar eines Pferdes, dennoch ist der Transport kleiner Mengen Heu oder Grünfutter mit einem Eselgespann oder Ziegenkarren durchaus möglich. Auch als Gepäckträger eignen sich Esel, Lamas und Alpakas hervorragend. Dennoch ist die Last, die man den Tieren zumuten sollte, begrenzt. Das Tierwohl und die Schonung der Tiere empfehlen eine maximale Zuladung auf ¼ des Körpergewichts und eine Zuglast eines kugelgelagerten Wagens von maximal dem doppelten Tiergewicht.

Treibstoffgewinnung. Ein essbarer Traktor. Hier wird ein Esel als Zugtier mit seinem Treibstoff beladen. Die zwei Männer sind unabhängig von Rohstofflieferungen. Der Esel ernährt sich am Straßenrand, fährt den Treibstoff vom Feld emissionsneutral ein, stößt keine Gifte aus, reproduziert sich selbst und kann sogar gegessen werden. Von welchem Traktor kann man das behaupten?

Die Vielfalt einer Blumenwiese – Futter für die Tiere.

FUTTER

FUTTERKOMPONENTEN

Je nach Definition unterscheidet man Raufutter, Saftfutter, Leguminosen, Grünfutter und Körnerfutter. Unter *Raufutter* versteht man faserreiches, lagerfähiges Heu, Stroh, Silage und das faserreiche, aber nicht lagerfähige Gras (Grünfutter). *Saftfutter* fasst die Hackfrüchte (Kartoffeln, Rüben u. a.) und die Wurzeln und Samen der Kreuzblütler (Senf, Rettich ...) zusammen. *Leguminosen* werden meist als Schrot gefüttert und beinhalten Erbsen, Bohnen und andere Hülsenfrüchte. *Grünfutter* bezeichnet frisch geschnittenes Gras und Kräuter, aber auch Zweige. *Körnerfutter* umfasst die Samen der Getreidesorten (Körner).

Jedes Tier verlangt eine andere Zusammensetzung des Zusatzfutters. Man wird schnell merken, was geht und was nicht. Die althergebrachte Regel, dass man sein Zusatzfutter (Rüben, Getreide ...) selber anbauen sollte, stimmt mit Sicherheit. Schnell wird man feststellen, wie schwierig und teuer es ist, ausreichend Kartoffeln oder Rüben für die Tiere zu kaufen.

Will man das Ganze dann noch in „Bio“, wird es ein aussichtsloses Unterfangen. Ein kleiner Acker mit Futterrüben und Kartoffeln oder ein Haferfeld schaffen sofort Abhilfe und schonen den Geldbeutel. Schweine freuen sich sowohl über eine alte Schwarzwälder Kirschtorte als auch über ein Stück trockenes Vollkornbrot. Allerdings werden die Tiere wählerisch in der Auswahl alter Backwaren, wenn sie nur mit Faschingskrapfen gefüttert werden. Zucker ist auch für diese Tiere schädlich!

Ersetzt man bei der Beschaffung von Futtermitteln die Motorkraft durch Handarbeit und Tierzug, kann man zusätzlich stimulierende Aufgaben für sich entdecken.

DAS HEU

Neben dem Grünfutter ist das Heu die wichtigste Komponente des Futters für das Kleinvieh.

Heu ist der gemähte und getrocknete Aufwuchs von Grünland. Es besteht somit im Wesentlichen aus Gräsern und Kräutern.

Die Qualität des Heus hängt von fünf Faktoren ab:
1. Die Zusammensetzung der Wiesenpflanzen,
2. der richtige Schnittzeitpunkt,
3. die richtige Schnittmethode,
4. die Art der Trocknung und schließlich
5. die Lagerung.

ad 1. Gräser (Obergräser, Mittelgräser und Untergräser; Leguminosen und Kräuter). Leguminosen sind Schmetterlingsblütler (*Fabaceae*). Zusammen mit den Kräutern nehmen wir sie als Blumen wahr, die eine Wiese ausmachen.

ad 2. Am frühen Morgen (bei Sensenschnitt) oder am Vormittag einer trockenen und sonnigen Wetterperiode (2–3 Tage, Wind ist gern gesehen). Das Einregnen reduziert den Nährstoffgehalt durch Auslaugen erheblich.

ad 3. Mit der Sense, dem Balkenmäher oder dem Kreiselmäher werden Wiesen in aller Regel gemäht. Die Sense schont das Schnittgut am besten, zudem können Tiere flüchten. Rotierende Mähwerke sind nicht tierfreundlich. Im Grünland ist die Zugtierarbeit die umweltschonendste Bearbeitung und daher zu fördern.

ad 4. Das qualitativ hochwertigste Heu ist das Heu von Heinzen, Reutern (Dreibock-, Hütten- oder Schwedenreuter) oder von Böcken, da hier durch das Ausbleiben des Drehens, Wendens und Schüttelns nahrhafte Blätter nicht abbröckeln, sondern das ganze Volumen des Heus erhalten bleibt. Der Verlust durch Heuwender kann durchaus 30 bis 40 % der Nährstoffe betragen.

ad 5. Die Einlagerung von Heu erfordert größte Sorgfalt in Bezug auf die Feuchtigkeit des Heus. Feuchtes Heu kann sich erhitzen und durch Selbstentzündung zu fatalen Feuern führen. Daher nur absolut trockenes Heu einlagern und die Hitze im Inneren des Heuhaufens regelmäßig überprüfen. Der Schnitt der Wiese erfolgt zu Beginn einer

Das Dengeln einer Sense ist kein Hexenwerk, aber es erfordert die sachkundige Einweisung und das strenge Überprüfen erster eigener Schnitte.

Die Raufe ermöglicht das Zupfen des Heus über einen längeren Zeitraum. Keinesfalls sollte das Kaninchen in die Raufe klettern können, da sonst schwere Verletzungen möglich sind.

Das Verfüttern von Rundballen erspart zwar Arbeit, sollte aber hinsichtlich möglicher Verschmutzungen und der Futterverschwendung abgewogen werden.

mehrtägigen Warmperiode. Das Schnittgut wird dann am heißen Tag mehrfach gewendet oder verbleibt bis zum Durchtrocknen auf dem Heinzen. Danach erfolgt die Einlagerung.

Heu für Kaninchen

Langhalmiges Heu fördert das beständige Fressen und beschäftigt die Tiere. In einer Raufe sollte immer Heu vorhanden sein, welches herausgezupft werden muss. Das Heu sollte von einer artenreichen Wiese stammen, trocken sein, gut riechen und ohne Fremdkörper sein. Bei Kaninchen ist oftmals das Heu aus der Futterraufe der Ziegen und Schafe geeignet. Gerne fressen Kaninchen auch das Heu, das bei den großen Tieren herunterfällt oder liegenbleibt. Ein Kaninchen benötigt pro Jahr etwa 20 bis 30 kg Heu. Bei zweimaligem Schnitt entstehen pro Quadratmeter etwa 0,5 kg Heu. Pro Tier brauchen Sie also 40 bis 60 m^2 Heufläche.

Heu für Schafe

Da Schafe wiederkäuen, ist besonders rohfaser- und zellulosereiches Heu ideal, z. B. mittelgrobes Heu mit hohem Rohfasergehalt, kurz vor der Blüte der Gräser geschnitten. Pro Schaf braucht man 2,3 kg Heu pro Tag. Das entspricht etwa 560 kg Heu pro Jahr, wenn die Tiere einige Monate auf der Weide verbringen. Das Heu wird in einer Raufe mit 6 cm Abstand zwischen den Gatterstäben verabreicht, unter der ein Futtertrog befestigt ist. Dadurch müssen die Tiere das Futter zupfen und heruntergefallenes Heu wird im Trog aufgefangen, nicht verschmutzt und kann von den Tieren noch gefressen werden – oder geht an die Kaninchen.

Heu für Ziegen

Für Ziegen kann das Heu noch gröber sein. Auch Blumenstroh (also abgeblühte Wiesen) kann noch an die Tiere verfüttert werden. Je karger das Heu, desto genügsamer wird die Ziege. Verwöhnte Ziegen sind sehr wählerisch und neigen zur Verfettung. Äste, Laub und Knospen bereichern das Heuangebot zudem. Die Verabreichung erfolgt wie bei Schafen.

Heu für Lamas und Alpakas

Ähnlich wie bei Schafen verwerten Lamas und Alpakas strukturreiches Heu von guter Qualität. Den Wiederkäuern muss es das ganze Jahr angeboten werden.

Heu für Esel

Ähnlich wie bei Ziegen mögen Esel strukturreiches und strohiges Heu. Das Heu von sehr mageren Wiesen eignet sich hier bestens. Jedoch gilt auch hier, dass das Heu nicht durch Verregnen ausgewaschen sein sollte. Das Hinzufügen von Stroh ist für Esel eine willkommene Abwechslung.

Die Heuarbeit zählt zu den schönsten und charismatischsten Arbeiten im Jahresverlauf. Der Duft, die Hitze, das Vesper und die schönen Erlebnisse gemeinsam auf der Wiese machen sie zu einem wiederkehrenden Höhepunkt der rahmengebenden Arbeiten.

INFO! Gelagertes Futter

An Mariä Lichtmess (2. Februar) muss noch die Hälfte des gelagerten Futters (Heu) vorhanden sein, um genug für den restlichen Winter zu haben.

WASSER

Sauberes Wasser ist für alle Tiere unumgänglich. Der unbegrenzte Zugang zu dieser Ressource muss unbedingt sichergestellt werden. Je nach Tierart eignen sich unterschiedliche Tränken.

Dieser Esel steht in einer verdorrten Hochstaudenflur. Überständige Säume und vertrocknete Hochstauden sind für Esel ideal.

Sauberes Wasser brauchen alle Tiere.

Flehmen bezeichnet man das Verhalten, wenn Hengste die Oberlippe aufstellen, um so die Luft nach den Hormonen und Duftstoffen paarungsbereiter Weibchen zu durchsuchen.

Ziegen sind wählerisch und werden schnell verwöhnt.

PFLEGE

GEFLÜGEL UND SÄUGETIERE

In unserem Buch stellen wir Ihnen zwei Gruppen von Tieren vor: Geflügel (Vögel) und Säugetiere.

Beide sind sich recht ähnlich, wenn sich auch einige Unterschiede ergeben. Die Pflege ist dadurch strukturell bei allen Arten in etwa gleich. In den Skizzen auf S. 54 werden die wichtigsten Beobachtungspunkte eingezeichnet. Diese Punkte sollten für die Pflege und für die Prävention von Krankheiten stets im Auge behalten werden.

Geflügel

Vögel besitzen nur zwei Beine und die Vorderextremitäten sind Flügel. Die Lauf- und Flugfähigkeit variiert je nach Art und Rasse zum Teil erheblich. Das Nutzgeflügel besitzt leichte Knochen und einen kurzen Verdauungstrakt, einen schnellen Puls und eine hohe Körpertemperatur. Wassergeflügel besitzt zudem Schwimmhäute zwischen den Zehen, die das Schwimmen erleichtern. Die Sinnesorgane (Sehen, Hören, Schmecken und Riechen) nehmen einen anderen Stellenwert ein als bei Säugetieren.

Zentrales Werkzeug bei Gänsen und Enten ist der Schnabel.

Geflügel zeichnet sich zudem durch ein mehr oder weniger vollständiges Gefieder aus. Gerade bei Hühnern gibt es Rassen mit befiederten Läufen oder nacktem Hals. Ansonsten sind Kahlstellen meist auf die Mauser oder bei fehlerhafter Haltung auf zu hohen Besatz oder Nährstoffmangel

Unbeeindruckt ist dieses Haushuhn vom Balzgehabe eines Pfaus. Verschiedene Tierarten brauchen verschiedene Anpassungen.

zurückzuführen. Die Mauser ist ein regelmäßiger Prozess, der die Erneuerung des kompletten Gefieders als Ziel hat. Wasser- und Landgeflügel unterscheiden sich bei Art und Häufigkeit der Mauser. In dieser Zeit stellen die Tiere das Eierlegen so gut wie ein.

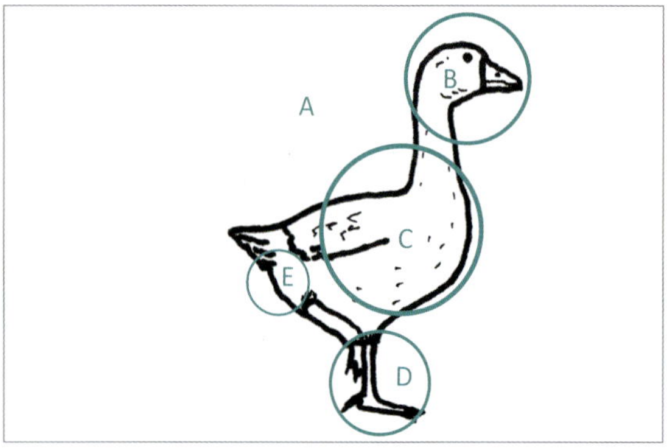

Bei der täglichen Inaugenscheinnahme (hier die Gans stellvertretend für das Geflügel) sollten folgende Bereiche berücksichtigt werden.

A: Gesamterscheinung des Tieres (Körperhaltung und Verhalten)
B: Kopf (Auge, Schnabel, Nasenlöcher, Drüsen und Anhänge)
C: Gefieder und Federn
D: Lauf und Krallen
E: Kloake

Säugetiere

Da wir Menschen auch nur Tiere sind, könnte die vereinfachte Regel gelten: Achten Sie auf alles Äußerliche und auf Verhaltensauffälligkeiten, auf die Sie aus Fürsorge bei sich und Ihrem Partner auch achten.

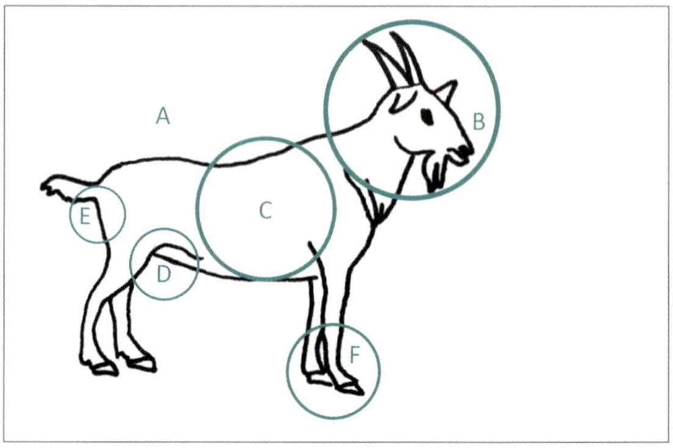

Bei der täglichen Inaugenscheinnahme (hier die Ziege stellvertretend für die Säugetiere) sollten folgende Bereiche berücksichtigt werden.

A: Gesamterscheinung des Tieres (Körperhaltung und Verhalten)
B: Kopf (Auge, Mund, Nasenlöcher, Hörner, Drüsen und Anhänge)
C: Fell und Hautpartien
D: Urogenitaltrakt und Zitzen
E: After und Schwanzregion
F: Extremitäten, Hufe und Krallen

KÖRPERPFLEGE

In einem gesunden Hofumfeld und mit ausreichend Auslauf beschränkt sich die Körperpflege der Tiere auf ein Minimum. Die Schur und ggf. das Bürsten der Esel und die Kontrolle des Fells auf Parasiten deckt das Spektrum voll ab. Tiere sind grundlegend reinlich und halten sich artspezifisch sauber. Das Reinlichkeitsniveau unterscheidet sich daher von Art zu Art.

KLAUENPFLEGE

Bei Huftieren ist die Kontrolle der Klauen sehr wichtig, um Krankheiten und Fehlstellungen vorzubeugen. Nachdem Sie sich die wichtigsten

Die bei den weiblichen Tieren voll ausgeprägte Milchdrüse *(Glandula mammaria)* gibt den Säugetieren ihren wissenschaftlichen Namen „Mammalia" und leitet auch die englische Bezeichnung „Mammals" her.

Schritte von einem Fachmann zeigen lassen, können Sie die Arbeiten leicht selber übernehmen. Ein vielfältiger und naturnaher Untergrund auf Weide, Stall und Auslauf sorgt dafür, dass sich die Klauen und Krallen selbst pflegen. Auch hier ist die Kontrolle unabdingbar, denn Einwüchse und Fremdkörper führen zu großen Beeinträchtigungen.

FELL- UND GEFIEDERPFLEGE

Die Kontrolle von Parasiten ist die Hauptaufgabe bei der Fellpflege. Verschiedene Fellparasiten führen zu teilweise drastischen Erkrankungen. Daher ist ein artspezifischer und regelmäßiger Kontrollblick nötig, um für das Tierwohl zu sorgen. Beim Geflügel reicht eine grobe optische Musterung. Hier ist die Mauser die größte Beeinträchtigung. Sobald man erkannt hat, welche Gefiedererscheinungen durch die Mauser und durch einen zu aktiven Hahn hervorgerufen werden, kann man andere Erkrankungen sehr gut abschätzen und bewerten.

SCHUR

Die Schur ist eine Frage der Technik. Sie variiert von Region zu Region. Ein erfahrener Tierhalter sollte als Lehrmeister herangezogen werden. Mit etwas Übung ist auch diese spannende und körperlich anstrengende Arbeit machbar.

Die behaarte Körperoberfläche vieler Säugetiere ließ die Nutzung dieser Haare schnell erstrebenswert erscheinen. Die Nutzungsvielfalt ist gewaltig. Vom Borstenpinsel bis zur Feinstrickware – viele Kunstfasern könnte man ersetzen und so die Gewässer von unnötigem Mikroplastik verschonen.

GESUNDHEITSFÖRDERUNG

Für Menschen

Kurze und sichere Wege sind die Hauptfaktoren für eine stressfreie und kraftschonende Arbeit mit Nutztieren. Der morgendliche Gang zum Heu sollte sicher und der Transport dieses Futters auf kurzer Strecke erfolgen.

Mit einer Schmutzschleuse lässt man seine Stallklamotten aus dem Haus draußen und fördert so zusätzlich die Hygiene. Stressvermeidung ist zudem das A und O. Ein paar Erleichterungen sparen Zeit und sorgen dafür, dass die täglichen Verrichtungen keine zusätzliche Belastung bedeuten.

Für die Tiere

Für die Tiere gilt eigentlich das Gleiche. Zentrales Element ist der vollwertige Auslauf mit ausreichend Platz und Strukturelementen, damit die natürlichen Verhaltensweisen ausgelebt werden können und die Möglichkeit zur unbegrenzten Bewegung zur Verfügung steht. Die Vermeidung von Stress sorgt für ein entspanntes Miteinander. Eine pragmatische und regelmäßige Überprüfung der Hygiene schützt vor unnötigen Krankheiten. Impfungen bilden zudem einen medizinischen Schutz und sollten den gesetzlichen Bestimmungen gemäß erfolgen. Das Angebot von frischem Wasser dient Wasservögeln sowie ein Schlammbad dem Schwein als bester Ort für die Körperpflege. Diese sind wichtig, um Krankheiten vorzubeugen.

Der ideale Lebensort nicht nur für Hühner, sondern auch für eine hohe Biodiversität. Ein alter Hochstamm-Obstgarten, der kein Insekten- und Vogelsterben kennt. Ein Bild zur Nachahmung für heute und morgen.

KRANKHEITEN

Bei allen vorgestellten Tierarten gibt es spezifische Krankheiten. Krankheiten oder gar Seuchen führen zu Tierleid und oft auch zum Tod von Tieren. Für den Halter stellen sie eine große emotionale Belastung dar und wirken sich auch wirtschaftlich fatal aus.

Krankheiten und Seuchen sind oft nicht durch Impfstoffe oder präventive Medikamente zu verhindern. Sie übertragen sich von Tier zu Tier, werden vom Menschen oder von Wildtieren verbreitet und sind in Einzelfällen sogar zwischen den Tierarten übertragbar.

Alle diese Krankheiten aufzuführen, würde den Rahmen dieses Buchs sprengen und unnötige Vorbehalte oder Ängste schüren. Sollten Sie sich zur Haltung einer oder mehrerer Tierarten entschließen, hilft die Fachliteratur für die einzelnen Tierarten weiter.

Die strukturelle Vielfalt einer Weide und die Vielfalt der Pflanzen erleichtern die Selbstmedikation der Tiere und sparen erhebliche Tierarztkosten.

Bei aller Vorsicht gilt die Annahme der häufigsten Wahrscheinlichkeit. Nicht jedes Tier ist sofort schwer krank. Die pragmatische und optimistische Beobachtung (direkte Inaugenscheinname) über einige Tage ist der erste Schritt. Beratung bei erfahrenen Haltern schließt diese Beobachtung mit ein. Bevor man an den Tierarztbesuch oder gar an große medizinische Maßnahmen denkt, sollte man an das Gute glauben. In verschiedenen Fachforen findet man oft gute Tipps, dennoch ist nach eigenen Beobachtungen die Zahl der übervorsichtigen Menschen sehr hoch und Ängste können leicht geschürt werden. Nicht selten verunsichern die Ferndiagnosen anderer Internetnutzer die Tierhalter; solchen Ferndiagnosen sollte man daher skeptisch gegenüberstehen und mit vertrauten Menschen die Probleme besprechen.

Der Halter, der Kreis der Halter, die Tierärzte und die Behörden sind stets bemüht, Krankheiten einzudämmen und zu verhindern. Auch wenn Haustiere meist eine gute Widerstandskraft haben und kräftig im Leben stehen, ist im Zweifelsfall der Gang zum Tierarzt zwingend notwendig und schützt den gesamten Bestand. Eine umfassende Gesundheitsvorsorge hilft dabei, die Tiere und den Halter vor Belastungen zu schützen: Vorbeugung ist die beste Medizin.

Das Gleichgewicht zwischen Außenwelt und Innenwelt der Tiere sollte harmonisch sein. Durch die ständige Beobachtung lässt sich so eine ausgewogene Mensch-Tier-Beziehung, eine angepasste Haltung und Fütterung und eine verhältnismäßige, tiermedizinische Betreuung erzielen. Diese äußeren Faktoren wirken auf das Nerven, Immun- und Hormonsystem der Tiere.

In regelmäßigen Abständen sollte zudem die Infrastruktur bewertet werden. Auf einem Hof mit Publikumsverkehr fällt dies leichter, da die Gäste durch ihre Fragen den Tierhalter vor Betriebsblindheit schützen. Ansonsten hilft der Umgang mit befreundeten Tierhaltern.

Trotz aller Vorsicht kann es in der Nachbarschaft oder auf dem eigenen Betrieb zum Seuchenfall kommen.

Die Gesellschaft zur Erhaltung alter und gefährdeter Haustierrassen (GEH) gibt mit dem Handbuch „Gesundheitsmanagement und Seuchenschutz für gefährdete Nutztierrassen“ wichtige Hilfestellungen zum Erhalt von wertvollen Tierbeständen und zur Sicherung der kulturellen und genetischen Vielfalt unserer Nutztiere. Dieses Handbuch liefert die genauen Fakten und Formblätter zum fachgerechten Reagieren im Seuchenfall und schafft eine Vertrauensbasis zwischen Haltern und zuständigen Veterinären, mit dem Ziel, die genetischen Ressourcen der vom Aussterben bedrohten Haustierrassen zu erhalten.

WICHTIG! Was ist im Krankheitsfall zu tun?

Aus tierschutzrechtlichen, aber auch aus ethischen Gründen sind chirurgische Maßnahmen der besseren Leistung wegen oder aus optischen Gründen abzulehnen.

In jedem Krankheitsfall sind die Anweisung des Tierarztes zu befolgen, die in den Beipackzettel der Medikamente enthaltenen Hinweise zu beachten und die Mittel vor dem Zugriff Unbefugter zu sichern, damit Missbrauch ausgeschlossen wird.

Impfungen sind gemäß der gesetzlichen Vorschriften durchzuführen.

DIE NUTZTIERE

PERLHÜHNER

Perlhühner bringen Afrika in unsere Gärten. Jeder Afrikareisende kennt die munteren Trupps am Wegesrand und freut sich über das muntere Gebaren dieser Tiere. Perlhühner sind weitgehend ohne züchterischen Einfluss domestizierte Tiere und haben daher spezielle Anforderungen an die Haltung. Diese Anforderungen zeigen sich deutlich an ihrem Bedürfnis nach noch mehr Natur und ausreichendem Auslauf. Ideal sind Anlagen ohne räumliche Beschränkung, auf dem die Tiere frei laufen können. Da sie nicht scharren, entfallen einige Ängste erfahrener Hühnerhalter, wenn die Tiere den Gemüsegarten betreten. Die Flugfreude der Tiere sorgt dafür für ganz neue Herausforderungen. Perlhühner bereichern jeden Kleinviehhof und sind es wert, gehalten zu werden.

Perlhühner und Haushühner leben prima zusammen. Die Herdenstruktur der Perlhühner sollte jedoch eingehalten werden.

Kurzsteckbrief

- Perlhuhn (Wildform: *Numida meleagris*)
- Weiblich: Perlhuhn, männlich: Perlhahn, Jungtiere: Küken
- Gewicht: 1,6–2,5 kg, Größe: 40–60 cm
- Alter: schnellwüchsig, daher Masttiere früh schlachtreif
- Mindestgruppengröße: immer in Paaren 1,1 oder 1,2. Viele Paare in einer Gruppe möglich
- Platzbedarf Stall pro Tier: immer mit Auslauf. Trockener, zugluftfreier Stall, 40 cm Stange pro Tier
- Platzbedarf Auslauf/Weide pro Tier: mindestens 30 m^2 pro Tier mit geschlossener Grasnarbe
- Platzbedarf Lager: Futter und Einstreu
- Futter: ähnlich wie Hühner. Körner und Samen sowie vielfältiger Auslauf
- Besonderheiten: Ähnlich wie den Pfauen sagt man ihnen das Wetterprophezeien nach: Bei aufziehendem Sturm, Regen oder Schnee werden die Tiere unruhig und rufen und fliegen vermehrt.

Anatomie des Perlhuhns

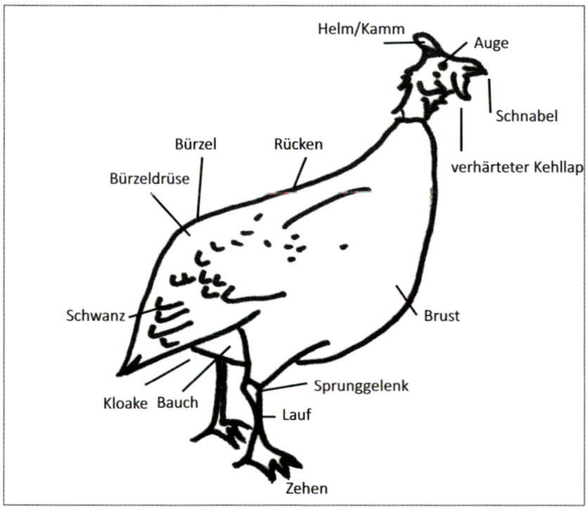

Perlhühner sollten stets verpaart sein. Alleinstehende Hennen verhalten sich unausgeglichen.

Welche Perlhühner passen zu uns?

Perlhühner werden immer paarweise gehalten. Pro Hahn sollten maximal zwei Hennen gehalten werden. Überzählige Hennen sehen sich als unverpaart und verhalten sich unruhig und zeigen unausgeglichenes Verhalten mit großer Tendenz zur Flucht. Zu den „Lästigkeiten" wird unter anderem der Ruf der Perlhenne gerechnet, den sie nur dann ertönen lässt, wenn das Verhältnis zwischen Hähnen und Hennen in der Herde nicht stimmt. Dieser Verlassenheitsruf sucht einsame Hähne zur Bildung eines neuen Paars.

Perlhühner werden erst seit etwa 500 Jahren vom Menschen domestiziert (Gänse zum Vergleich seit etwa 4.000 Jahren), daher zeigen Perlhühner ein viel größeres Wildtierverhalten als die anderen Haustiere. Dieses Verhalten wird aus Unwissenheit oft als „Unart" oder „Lästigkeit" interpretiert, da Perlhühner an den Haushühnern gemessen werden, mit denen Sie nicht näher verwandt sind und kaum ähnliche Verhaltensweisen haben.

Rassen

Die meisten Perlhühner, die als Haustiere gehalten werden, sind Nachkommen der Helmperlhühner. Die anderen Perlhuhnarten werden nur zu Zierzwecken gehalten. Perlhühner haben somit keine Rassen, die den Anforderungen des Marktes gerecht werden. Somit gibt es keine Anpassungen an die Jahreszeit, die Legeleistung, den Fleischansatz oder sonstige vom Menschen gewünschte Eigenschaften.

Was man beim Kauf beachten sollte

Eine gute Einschätzung über die Qualität der angebotenen Tiere lässt sich bei der Betrachtung einer Annonce nicht ableiten. Diese gibt nicht Auskunft über die Qualität der Haltung; dennoch zeigen Sorgfalt des Angebots und die Aufmachung der Bilder schon viel über den Umgang mit den Tieren. Der Preis richtet sich danach, wie viele Tiere gehalten werden oder nach Farbschlag, und schwankt somit zwischen 5 und 12 Euro. Im Verkaufsgespräch werden Sie viel über den Züchter erfahren und ein kritischer Blick auf die Tiere ebnet den Weg zu Ihren ersten Perlhühnern. Tagschlafende oder apathische Küken führen, wie eingezogene Hälse und verkotete oder kahle Stellen, meist zum Ausfall und gefährden womöglich den eigenen Geflügelbestand.

Stall

Der Stall von Perlhühnern ähnelt weitgehend dem Stall von Hühnern oder Truthühnern. Dennoch darf man niemals davon ausgehen, dass diese Tiere sich in Ansprüchen und Verhalten ähneln. Nicht zu unterschätzen ist die Flugfreude dieser Tiere. So kann schnell das Hausdach attraktiver sein als die Schlafstange im Stall. Durch das fachgerechte Einkürzen der Schwungfedern lässt sich die Auftriebskraft der Tiere jedoch senken, was dazu führt, dass Schlafstangen im Hühnerstall leichter erreicht werden als Hausdächer.

Wichtig ist zudem, dass Perlhühner einen ebenerdigen Eingang und eine große Luke bevorzugen.

CHECKLISTE! Stall, Auslauf, Weide

Stall
- ❑ 2 m² pro Paar
- ❑ wasserbindende Einstreu (z. B. 20 cm gehacktes Stroh)
- ❑ Futterstelle
- ❑ Tränke
- ❑ verschließbar
- ❑ trocken
- ❑ zugluftfrei
- ❑ Nester 35 x 35 cm
- ❑ Sitzstangen (25–40 cm pro Tier)
- ❑ ebenerdiger Eingang

Auslauf
- ❑ teilüberdachte Voliere
- ❑ Sandbad
- ❑ Futterstelle
- ❑ Tränke
- ❑ 5 m² pro Tier

Weide
- ❑ so groß wie möglich
- ❑ täglich benutzbar
- ❑ 100 m² für das erste Paar + 10 m² für jede weitere Henne
- ❑ Zaun
- ❑ Futterstelle
- ❑ Tränke
- ❑ Bäume und Sträucher
- ❑ artenreicher Saum

Kleine Hühnerlöcher scheinen den Tieren nicht zuzusagen. Außerdem ist die Zubettgehzeit der Tiere der der Hühner nicht ähnlich. Perlhühner nutzen das Tageslicht voll aus und gehen daher erst mit dem Einbrechen der Dunkelheit in den Stall. In fuchs- und marderreichen Gegenden kann das für Hühner und Perlhühner sehr gefährlich sein.

Auslauf/Weide

Die Savannen Afrikas, in denen die Perlhühner in sieben Arten heimisch sind, unterscheiden sich meist stark von unseren Geflügelgärten. Zwar raten wir sehr deutlich zu einer naturnahen Gestaltung der Anlage, die der einer Savanne sehr ähnelt (Sträucher, Bäume, Offenflächen, Sandkuhlen und Suhlen), dennoch erreichen wir die Qualitäten der Serengeti im Hausgarten nur unzureichend. Die Bewegungsfreude der Perlhühner steht dem entgegen und so braucht man entweder eine große Anlage oder einen hohen Zaun beziehungsweise eine riesige Voliere. Perlhühner spazieren gerne auf Dächern und benehmen sich völlig unbekümmert in Bezug auf Zaunanlagen, die sie leicht überwinden können. Dennoch ist das Halten von Perlhühnern im Freiland möglich und sinnvoll. Der Futterplatz wird als Bezugspunkt wahrgenommen und gerne aufgesucht.

Ein guter Geflügelstall mit integrierter Voliere. Hier kann eine kleine Schar verschiedener Arten sehr gut leben.

Eine perlhuhngerechte Welt braucht artenreiche Säume. Die Samen und Insekten von Weg- und Heckenrändern machen Perlhühner zufrieden und würden das Insektensterben wirksam eindämmen.

Fütterung

INFO! Allgemeine Fütterungshinweise

- Befestigter Futterplatz.
- Futter auf mehrere Stellen verteilen, damit rangniedrigere Tiere auch zum Zug kommen und ihre Ration erhalten.
- Auf Reinlichkeit achten.
- Täglich nach dem Wasser schauen; besser zweimal als einmal. Jeden Tag frisches Wasser geben und die Tränke sauber halten.
- Einen größeren persönlichen Freiraum hat jener, der Futterautomaten und Selbsttränker aufstellt.
- Ständiges Vorhandensein von Futter zieht aber Mäuse, Ratten und Vögel an.

Die Fütterung ähnelt stark der Hühnerfütterung, jedoch raten manche Halter von der Verfütterung von Küchenabfällen ab, da die Tiere empfindlich auf Verpilzung reagieren. Zudem reagieren Perlhühner empfindlich auf Kupferverbindungen, die als „ökologische" Fungizide verwendet werden. Diese Kupferunverträglichkeit zeigt, dass Perlhühner erst nach der Kupferzeit in menschliche Obhut gerieten und die Selektion auf dieses giftige Metall noch nicht abgeschlossen ist.

Eine große Sorgfalt sollte auch beim Trinkwasser herrschen, da hier ebenfalls Infektionen übertragen werden können, die die Tiere unter Umständen gefährden. Getreide, geschrotete Ackerbohnen, Erbsen und Wicken sorgen für den nötigen Mastzuwachs. Die Freilandhaltung auf einem artenreichen und vielfältigen Gelände schafft den Tieren Zugang zu weiteren Nährstoffen und zu Pflanzen zur Selbstmedikation.

Info – Futter
Trockenfutter
Getreide
geschrotete Ackerbohnen
Erbsen
Wicken
Weichfutter

Pflege

Die zentrale Pflege ist das Sicherstellen einer hinreichenden Hygiene in Stall und Stallvorfeld. Dadurch werden die wichtigsten Gefahren für die Gesundheit der Tiere verhindert.

CHECKLISTE! Pflegeplan

Täglich:
- ❑ Futterstelle säubern
- ❑ füttern
- ❑ Wasser erneuern
- ❑ Kontrolle, ob es allen Tieren gut geht und alle leben
- ❑ Kontrolle des Stalles und des Auslaufs
- ❑ Eier einsammeln

Regelmäßig:
- ❑ kehren
- ❑ misten
- ❑ Tierpflege

Bei Bedarf:
- ❑ Nester säubern und neu befüllen
- ❑ desinfizieren mit biologischen Mitteln (nur im äußersten Notfall)

Das Perlhuhn arbeitet viele Strukturen eines vielfältigen Hofs gründlich nach Futter durch.

Vermehrung (Aufzucht)

Bei Perlhühnern in menschlicher Obhut ist die Kunstbrut weiter verbreitet als die Naturbrut. Dennoch ist eine Naturbrut anstrebenswert und sollte gefördert werden. Hauptgrund für den fehlenden natürlichen Bruttrieb ist das ungünstige Klima in Mitteleuropa.

Verwertung

Fleischgewinnung

Perlhühner sind Lieferanten delikaten und fettarmen Fleisches, welches Wildfleisch ähnelt und cholesterinarm ist. Feinschmecker sind von der Qualität des Fleisches begeistert und die Abwechslung auf dem Tisch übertrumpft den kleinen Mehraufwand, den die Haltung dieser Tiere im Geflügelhof ausmacht.

Die Schlachtung verläuft ähnlich wie bei Hühnern und kann im Hühnerkapitel, siehe S. 92 ff., nachgelesen werden.

Eiergewinnung

Perlhuhneier sind auch zum Verzehr geeignet und sehr schmackhaft.

Krankheiten

Perlhühner können auch krank werden. Daher ist es wichtig, sie immer zu beobachten, und wenn einem Abnormitäten auffallen, sich Hilfe zu holen. Diese erhält man entweder bei anderen Perlhuhnhaltern oder beim Tierarzt.

Perlhühner sind friedliebende Mitbewohner, die sich gut integrieren und dennoch dank ihres glucksenden Gesangs nicht in der Vielfalt eines Hofs untergehen.

HÜHNER

Dass Hühner toll sind, erfährt man in vielen Gesprächen und ist erstaunt, dass quer durch die Bevölkerung eine riesige Sympathie für diese Tiere herrscht. Hühner sind das wohl beliebteste Nutztier und werden dementsprechend oft gehalten. Die Haltung von Hühnern ist fast für jeden möglich und die Investitionen gering. Neben all der Schönheit und der großen Freude, die man sich mit Hühnern in den eigenen Garten holt, sind Hühner natürlich auch von hohem gesellschaftlichem Wert. Jedes Huhn, das privat gehalten wird, befreit ein Huhn aus der Massentierhaltung und versorgt viele Menschen mit „glücklichen" Eiern und unbelastetem Fleisch.

Der Hahn auf dem Misthaufen ist ein Symbol für einen lebendigen Hof. Seine Funktionen im Hofgefüge und die bereitgestellten Dienstleistungen sind nicht zu unterschätzen.

Kurzsteckbrief

- Haushuhn, stammt vom Bankivahuhn *(Gallus gallus)* ab
- Weiblich: Henne, Glucke (brütend und Küken führend), männlich: Hahn, Gockel, Jungtiere: Küken
- Gewicht: 1–5 kg
- Alter: 5–6 Jahre, eine frühere Schlachtung ist jedoch zu empfehlen
- Mindestgruppengröße: 3
- Platzbedarf Stall pro Tier: 1 m^2 pro 4–5 Hennen; 25–40 cm Sitzstangenlänge pro Huhn
- Platzbedarf Auslauf pro Tier: 5 m^2
- Platzbedarf Lager: Körnerfutter, Einstreu
- Weidegröße pro Tier: Es sollte grün bleiben. Je nach Rasse min. 10 m^2 pro Tier
- Futter: Trockenfutter, Körnerfutter, Weichfutter, Zusatzfutter

Anatomie des Huhns

Welche Hühner passen zu uns?

Bevor man sich Hühner anschafft, muss man sich überlegen, welche Hühner am besten zu den Anforderungen und Gegebenheiten passen. Wenn man sich über die Ziele und die vorhandenen Rahmenbedingungen im Klaren ist, dann steht noch die Wahl der passenden Rasse oder das Zusammenstellen einer Gruppe verschiedener Hühner an.

Welche Ziele soll das Halten der Hühner im Garten haben? Wenn es um die reine Produktion von Eiern geht, so empfiehlt sich eine legestarke Rasse. Steht der Fleischkonsum im Vordergrund, so empfehlen sich schwere Fleischrassen. Spielt vorwiegend der ästhetische Wert eine Rolle, so können auch Zierhuhnrassen sehr geeignet sein. In der Regel gilt aber auch hier: Alle Hühner legen Eier, geben Fleisch und sind hübsch anzusehen. Die aus der Presse bekannte Einteilung in „Eier" und „Fleisch" betrifft den privaten Hühnerzüchter kaum. Die Debatte rund um das „neue Zweinutzungshuhn“ ist eine Folge der Massentierhaltung und der bedenklichen Mast- und Leistungsorientierung, die im Abtöten der männlichen Küken einen sensiblen Punkt in der gesellschaftlichen Wahrnehmung getroffen hat und nun – die alten Rassen nicht erwähnend – das Zweinutzunghuhn wiedererfindet. Da der private Hühnerhalter nicht diesen Zwängen unterliegt, ist jede Rasse zur Haltung geeignet – und man lernt im Lauf der Jahre die Vorzüge und potentielle Mängel kennen, denn alte Haushuhnrassen waren schon immer Zweinutzungshühner.

Die vorhandene Infrastruktur spielt eine wichtige Rolle. Die Gartengröße und Lage sind entscheidend, für welches Huhn man sich entscheidet. Eine bewegungsfreudige Appenzeller Spitzhaube braucht einen großen Garten oder Hof, auf dem sie auch mal flattern darf. Ein hügeliges Gelände – in Miniatur das Appenzeller Land – entspricht ihrem Drang, sich in alle Richtungen bewegen zu können. Gärten mit direkt angrenzendem Nachbargrundstück erfordern ruhigere und schwerere Hühner, deren Gemüt keine ausgiebigen Streifzüge braucht. Kleingärten sind wiederum ideal für Zwerghühner, da diese mit weniger Platz besser zurecht kommen.

Hühner sind sorgfältige Futtersammler. Sie suchen unter den Raufen der größeren Tiere und rund um Bäumen nach Futter. Es gibt kaum einen Platz, an dem man nicht irgendwann die Hühner sieht.

Rassen

Es liegt in Ihren Händen, ob Sie sich für eine gefährdete, lange Zeit fast schon vergessene Hühnerrasse entscheiden. Allesamt sind wetterhart und genügsam, liefern Eier und Fleisch, sehen ansprechend aus und sind, wie alle typischen Landhühner, an das jeweilige Klima bestens angepasst. In Anbetracht der Tatsache, dass es ca. 200 Rassen gibt, ist es sicher nicht leicht, seine Lieblingsrasse auf Anhieb auszuwählen, die allen Ansprüchen genügt und zudem noch der ganzen Familie gefällt.

Vielleicht achten Sie bei der Auswahl darauf, dass die Hennen gute Brüterinnen sind; denn es gibt für den Hühnerhalter nichts Schöneres als eine Glucke mit Küken im eigenen Garten. Empfohlen seien die mittelschweren oder schweren Rassen, unter denen sehr zuverlässige Brüterinnen zu finden sind. Die leichten Legerassen, so auch die reinen Wirtschaftsrassen, haben keinen bzw. einen nur sehr schwach ausgeprägten Bruttrieb.

Laut *GEH*, *Pro Specie Rara* und *Arche Austria* sind folgende Rassen gefährdet:

Altsteirer

Das Altsteirer Huhn ist ein bodenständiges, altbewährtes steirisches Landhuhn. Vom Typ her ist es ein mitteleuropäisches Landhuhn, das ausgesprochen wetterfest und widerstandsfähig ist. Es ist ein beweglicher und emsiger Futtersucher, der einen freien Auslauf benötigt. Dabei ist das Huhn sehr anspruchslos und genügsam. Es besitzt eine außergewöhnliche Flugkraft.

Die Altsteirer kommen in den Farbschlägen Weiß und Wildbraun vor. Auffallendes Merkmal sind die weißen, unbefiederten, vierzehigen Läufe. Ein weiteres besonderes Rassemerkmal ist der Federschopf, bei den Altsteirer Hennen ist es der typische Wickelkamm. Bei guten Haltungsbedingungen mit viel Auslauf legen sie zwischen 180 und 200 Eier im Jahr. Ein Bruttrieb ist kaum vorhanden, doch die Eier sind ausgesprochen kunstbrutfest.

Altsteirer

Andalusier

Andalusier

Das Andalusier-Huhn stammt ursprünglich aus Spanien, wie der Name schon verrät. Es ist ein gestrecktes, stolzes Huhn von mittelhohem Stand. Hähne bringen bis zu 3 kg und Hennen bis zu 2,5 kg auf die Waage und zählen damit nicht gerade zu den Leichtgewichten. Die Tiere sind temperamentvoll, agil und verstehen es, ihre Flügel einzusetzen. Daher sollte der Auslauf für diese Rasse ausreichend groß und der Zaun entsprechend hoch sein.

Henne und Hahn unterscheiden sich in der Farbgebung kaum. Beide sind blau-gesäumt, der Hahn ist lediglich etwas dunkler. Schnabel und Läufe sind dunkel- bzw. schiefergrau. Der aufgesetzte Stehkamm, das Gesicht und die wohlgeformten Kehllappen sind rot.

Die Legeleistung beträgt 160 Eier pro Jahr und der Bruttrieb ist nahezu nicht vorhanden.

Appenzeller Barthühner

Aus rebhuhnfarbigen Italienern und Barthühnern mit Rosenkamm entstanden etwa ab der Mitte der sechziger Jahre des 19. Jahrhunderts im Kanton Appenzell rebhuhnfarbige, rosenkämmige Barthühner. Man gab ihnen den Namen Appenzeller Barthühner. Der Bart verdeckt die empfindlichen Stellen des Huhnes: Kehllappen und Ohrscheiben. Dadurch ist es, auch wegen des kleinen Rosenkammes, bestens gegen die Kälte gewappnet und an das rauhe Gebirgsklima des Appenzeller Vorlandes angepasst.

Es ist leicht und temperamentvoll, mittelhoch und hat kräftige Flügel.

Die Henne wiegt zwischen 1,6 und 1,8 kg; der Hahn bringt es auf bis zu 2,3 kg. Die Jahres-Eierleistung liegt im ersten Jahr bei 150 weißschaligen Eiern. Der Bruttrieb ist mäßig. Die Appenzeller Barthühner werden in den Farben Schwarz-Blau-Gesäumt und Rebhuhnfarbig gezüchtet.

Appenzeller Spitzhauben

Die Appenzeller Spitzhauben gehören zu den leichten Rassen. Die Hennen wiegen meist nur wenig über 1 kg, Hähne über 1,5 kg. Sie wurden vor Jahrhunderten im Schweizer Kanton Appenzell aus alten Haubenhuhnschlägen erzüchtet.

Die Tiere sind temperamentvoll, wirken stolz und äußerst bewegungsfreudig. In Anpassung an die Bedingungen in der Gebirgsgegend hat sich

Appenzeller Barthühner

Appenzeller Spitzhauben

Augsburger

Barnevelder

ein Hühnerschlag entwickelt, der sich nicht nur in steilem Gelände vorzüglich fortbewegt, sondern auch fliegend zu Tal streicht, sodass der Eindruck eines Wildhuhns erweckt wird. Da sie gerne fliegen, brauchen sie einen größeren Auslauf und eine relativ hohe Umzäunung. Selbst im Winter können sie auf Bäumen übernachten, ohne bei Frost Schaden zu nehmen.

Die Henne hat einen schwach ausgebildeten Bruttrieb und legt im ersten Jahr ca. 150 weißschalige Eier. Die Appenzeller Spitzhauben gibt es in verschiedenen Farbschlägen wie Silber-Schwarz-Getupft, Gold-Schwarz-Getupft, Schwarz, Blau.

Augsburger

Die Augsburger Hühner gehören zu den mittelschweren Landhuhnrassen. Die Hennen wiegen zwischen 2 und 2,5 kg; die Hähne bringen es auf bis zu 3 kg. Die Tiere werden hauptsächlich in der Gegend um Augsburg gehalten und wurden um 1870 aus einer Kreuzung von La Flèche und schwarzem, schwarzläufigem Lamotta erzüchtet.

Das mittelhoch gestellte Huhn trägt einen formvollendeten Kronen- oder Becherkamm. Der Rumpf ist kräftig und der Bauch schön gerundet.

Bergische Kräher

Die Augsbruger Hühner werden in den Farbschlägen Schwarz und Blau-Gesäumt gezüchtet. Die Henne legt im Jahr 180 weißschalige Eier.

Barnevelder

Das Barnevelder-Huhn ist durch viele Kreuzungen mit dem züchterischen Ziel großer, brauner Eier entstanden. Cochins, Langschans, Brahmas und Goldwyandotten wurden eingekreuzt. Erst 1920 wurde die Rassereinheit forciert und die Farbgebung einheitlich. Anerkannt sind die Farbschläge Schwarz, Weiß, Blau, Dunkelbraun, Doppeltgesäumt und Blau-Doppeltgesäumt. In Deutschland ist außerdem noch das blaue und das dunkelbraune Barnevelder anerkannt. Die Läufe stechen gelb hervor, Kehl- und Ohrlappen, Kamm und Gesicht sind rot.

Der Körper der Barnevelder ist von geräumiger Statur und mittelhoch gestellt. Hals, Rücken und Schwanz bilden die Form eines V, während die Form insgesamt eher einer breiten, aber keineswegs plumpen Walze entspricht. Die Tiere sind lebhaft und dennoch von Ruhe geprägt, sodass sie sich gut zähmen lassen. Sie sind Nichtflieger und benötigen daher nur einen niedrigen Zaun. Für den Einsteiger sind sie optimal, da sie einerseits bis zu 180 Eier pro Jahr legen und andererseits auch noch einen guten Fleischansatz haben. Der Hahn wiegt bis zu 3,5 kg, die Henne bis zu 2,75 kg.

Bergische Kräher

Die Heimat der Kräher ist das Bergische Land in Nordrhein-Westfalen. Es ist die älteste deutsche Hühnerrasse, die ihren Ursprung im vorderasiatischen Raum hat. Der Hahn zeichnet sich durch einen langgezogenen, eigenartigen Krähruf aus, der sonor ist und sich angenehm anhört. Allerdings

Bergische Schlotterkämme

kräht er nicht sehr häufig, denn der langgezogene Ruf ist sehr anstrengend für ihn. Ärger mit dem Nachbarn wegen des Krähens der Hähne wird man daher kaum haben.

Die Form der Kräher zeigt die bekannte Dreibogenlinie. Den ersten Bogen bildet der Hals, den zweiten der gewölbte Rücken und den dritten der reich mit langen Sicheln besetzte Schwanz.

Im ersten Jahr legen die Hennen 150 Eier. Der Bruttrieb ist nicht vorhanden.

Bergische Schlotterkämme

Die Bergischen Schlotterkämme zählen ebenso wie die Bergischen Kräher und die Krüper zu den ältesten deutschen Hühnerrassen. Ursprünglich wurden sie nur in dem relativ kleinen Gebiet der alten Grafschaft Berg im Tal der Wupper gezüchtet. „Der große Geflügelstandard in Farbe" von 2000 beschreibt die Henne als:

„Ein derbes, mittelgroßes, wetterfestes Nutzhuhn mit gedrungenem Körper, gut ausgeprägtem Bauch und einem zur Seite schlotternden, einfachen Kamm. Gutes Fleisch- und Legehuhn. Die Henne erreicht ein Gewicht von 1,75 bis 2,25 kg, währenddessen der Hahn 2 bis 2,75 kg schwer wird. Die Henne legt im 1. Jahr 180, im 2. Jahr 160 rein weiße Eier. Leider brütet die Henne so gut wie nicht. Die Bergischen Schlotterkämme werden in verschiedenen Farbschlägen gezüchtet."

Brakel

Im vorletzten Jahrhundert war die Brakel das bodenständige Landhuhn der deutschstämmigen Bevölkerung in Flandern. Man zählt sie zu den ältesten Hühnerrassen Europas, darüber hinaus auch zu den deutschen Hühnerrassen. Paul Kästner beschrieb sie 1922 in „Deutsche Hühnerrassen" als genügsam und anspruchslos bei der Nahrungsaufnahme. Es handelt sich um ein gutes Legehuhn, das im Jahr durchschnittlich 200 weiße Eier legt.

Brakelhühner sind keine eigentlichen Winterleger. Sie überzeugen durch ihr lebhaftes, munteres und zutrauliches Wesen und zeichnen sich durch besondere Wetterfestigkeit aus. Krankheiten erwachsener Tiere sind daher selten.

Die Brakel gehören auch zu den „Nichtbrütern". Sie sind vorzügliche Lege- bzw. Wirtschaftshühner, schnellwüchsig, frühreif, fleißige Futtersucher, gute Futterverwerter. Sie zählen zu den mittelschweren Landhühnern, die in den Farbschlägen Silber und Gold vorkommen.

Deutsche Lachshühner

Das Lachshuhn ist zunächst aus dem französischen Faverolleshuhn hervorgegangen, durch Kreuzung von Brahma, Dorking und Houdan oder Montes. Durch die Umzüchtung ist daraus eine eigene deutsche Rasse geworden.

Bruno Dürigen beschreibt sie wie folgt: „Mittelschwerer, länglich-viereckiger, doch in seinen Formen abgerundeter, breiter und tief gebauter,

Brakel

Deutsche Lachshühner

vollfleischiger Körper mit sehr entwickelter, tief herabhängender Brust, langem, waagrechtem Rücken ohne aufsteigendes Sattelkissen, kurzem, vollem Schwanz, voller Backen- und Kinnbart, niedriger einfacher Kamm und ziemlich kurze Beine mit weißlichen, schwach befiederten Läufen und fünf Zehen.

Die Färbung des Hahnes ist im Allgemeinen glänzend schwarz mit weißem Hals- und Sattelbehang und weißen Schultern. Das Gewicht schwankt zwischen 4 und 5 kg."

Die Henne ist oberseitig bräunlichrot oder „lachsfarbig", unten weißgelb oder chamois, der Halsbehang dunkelbraunrot mit weißlichen Säumen und der Schwanz braun und schwarz. Hennen erreichen 2,5 bis 3,25 kg. Sie legen 160 hellgelbe bis braune Eier.

Der Bruttrieb der Hennen ist eher gering.

Deutsche Langschan

Bei dieser Rasse handelt es sich um recht große, schwere Hühner mit tiefer und breiter Brust. Das Besondere ist der enorm hohe Stand, der an ein asiatisches Kampfhuhn erinnert. Tatsächlich wurde das Deutsche Langschan allerdings aus den Croad-Langschans gezüchtet, die ursprünglich aus China stammen. Sie besitzen eine auffallend abschüssige Rückenlinie, die in den kurzen, hoch getragenen Schwanz übergeht. Außerdem erscheint der Hals überdimensional lang.

Die Hühner gibt es in den Farben Schwarz, Weiß, Blau-Gesäumt und Braunbrüstig. Sie besitzen dunkle Läufe und Gesicht sowie Ohr- und Kehllappen sind rot gefärbt. Der kleine, rote Einzelkamm präsentiert fünf breite Zacken.

Die Deutschen Langschans sind robuste, schnellwachsende und ruhige Hühner, die sich gut als Zwiehuhn eignen. Durch ihr hohes Gewicht von 4,5 kg bzw. 3,5 kg liefern sie eine Menge Fleisch und legen zusätzlich 180 Eier pro Jahr. Sie fliegen nicht besonders gerne. Eine niedrige Umzäunung genügt.

Deutsche Reichshühner

„Der Große Geflügelstandard in Farbe" aus dem Jahre 2000 beschreibt die Rasse wie folgt: „Das Deutsche Reichshuhn ist ein Zwiehuhn und eine urdeutsche Züchtung. Ein frühreifes, wetterhartes Zwiehuhn mit guter Legeleistung und zartem, weichem Fleisch. Stolze Haltung, zutraulich, schnellwüchsig und guter Futtersucher.

Der Hahn wiegt zwischen 2,5 bis 3,5 kg, hat einen mittelgroßen Kopf. Der Schnabel ist mittellang und die Augen groß, rot bis organgerot gefärbt. Ein mittelgroßer, feingeperlter, gut gewölbter Rosenkamm, der Dorn der Nackenlinie folgend, ohne aufzuliegen, sind ein charakteristisches Merkmal. Die Brust ist breit, voll und tief; gut gerundet und wird etwas nach vorn getragen. Der Rumpf ist walzenförmig und im Seitenprofil hat er eine gestreckte Rechteckform. Die Flügel sind an der Unterlinie waagrecht. Die Henne wiegt 2 bis 2,5 kg und bringt es im 1. Jahr auf 180 und im 2. Jahr auf 140 rahmgelbschalige Eier. Ihr Bruttrieb ist mäßig."

Deutsche Reichshühner gibt es in den Farbschlägen Weiß, Hell, Gelb-Columbia, Gestreift, Rot, Schwarz, Silber-Schwarz-Gesäumt, Gold-Schwarz-Gesäumt, Birkenfarbig.

Deutsche Sperber

Die Heimatgebiete des Deutschen Sperberhuhnes sind das Rheinland und Thüringen. Zunächst hieß das Tier „Gesperberte Minorka". Nach Antrag der

Deutsche Langschan

Deutsche Reichshühner

Deutsche Sperber

Hamburger

Züchter auf Namensänderung und Aufnahme unter die deutschen Rassen beim Bund Deutscher Geflügelzüchter (BDG) wurde die Namensänderung in „Deutsche Sperber" genehmigt.

Sie tun sich als fleißige Eierleger hervor (200 bis 230 weißschalige Eier im Jahr). Ihr Bruttrieb ist sehr gering. Kenner schätzen das weiße Fleisch, das von guter Qualität ist. Trotz ihres lebhaften Wesens sind sie keine „Flieger". Sie sind nicht scheu, sondern sehr zutraulich. Die schöne Sperberzeichnung, die gefällige Form und die stolze Haltung geben den Tieren ein schönes Aussehen.

Die Hähne haben einen mittelgroßen, einfachen und nicht zu tief gezackten Kamm mit 4 bis 6 Zacken. Sie wiegen zwischen 2,5 und 3 kg, während die Hennen ein Gewicht von 2 bis 2,5 kg erreichen.

Bei den Deutschen Sperbern kennt man nur den gesperberten Farbschlag.

Dominikaner

Bei den Dominikanern handelt es sich um wetterharte Zwiehühner, die ursprünglich aus amerikanischer Zucht stammen. Gegen Ende der Siebzigerjahre des 19. Jahrhunderts wurden sie nach Deutschland eingeführt und durch Einkreuzung entstand der heutige leichte Landhuhntyp der Dominikaner.

Dominikaner

Sie haben einen langen, kräftigen, walzenförmigen Körper, eine hoch getragene, gut vorgestreckte Brust und einen gut ausgebildeten Bauch. Der Kamm ist ein schmaler, niedriger, möglichst gleich breiter Rosenkamm, der feingeperlt ist und in einen kurzen, geraden Dorn ausläuft.

Die Henne erscheint voller und gedrungener in der Walzenform als der Hahn und wiegt bis zu 2,25 kg, der Hahn bis zu 2,5 kg. Die Legeleistung beträgt 170 Eier pro Jahr.

Die Federn der Dominikaner sind in mehrfachem Wechsel von Schwarz mit Blaugrau leicht bogig quer gebändert. Es ist eine klare, aber nicht scharf abgegrenzte Zeichnung und das Untergefieder ist nur schwach gezeichnet.

Hamburger

Die Herkunft der Hamburger Hühner ist nicht klar. Allerdings wird vermutet, dass sie von asiatischen Hühnern abstammen. Bei der Rasse- und Farbentstehung haben zahlreiche Kreuzungen, unter anderem aus Spanierhühnern, Ostfriesischen Möwen und Totlegern, mitgewirkt. Es gibt sie in den Farben Schwarz, Weiß, Silberlack, Goldlack, Goldsprenkel, Silbersprenkel und Blau.

Der Körper ist lang und kompakt mit einem schön geschwungenen Schwanz. Die Hühner sind sehr elegant, fasanenartig und walzenförmig. Die Henne wiegt zwischen 1,5 und 2 kg, der Hahn maximal 2 bis 2,5 kg. Die Legeleistung beträgt 180 Eier pro Jahr. Der Bruttrieb ist nur sehr gering ausgeprägt.

Hamburger Hühner sind sehr quirlig und bewegungsfreudig, weshalb ein großer Auslauf zur Verfügung stehen sollte.

Italiener

Krüper

Italiener

Mitte des 19. Jahrhunderts wurde das Italiener Huhn mit dem Ziel, ein frühreifes Legehuhn zu erhalten, aus verschiedenen italienischen Landhuhnschlägen gezüchtet. Wie viele andere Legerassen wurde das Italiener Huhn unter anderem durch die Industrialisierung der Hühnerhaltung und die damit verbundene Einführung der Legehybride zu einer gefährdeten Art und steht jetzt unter strenger Beobachtung.

Das Italiener Huhn ist ein kräftiges, mittelgroßes Huhn in langgestreckter Walzenform. Das unbefiederte Gesicht und die Kehllappen sind rot, die Läufe orangegelb und der Schnabel gelb oder hornig angelaufen bei einer dunkleren Variante. Der Kamm ist entweder ein fein geperlter Rosenkamm oder ein einfacher Stehkamm mit maximal fünf Zacken, der bei der Henne im hinteren Teil auf der Seite liegt. Die Farbschläge der Italiener sind sehr vielfältig: Rebhuhnfarbig, Goldfarbig, Silberfarbig, Orangefarbig, Schwarz, Weiß, Gelb, Blau, Rot, Rotgesattelt, Gestreift, Hell, Blau-Rebhuhnfarbig, Porzellanfarbig, Blau-Weiß-Gescheckt (Blau mit weißen Tupfen), Perlgrau-Orange, Gold-Blau-Gesäumt, Gold-Weiß-Gesäumt, Gold-Schwarz-Gesäumt und Kennfarbig (bunt gesperberte Hühner, Farbenschläge der Hühner werden als „kennfarbig" bezeichnet, wenn schon die Daunenfärbung der frisch geschlüpften Küken eine eindeutige Geschlechtsbestimmung zulässt).

Die Tiere sind sehr zutraulich, aber auch lebhaft, wendig und benutzen gerne ihre Flügel. Der Auslauf sollte daher ausreichend hoch eingezäunt sein. Italiener Hühner sind sehr robuste Tiere, die aber dennoch einen Unterschlupf benötigen. Mit 180 bis 200 Eiern pro Jahr sind sie nicht nur ausgezeichnete Eierlieferanten, sondern mit einem Gewicht von 3 kg bzw. 2,5 kg auch gute Fleischlieferanten.

Krüper

Die Krüper zählen ebenfalls zu den gefährdeten Hühnerrassen. Wie alle anderen kurzbeinigen Rassen benötigen sie wenig Auslauf und sind daher für alle Hühnerhalter mit kleinem Garten geeignet. Sie fliegen nicht über den Zaun, selbst recht niedrige Zäune überwinden sie nicht. Das kurzbeinige Landhuhn Nordwestdeutschlands, „Krüper" (= Kriecher) genannt, war früher einmal das Huhn des kleinen Mannes. Er konnte dieses halten, da es wegen seines begrenzten Aktionsradius nicht bis in herrschaftliche Bereiche vordringen konnte, um dort zu scharren.

Krüper haben ein zutrauliches Wesen, sind aber dennoch temperamentvoll und lebhaft. Die stattliche Henne mit ihren kurzen Läufen, die 1,5 bis 2 kg wiegt, legt zwischen 120 und 150 weißschalige Eier. Leider hat auch sie nur einen schwachen Bruttrieb. Der Hahn erreicht ein Gewicht von 1,75 bis 2,25 kg.

Krüper zeichnen sich durch die typischen Eigenschaften alter Landhuhnrassen aus. Sie sind robust und widerstandsfähig. Es gibt sie in verschiedenen Farbschlägen.

Lakenfelder

Diese schön gefärbte deutsche Landhuhnrasse in weißer Grundfärbung mit schwarzem Halsbehang und schwarzem Schwanz gibt es seit nahezu 200 Jahren. Als Heimat wird Westfalen genannt, wo sie besonders um 1840 häufig gezüchtet worden ist. Lakenfelder brauchen einen großen Auslauf, damit sie ihren Trieb als eifrige, unermüdliche Futtersucher voll befriedigen können. Die

Lakenfelder

Minorka

Jahres-Eierleistung beträgt ca. 200 weißschalige Eier, daher kann man sie durchaus als Nutzrasse bezeichnen.

Die Lakenfelder sind mittelgroß, robust und temperamentvoll. Sie liefern zwar wenig Fleisch, dieses ist jedoch umso schmackhafter. Unbestritten ist, dass sie zu den schönsten Landhuhnrassen gehören.

Die Henne wird 1,25 bis 1,75 kg schwer, der Hahn 1,75 bis 2,25 kg.

Mechelner

Das Mechelner Huhn gilt als belgisches Nationalhuhn und wurde aus einer gesperberten Landrasse gezüchtet. Es ist ein typisches Fleischhuhn, das mittlerweile meist durch Masthybride abgelöst und bei der Züchtung vieler schwerer Rassen eingesetzt wurde.

Die Rasse ist von eher tiefer, breiter Statur im Rechteckformat. Die breite Brust ist vollfleischig und geht tief bis zum Boden hinab. Die Schenkel sind äußerst muskulös und breitgestellt, die Schultern ebenfalls sehr stark und voll. Damit wirken die Hühner überaus gemütlich. Der Hahn wiegt zwischen 4 und 4,5 kg und die Henne zwischen 3 und 3,5 kg. Es gibt sie typischerweise Gesperbert, aber auch in Weiß. Die Federn sind blaugrau und schwarz gebändert. Die Henne erscheint etwas dunkler als der Hahn. Kamm, Kehl- und Ohrlappen sowie das Gesicht sind leuchtend rot.

Mechelner Hühner gelten als ideale Tiere für den ambitionierten Selbstversorger. Sie wachsen schnell und sind hervorragend mästbar, liefern aber auch etwa 160 Eier pro Jahr. Außerdem sind sie sehr robust, in der Haltung und in der Fütterung relativ anspruchslos und weder hektisch noch scheu, sogar eher schnell zutraulich.

Mechelner

Minorka

Minorka Hühner sind spanischen Ursprungs und sehr eng mit Spanier, Kastilianer und Andalusier verwandt. Es gibt sie in den Farben Schwarz und Weiß. Ein typisches Merkmal sind die glatten, zarten, dick im Gewebe, rein weißen, oval geformten und fest anliegenden Ohrscheiben, die zwei Drittel der Länge der Kehllappen besitzen sollten. Der Hahn wiegt zwischen 2,5 und 3,5 kg, die Henne zwischen 2,25 und 3 kg. Der Schwanz des Hahns ist voll, mittellang und hat viele Nebensicheln.

Minorka sind gegenüber ihrem Halter sehr treu. Die Hennen „singen" gerne, der Hahn hingegen kräht im Vergleich zu anderen Rassen eher wenig.

Niederrheiner

Im „Großen Geflügelstandard in Farbe", 2000, ist zu lesen, dass diese Rasse erst im Jahre 1943 in Deutschland anerkannt wurde. Als Ausgangshuhn für weitere Züchtungen wurden Ende der zwanziger Jahre des 20. Jahrhunderts die „Nordholländischen Blauen" verwendet, wodurch praktisch eine neue Rasse entstand.

Niederrheiner

Sie diente nicht nur, wie in Holland, hauptsächlich Mastzwecken, sondern brachte auch einen hohen Eierertrag. 180 gelbe bis hellbraune Eier sind keine Seltenheit. Leider ist auch bei diesen Tieren der Bruttrieb gering. Sie sind übermittelgroß, dabei jedoch sehr beweglich, mit einem ruhigen, zahmen Wesen.

Die Hennen wiegen 2,5 bis 3 kg, der Hahn 3,5 bis 4 kg. Sie sind für jeden Garten geeignet, da sie als schlechte Flieger gelten. Fünf Farbschläge sind anerkannt. Besonders schön sind die birkenfarbigen Tiere.

Orpington

William Cook vom englischen Hof Orpingtonhouse züchtete aus Croad-Langschan und Minorka diese Hühnerrasse, wobei er auch andere Rassen noch einkreuzte. Orpington sind große, breite und kräftige Hühner, deren Körperhöhe und -breite fast dieselben Maße aufweisen. Die tief angesetzte, breite Brust und ein gut entwickelter Bauchteil lassen auf gute Lege- und Masteigenschaften schließen. Der Hahn bringt es auf bis zu 4 kg und die Henne auf bis zu 3,5 kg. Die Farbschläge dieser Rasse sind Schwarz, Gelb, Porzellanfarbig, Schwarz-Weiß-Gescheckt (Schwarz mit weißen Tupfen), Gestreift, Blau-Gesäumt, Rot, Rebhuhnfarbig-Gebändert, Weiß, Birkenfarbig und Gelb-Schwarz-Gesäumt.

Orpington-Hühner wachsen schnell, haben ein ruhiges Temperament und eine gute Masteigenschaft, neigen aber bei zu viel Futter zur Verfettung (v. a. die Hennen). Sie gelten als ideale Fleischhühner. Im Jahr legen sie 130 bis 160 Eier und sind somit auch als Legehennen gut geeignet. Die Tiere sind zutraulich, robust und stellen kaum Ansprüche, schon ein geringes räumliches Platzangebot reicht ihnen aus. Die Hennen brüten zuverlässig und kümmern sich gut um ihre Küken.

Ostfriesische Möwen

Eine Zierde für jeden Hof und Garten sind die Ostfriesischen Möwen mit ihrer reinen, klaren Zeichnung und ihrem lebhaften, munteren Wesen. Ernst Rübenstrunk jun. meint in seinem Buch „Deutsche Geflügelrassen“ aus dem Jahr 1922: „Das Silbermöwenhuhn gehört zweifellos zu den ältesten, urdeutschen Rassen, welche wir haben. Schon Anfang des vorigen Jahrhunderts (1800) ist es in Norddeutschland anzutreffen. Für den Landwirt ist dieses Huhn wie geschaffen, ein Legehuhn, wie wir es uns nicht besser denken können. Das Möwenhuhn legt über 200 mittelgroße Eier im Jahr, wächst schnell heran und liefert feinfaseriges, saftiges Fleisch. Dagegen brütet es wenig, schreitet es aber zur Brut, dann ist es eine vorzügliche Führerin.“ Der Hahn wiegt zwischen 2,25 und 3 kg, während die Henne ein Gewicht von 1,75 bis 2,5 kg erreicht.

Bei dieser Rasse handelt es sich um ein schlichtes, mittelhochgestelltes, nicht zu plump wirkendes, robustes, aber sehr bewegliches Landhuhn mit lebhaften und ziemlich großen rotgelben bis rotbraunen Augen. Ostfriesische Möwen sind in den Farbschlägen Silber und Gold anerkannt.

Orpington

Ostfriesische Möwen

Ramelsloher

Rheinländer

Ramelsloher

„Die Ramelsloher sind eine temperamentvolle Rasse," meint Mathias Vogt in einer Veröffentlichung über gefährdete Geflügelrassen der *GEH*, „die während der Jugendentwicklung zum Fliegen neigt, wie dies bei allen alten, deutschen Rassen typisch ist. Sie werden gegenüber dem Halter und Züchter aber sehr zutraulich. Sie sind anspruchslos und bei Auslauf auch fleißige Futtersucher. Die relativ gute Legeleistung (Winterleger) und der rassetypische Fleischansatz kennzeichnen die Ramelsloher als interessante und empfehlenswerte Zweinutzungsrasse des norddeutschen Raumes. Die Ramelsloher stehen mittelhoch, der Hahn etwas höher. Die schieferblaue Lauffarbe und die weißen Zehennägel – der kräftige Schnabel ist markant blau-getönt mit heller Spitze – sind charakteristisch für die Ramelsloher."

Es handelt sich um ein großes, kräftiges Landhuhn mit gestrecktem, walzenförmigem Körper und mittelhohem Stehkamm. Die Henne bringt es auf ein Gewicht von 2 bis 2,5 kg; der Hahn wiegt 2,5 bis 3 kg. Der Bruttrieb ist schwach vorhanden. Die Hühner werden in zwei Farbschlägen, Weiß und Gelb, gezüchtet.

Rheinländer

Die Rheinländer wurden aus dem Eifeler Landhuhn und den französischen Le Mans gezüchtet und sind recht schwere Landhühner mit niedriger Stellung. Der Körper ist wuchtig, die Brust breit und voll. Der Kopf hingegen wirkt zierlich, genauso wie der Rosenkamm mit kleinen Zacken und kurzem Dorn. Der Schwanz des Hahns wird zwar niedrig getragen, ist aber stark gespreizt und mit stark gekrümmten, üppigen Sicheln versehen. Besonders auffällig ist die Länge der Schwanzfedern. Die Farbschläge dieser Rasse sind Schwarz, Weiß, Blau-Gesäumt, Rebhuhnfarbig, Gesperbert und Silberhalsig.

Diese Rasse gilt als besonders wetterhart und legt auch in den Wintermonaten gut. Bis zu 180 Eier pro Jahr liefern die Tiere und können auch als Fleischlieferant mit 2,5 kg bzw. 2,75 kg dienen. Sie sind gut für Einsteiger geeignet, da sie leichtführig sind und kaum Ansprüche stellen. Durch ihre agile Art benötigen sie lediglich genug Auslauf.

Sachsenhühner

Die heutigen Sachsenhühner sind eine Kreuzung von Schwarzen Minorka und Schwarzen Langschan. Züchtungsziel war damals, vor über 100 Jahren, ein robustes Landhuhn, das an das rauhe Klima des Erzgebirges angepasst war. Der große Kamm der Minorkas musste verkleinert werden, damit der Frost ihm wenig anhaben konnte. Eine erste, eigenständige, sächsische Hühnerrasse sollte geschaffen werden, was auch gelang. Aber der Zweite Weltkrieg und die Folgejahre ließen sie fast in Vergessenheit geraten. Heute gelten die Sachsenhühner als extrem gefährdet.

Sachsenhühner

Sie zeichnen sich durch leichte Aufzucht, Unempfindlichkeit gegenüber Klimaschwankungen und als eifrige Futtersucher aus. Die Brutlust ist wenig entwickelt. Man kennt sie in den Farben Schwarz, Weiß, Gesperbert und Gelb.

Der Hahn wird bis 3 kg schwer, die Henne erlangt ein Gewicht von 2,5 kg. Mit einer Jahres-Eierleistung von 180 hellgelben bis hellbraunen Eiern ist das Sachsenhuhn ein ausgesprochenes Nutzhuhn.

Schweizer Hühner

Albert Weiss aus Amriswil schuf im Jahr 1908 durch Kreuzung von weißen Orpingtons und Wyandotten das Schweizer Huhn. Es gab danach viele Züchter, die an den Tieren Interesse gefunden hatten. In Vergessenheit geriet die Rasse nach dem Zweiten Weltkrieg im Zuge der Umorientierung der Landwirtschaft.

Der 1919 gegründete Zuchtverein hatte im Jahre 1971 nur noch sechs Mitglieder. *Pro Specie Rara* nahm sich 1991 dieser Rasse an und konnte so manchen Hühnerhalter überzeugen, sich wieder, auf der Basis weniger noch vorhandener Zuchtlinien, mit der Zucht des Schweizer Huhns zu beschäftigen.

Es zeichnet sich durch ein volles, reinweißes Gefieder und eine stattliche Erscheinung aus. Charakteristisch ist der dunkelrote Rosenkamm.

Beide Geschlechter haben einen kräftigen Körper. Der Hahn wiegt bis zu 3 kg, die Henne zwischen 2 und 2,5 kg. Das Schweizer Huhn ist ein typisches Zweinutzungshuhn mit hoher Legeleistung und gutem Fleischansatz.

Sulmtaler

Wie das Altsteirer Huhn ist auch das Sulmtaler Huhn Nachfahre des einstigen steirischen Landhuhns. Als Heimat wird das Sulmtal in der südwestlichen Steiermark genannt. Dort wurde viel Maisanbau betrieben, wodurch sich eine schwere Mastrasse herausbildete, die wegen ihrer ausgezeichneten Qualität Weltruf erlangte. Die Sulmtaler entwickelten sich daraus ab 1900 zu einer eigenen Rasse. Es entstand ein wetterhartes, ruhiges, genügsames Zwiehuhn mit zartem, weißem Fleisch, frohwüchsig, als sehr guter Futterverwerter leicht mästbar.

Den Kopf des Hahnes ziert ein kleiner Federschopf. Der einfache und aufrechte Kamm ist etwa mittelgroß und wird nach hinten ansteigend getragen. Die glatten und relativ kurzen Läufe sind gut befleischt und tragen ein Gewicht von 2,5 bis 4 kg.

Die Sulmtaler Henne hat einen feingezahnten Kamm, der als Wickelkamm gezüchtet wird. Der halbrunde Schopf ist größer als beim Hahn, soll aber die Sicht nicht behindern. Sie legt bis zu 160 rahmfarbige bis hellbraune Eier. Der Bruttrieb ist gering. Sulmtaler gibt es in den Farben Weizenfarbig und Weiß.

Sundheimer Hühner

Im „Hanauer Landwirt" vom 9. Mai 1925 wird berichtet: „Das Sundheimer Huhn ist das Ergebnis verschiedener, zeitlich aneinander folgender Kreuzungen. Es wurde in Sundheim, Kreis Kehl am Rhein, herausgezüchtet. Zunächst züchtete man es als reines Fleischhuhn; später achtete man noch auf die Legeleistung."

Ernst Rübenstrunk beschrieb 1922 das Sundheimer Huhn wie folgt: „Unter den schweren Rassen gehört dieses Masthuhn zu den besseren Legern.

Schweizer Hühner

Sulmtaler

Sundheimer Hühner

Mit 7 bis 8 Monaten ist es legereif und legt dann fleißig bis zu 150 braunschalige Eier. Es wird früh brütend, auch in der kalten Jahreszeit. Das ruhige, zutrauliche Temperament des Huhnes hat nicht nur den Vorteil, dass es auf bescheidenem Raume gehalten werden kann, sondern gibt auch Gewähr für eine gute Brüterin und Führerin der Kleinen. Der Hahn hat ein Gewicht bis zu 3,5 kg; die Henne bringt es bis 2,5 kg."

Als Nichtflieger kann es in jedem Garten leicht gehalten werden. Es strahlt Ruhe und Eleganz aus.

Thüringer Barthühner

Im „Großen Geflügelstandard in Farbe" aus dem Jahre 2000 wird das Thüringer Barthuhn wie folgt beschrieben: „Es ist ein mittelgroßes, lebhaftes und keckes Huhn von edler Landhuhnform, das durch relativ kleinen Kamm und geringe Ausbildung der Kehllappen auffällt, die, wie auch die Ohrscheiben, von einem sehr vollen, länglich-runden Federbart verdeckt sind. Wetterfest und gute Legeleistung bei sparsamstem Futterverbrauch, weil eifrige Futtersucher und Scharrer; besonders für raue Gegenden geeignet. Durch seine elegante Form und die Federstruktur des Kopfes soll es seinem Halter viele Reize bilden." Seine Heimat ist der Thüringer Wald. Es gehört mit zu den ältesten Landhuhnschlägen. Leider ist seine Brutlust nicht stark ausgeprägt.

Das Thüringer Barthuhn wird als leichte Rasse wegen seiner Schönheit, aber auch wegen der Eier gehalten, von denen es mindestens 150 reinweiße legt. Es ist ein vitales und wetterfestes Huhn, das in zahlreichen Farbschlägen gezüchtet wird. Besonders auffallend sind die Halskrause und der Bart. Diese sind Hauptrassemerkmale.

Vorwerkhühner

Oskar Vorwerk aus Othmarschen bei Hamburg gilt als Begründer dieses Rassehuhnes. Er hat im Jahre 1902 mit der Zucht dieser Hühner begonnen, die für Bauernhöfe, Güter und Siedlungen gut geeignet schienen. Sein Ziel war, ein mittelschweres, ausgesprochen wirtschaftliches Zwiehuhn in der Landhuhnform zu erzüchten, kräftig und gedrungen, mehr tief- als hochgestellt, mit einzigartiger, gleicher Züchtung beider Geschlechter.

Auffallend bei dieser Rasse ist, dass sich Hähne untereinander gut vertragen. Günstig für kleine Ausläufe in Dörfern und Städten ist, dass Vorwerkhühner nicht fliegen. Leider brüten sie so gut wie gar nicht. Da sie gerne das Futter selbst suchen, braucht wenig hinzugefüttert zu werden. Es ist die ideale Rasse für ökologisch bewirtschaftete Bauernhöfe.

Der schwarze Kopf, der schwarze Schwanz sowie der tiefgelbe Rumpf geben den Hennen und Hähnen ihr charakteristisches Aussehen. Die Henne legt 150 gelbliche Eier, kann bis zu 2,5 kg schwer werden, während es der Hahn auf 3 kg bringen kann.

Thüringer Barthühner

Vorwerkhühner

Die wohl wichtigste Zeit im Leben eines Kükens sind die ersten drei Tage. Es ist die Zeit der Prägung, in der es unter keinen Umständen von der Glucke entfernt werden sollte. Das Küken prägt sich Stimme, Farbe und Gesicht der Glucke sowie die nähere Umgebung ein.

Westfälische Totleger

1994 wurden die Westfälischen Totleger zur Rasse des Jahres gewählt, um auf ihren hohen Gefährdungsgrad hinzuweisen. Inzwischen hat sich die Rasse etwas erholt, da sich eine größere Zahl von Züchtern ihrer annahm. Im Wesentlichen ist sie in Westfalen zu Hause. Man kannte diese Hühner schon im 18. Jahrhundert. Wegen ihrer beachtlichen Legeleistung gab man ihnen auf dem Land den Namen „Alltagsleger" (alle Tage) oder „Dauerleger". Unter dem Einfluss der plattdeutschen Sprache wurde der hochdeutsche Begriff zum „Doutleijer". Aus diesem niederdeutschen Namen wurde „Totleger". Die Ableitung daraus, dass sich die Hennen zu „Tode legen", ist nicht länger haltbar.

Die Totleger sind fleißige Legehühner und als unermüdliche Futtersucher besonders für große Ausläufe geeignet. Sie zeichnen sich durch eine wohlproportionierte Landhuhnform aus. Ein besonderes Kennzeichen ist der eher kleine, fein geperlte Rosenkamm mit dünnem, geradem oder etwas geneigtem Dorn.

Das strahlend weiße Federkleid der Henne ist beim Farbschlag Silber mit schwarzen Punkten übersät. Die Sprenkelung des Gefieders der Hennen ist feiner ausgeprägt als beim Hahn. Die Hühner kommen in den Farben Silber und Gold vor. Die Henne legt etwa 180 Eier und wiegt 1,5 bis 2 kg, der Hahn 2 bis 2,5 kg. Hennen können brütig werden, sofern sie artgerecht gehalten werden.

Wyandotten

Die Wyandotten wurden von den Amerikanern als Zwiehuhn, also sowohl auf Fleisch- als auch auf Legeleistung hin, gezüchtet. Sie entsprechen einem mittelschweren Huhn mit kräftigem Körper. Auffallend sind die etwas hervortretenden Augen und das rote, kaum befiederte Gesicht. Sie besitzen einen fein geperlten Rosenkamm. Die Farbgebung ist sowohl beim Federkleid als auch bei den Eiern sehr vielfältig. Der Hahn wiegt 3,4 bis 3,8 kg und die Henne 2,5 bis 3 kg.

Die Rasse gilt als sehr legefreudig. Die freundlichen Hühner eignen sich auch zur Mast. Sie legen bis zu 180 Eier pro Jahr, die gut für die Naturbrut verwendet werden können. Die Hennen führen ihre Küken sehr gut. Außerdem fliegen Wyandotten Hühner nicht gerne, was die Haltung vereinfacht.

Was man beim Kauf beachten sollte

Immer noch unbefriedigend ist die Antwort auf die Frage: „War das Ei oder das Huhn zuerst da?" Nach dem Hahn wird gar nicht gefragt. Es ist daher jedem selbst überlassen, ob er seine Hühnerhaltung mit dem Kauf von befruchteten Eiern beginnt, die er von einer Glucke oder im Brutschrank ausbrüten lässt, oder ob er sich ein paar Hennen und einen Hahn besorgt.

Am günstigsten ist es, wenn mit der Hühnerhaltung im zeitigen Frühjahr begonnen wird. In diversen Geflügelzeitschriften, Onlinebörsen und sogar in Liebhabergruppen der Sozialen Netzwerke werden bereits Küken angeboten, aber auch Junghennen wie legereife Hühner. Auf Geflügelausstellungen kann man sich nach Eiern oder entsprechenden Tieren umschauen. Es ist ratsamer, die Tiere direkt bei einem Züchter zu kaufen als bei irgendwelchen Händlern oder auf einer Geflügelbörse.

Westfälische Totleger

Wyandotten

CHECKLISTE! Stall, Auslauf, Weide

Stall
- ❑ 1 m² pro 4–5 Hennen
- ❑ wasserbindende Einstreu (z. B. 20 cm gehacktes Stroh)
- ❑ Futterstelle
- ❑ Tränke
- ❑ verschließbar
- ❑ trocken
- ❑ zugluftfrei
- ❑ Nester 35 x 35 cm
- ❑ Sitzstangen (25–40 cm pro Tier)

Auslauf
- ❑ teilüberdachte Voliere
- ❑ Sandbad
- ❑ Futterstelle
- ❑ Tränke
- ❑ 5 m² pro Tier

Weide
- ❑ so groß wie möglich
- ❑ täglich benutzbar
- ❑ 100 m² für das erste Paar + 10 m² für jede weitere Henne
- ❑ Zaun
- ❑ Futterstelle
- ❑ Tränke
- ❑ Bäume und Sträucher
- ❑ artenreicher Saum

Stall

Die Größe des Gartens bedingt oft die Größe des Stalls. So muss der Stall stets zur Anzahl und Größe der Hühner passen. Ausreichend Raum brauchen zwar alle Hühner, aber je nach Größe der Rasse und Anzahl der Tiere unterscheidet sich das Stallvolumen dann doch. Die unberechenbaren Vorschriften, die durch Extremereignisse wie die Vogelgrippe oft variieren, erfordern in jedem Fall eine Voliere. Nur so lässt sich die Haltung auch unter den belastenden Rahmenbedingungen einer Stallpflicht mit größtmöglichem Tierwohl aufrechterhalten.

Die Planung der Hühnerschar umfasst demnach drei Hauptkomponenten:

- Welche Ziele verfolge ich?
- Wie viel Platz bietet mein Hühnergarten?
- Wie groß ist der Stall inklusive Voliere?

Diese Überlegungen führen schließlich zur Optimierung des Hühnergartens und des Stalls. Danach folgt dann der Besatz mit einer munteren Hühnerschar.

Ein liebevoll gestaltetes und verarbeitetes Hühnerhaus: Beispiel einer ökologischen Hühnerhaltung.

Sitzstangen bringt man möglichst in gleicher Höhe an. Das vermindert das allabendliche Gehacke um die besten Plätze auf höhergelegenen Sitzstangen.

Für die Errichtung des Stallgebäudes ist es wichtig, dass der Untergrund und die Auslauffläche trocken sind. Das Gebäude sollte so ausgerichtet sein, dass die Fensterfront von der Sonne voll beschienen wird. Die Fenster sollten demnach nach Süden gerichtet sein. Eine Ausrichtung nach Südosten ist auch geeignet, weniger hingegen nach Südwesten, da die Sonneneinstrahlung aus dieser Richtung zu intensiv sein kann und es im Sommer leicht zur Überhitzung im Stallinneren kommt.

Sehr vorteilhaft sind Obst- oder Laubbäume in Stallnähe. Im Sommer halten sie durch das Blätterdach die intensive Sonneneinstrahlung vom Stall ab, im Winter gelangen die Sonnenstrahlen, infolge fehlender Blätter, durch die Glasscheiben bis in das Stallinnere und spenden dort noch etwas Wärme. Bei anderen Ausrichtungen ist der Stall zu kühl, außerdem schadet das Fehlen von Sonnenlicht den Hühnern. Dadurch lässt sich der Stall nicht ausreichend trocken halten. Eine windgeschützte Lage ist sehr vorteilhaft, da die Tiere,

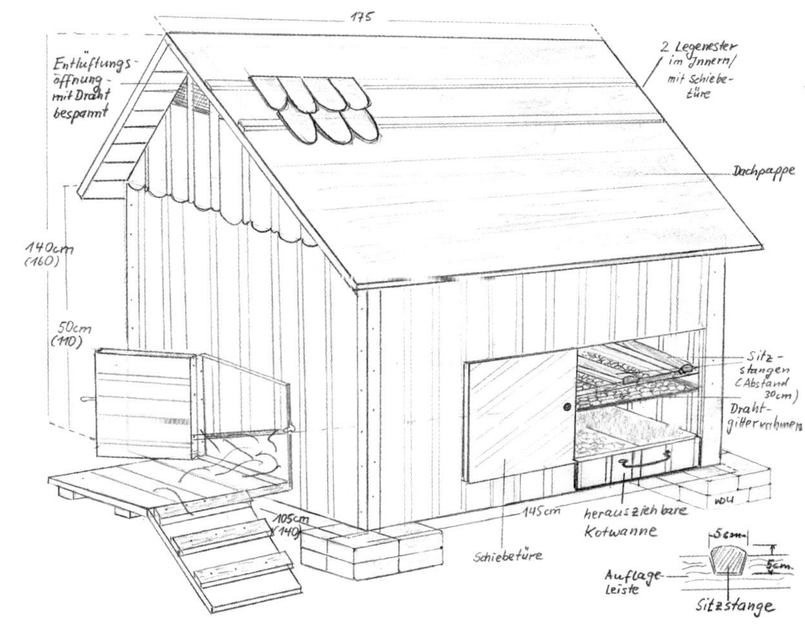

Solch einen Hühnerstall kann man sich selbst bauen oder von einem Tischler anfertigen lassen. Er passt in jeden Garten, sei es in einer Neubausiedlung, einem Dorf oder auch in einer Großstadt.

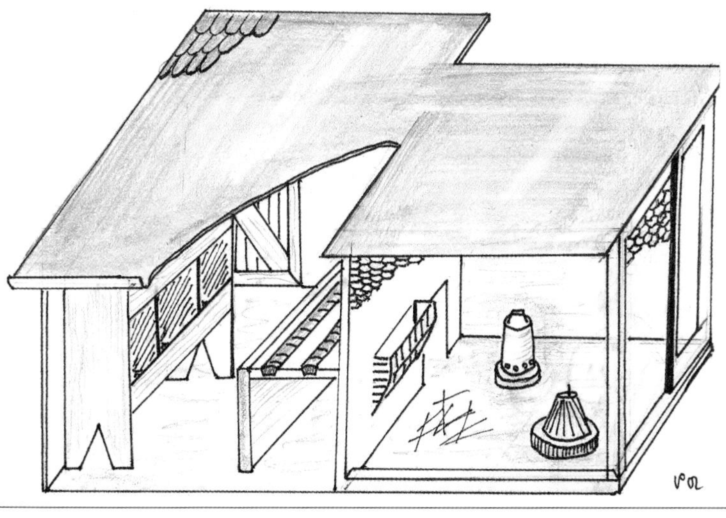

Ein kleiner, einfach gestalteter Hühnerstall mit einem separaten überdachten Fress- und Scharrplatz als Kaltstall bzw. Wintergarten.

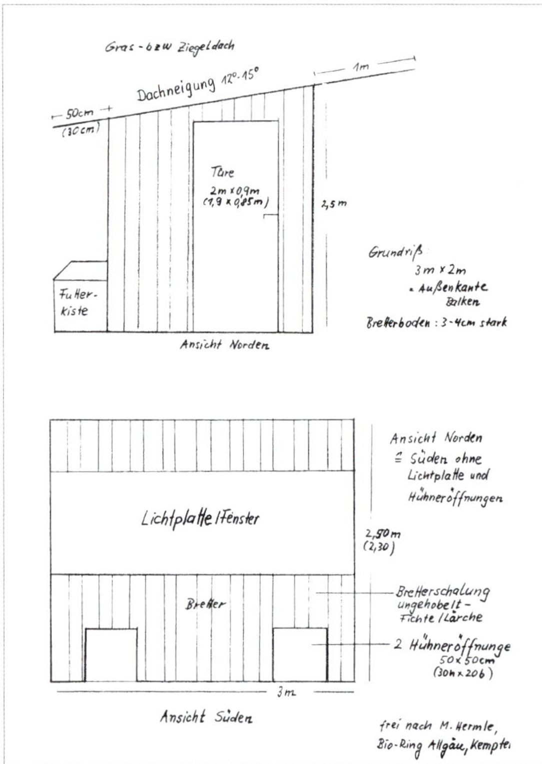

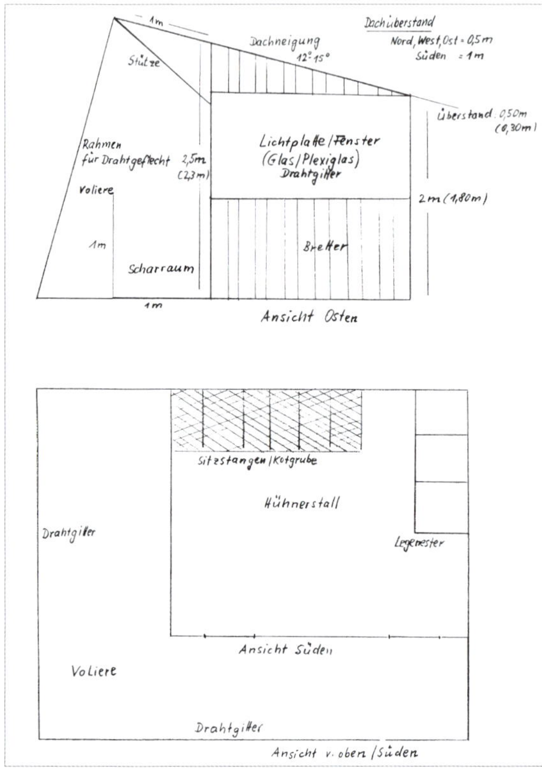

Grundlage für diesen Hühnerstall sind die Zeichnungen oben. Wenn man für einen oder mehrere Tage abwesend ist, können die Hühner in der Voliere gehalten werden. Sie muss aber absolut dicht sein, damit keine Raubtiere eindringen können. Ansonsten lässt man die Hühner im Garten frei herumlaufen.

wie bereits angemerkt, zug- und windempfindlich sind.

Es ist ratsam, vor Errichtung des Stalles die Baubehörde zu kontaktieren, da ab einer bestimmten Größe eine Baugenehmigung erforderlich ist.

Der Nachbar sollte frühzeitig in Kenntnis gesetzt werden, dass man beabsichtigt, an einer bestimmten Stelle, vielleicht sogar in Zaunnähe, einen Stall zu errichten. Sehr frühzeitig sollte man sich informieren, welche ortspolizeilichen und nachbarrechtlichen Bestimmungen im jeweiligen Ort gelten. Diese sind unbedingt einzuhalten, damit es nicht im Nachhinein zu Schwierigkeiten kommt.

Auslauf/Weide

Zur art- und rassegerechten Haltung von Hühnern benötigt man einen passenden Auslauf. Dass Hühner ausschließlich in Freilandhaltung gehalten werden, sollte dem verantwortungsbewussten Tierhalter selbstverständlich sein. Je nach Größe und Gegebenheit des Gartens kommen andere Haltungsformen und Hühnerrassen in Frage. Generell gilt: Der Hühnergarten muss es den Tieren ermöglichen, den natürlichen Tagesablauf möglichst ungestört leben zu können. Vom Schlafen, Eierlegen und Fressen bis hin zu den lebensnotwendigen Verhaltensweisen des Putzens, Ruhens, Sandbadens und der sozialen Interaktion. Alle Verhaltensmuster müssen im Hühnergarten möglich sein. Außerdem ist es wichtig, dass die Haltung von Nutztieren auch eng mit den Zielen der Nachhaltigkeit und der ökologischen Gestaltung des Gartens möglich ist. Eine naturnahe Anlage, die auch noch anderen Tieren und Pflanzen einen Lebensraum bietet, ist ein perfekter Hühnergarten. Auch wenn schon ein gepflasterter Innenhof ausreicht, so ist ein Naturgarten doch das, was der Natur des Huhns am ehesten entspricht. Eine strukturreiche Anlage mit Wiesen, Rasen, Büschen und Bäumen bietet alles, was das Huhn braucht: Wärme und Sonne zum Sonnen- und Sandbaden, Schatten für die Mittagsstunden und als Schutz vor kreisenden Schatten, niedrige Sträucher, Stauden und Gräser zum Picken von Samen und Insekten, kurz grasige Flächen als Sichtachse für den Besitzer und als Weidegrund, Nadelbäume mit tiefen Ästen zum Aufbaumen, Obstbäume als Futterspender sowie ein befestigter Vorplatz am Stall für die Fütterung und zur leichten Reinigung.

Fütterung

Haushühner kommen im freien Auslauf, es sei denn in einem Bauernhof mit Obstgarten, nur bedingt alleine an die lebensnotwendige Nahrung heran. Das Umfeld ihres Lebensbereiches ist zu klein, in der Regel auch zu aufgeräumt und zu unnatürlich, um sich ohne Zusatzfütterung ausreichend zu versorgen. Wenn der Auslauf groß und gut bewachsen ist und Gräser sowie Blumen bis zur Versamung stehenbleiben dürfen, dann bietet dies bereits eine gute Grundlage für das Futterbedürfnis und reduziert das Zufüttern.

Haushühner kommen im freien Auslauf nur bedingt an die lebensnotwendige Nahrung. Deshalb muss zugefüttert werden.

Wichtig ist, dass man bei der Bereitstellung des Futters wie auch des Wassers darauf achtet, dass die Tiere das Futter nicht zu schnell zu sich nehmen können. Das erreicht man dadurch, dass der Futtertrog und die Tränke weit voneinander entfernt aufgestellt werden und sie dadurch hin und

Ein vielfältiger Auslauf ist wichtig. Es reicht nicht, wenn Ihre Hühner in einem kahlgefressenen Gehege leben. Der Besatz muss zur Vegetation passen.

INFO! Allgemeine Fütterungshinweise

- Befestigter Futterplatz.
- Futter auf mehrere Stellen verteilen, damit rangniedrigere Tiere auch zum Zug kommen und ihre Ration erhalten.
- Auf Reinlichkeit achten.
- Täglich nach dem Wasser schauen; besser zweimal als einmal. Jeden Tag frisches Wasser geben und die Tränke sauber halten.
- Einen größeren persönlichen Freiraum hat jener, der Futterautomaten und Selbsttränker aufstellt.
- Ständiges Vorhandensein von Futter zieht aber Mäuse, Ratten und Vögel an.

Hühner bleiben gesund und leistungsfähig, wenn dem Fortbewegungs-, Nahrungsaufnahme-, Körperpflege-, Ruhe-, Paarungs- und Fortpflanzungsverhalten sowie der sozialen Organisation entsprochen wird, indem genügend reichstrukturierter Raum zur Verfügung steht.

her laufen müssen. Zudem sollte auch entsprechend geschrotetes, mehliges Futter dabeisein.

Zu dessen Aufnahme und zur gleichzeitigen Aufnahme von entfernt stehendem Wasser ist ein Mehr an Zeit erforderlich. Das verhindert das Aufkommen von Langeweile und als Folgeerscheinung die Unarten des Federpickens und Eierfressens.

Zusammenfassend kann gesagt werden, dass es in der Regel vier Arten von Hühnerfutter gibt:

- Trockenfutter
- Körnerfutter
- Weichfutter
- Zusatzfutter

Immer sollte das Futter kombiniert werden, am besten aus allen vier Arten.

Aber nicht nur die Qualität des Futters ist ausschlaggebend; auch die Futtermenge hat großen Einfluss auf das Wachsen und Gedeihen wie auf die Leistung. Weichfutter und Körner sollten in der Regel von den Hühnern bei der Fütterung unverzüglich aufgefressen werden. Über Nacht darf nichts zurückbleiben.

Die Hühnerhaltung bietet für den Kleingärtner und die Hausfrau eine Möglichkeit, Garten- und Küchenabfälle sinnvoll zu entsorgen. Sie sind im Hühnermagen noch besser aufgehoben als auf dem Komposthaufen, der, wenn Essensreste dabei sind, Mäuse und Ratten anzieht. Man sollte aber darauf achten, dass keine scharfen Gewürze dabei sind, auch nicht zu viel Salz. Den Essig im Salat sollte man zuvor mit reichlich Wasser verdünnen.

Info – Futter

Legehennenfutter: Für die Hühnerfütterung gibt es 3 unterschiedliche Vorgehensweisen, d. h., die Zusammensetzung variiert.
Handelt es sich um heranwachsende Legehennen, dann bieten die Geflügelfutterhersteller unterschiedliche Zusammensetzungen je nach Lebenswoche an. Bevorzugen Sie der Umwelt zuliebe Bio-Futter.
Zusätzlich stehen der Küchentisch und der Garten ganzjährig zur Fütterung bereit.
Speziell für den Winter, wenn die natürliche Legeleistung abnimmt bzw. die Hühner nicht mehr legen, kann man das Grundfutter mit folgenden Zusätzen ergänzen:
Gemahlene Erbsen, Lupinen, Sonnenblumenkerne, Ackerbohnen.
Aus der Küche Essensreste, wie Nudeln, Reis, gekochtes Gemüse, Salatblätter, Brot. Milchprodukte eignen sich wegen des Proteingehalts, um auch in dieser legearmen Zeit zu Eiern zu kommen.

Fleischhühnerfutter: Ebenso bieten die Geflügelfutterhersteller für Fleischhühner, Hennen und Hähne, die passende Zusammensetzung je nach Lebenswoche an.
Die Bio-Futter-Hersteller haben für Fleischhühner der unterschiedlichsten Lebenswochen passende Mischungen im Sortiment. Rohprotein, Rohfett, Rohfaser, Rohasche, Methionin, Kalzium, Phosphor und andere Spurenelemente sichern ein gesundes und rassegerechtes Aufwachsen der Tiere.
Es ist nicht notwendig, Zwiehühner zu züchten und zu halten. Die Diversität der Rassen ist so groß, dass für jeden Gaumen und für jedes Auge das passende Tier parat steht. Der Erhalt der Rassevielfalt erhält die Vielfalt an Insekten und an Wildkräutern.

Rassehühnerfutter: Was die unterschiedlichen Nährstoff- und Fütterungsansprüche betrifft, so decken die gewerblichen Geflügelfutter in ihrer Rohstoffverfügbarkeit den Bedarf jeglicher Rassen ab. Entsprechende Bedarfstabellen und Empfehlungen für die Rationszusammenstellung können bei den entsprechenden Rassezüchtern erfragt werden.

Wer Hühner aus Liebe hält, der findet das Gleichgewicht in der Ernährung in seinem Garten, auf seinem Feld und beim Bio-Geflügelfutteranbieter.
Erschweren Sie sich das Hühnerhalten nicht mit abgewogenem Industriefutter. Auch Essensreste vom Mittagstisch bringen Freude in den Hühnerhof.

Die Hühnerhaltung der Eier, des Fleisches und der Rassevielfalt wegen sollte Freude bereiten, dem Halter und den Hühnern, und nicht auf Zwanghaftigkeit beruhen.

Frisches Wasser ist für Hühner wichtig. Die Gefäße sollten regelmäßig ausgespült werden. Im Winter sollte man gegen das Einfrieren mit warmem Wasser vorgehen oder zusätzlich im frostfreien Stall füttern.

Pflege

CHECKLISTE! Pflegeplan

Täglich:
❏ Futterstelle säubern
❏ füttern
❏ Wasser erneuern
❏ Kontrolle, ob es allen Tieren gut geht und alle leben
❏ Kontrolle des Stalles und des Auslaufs
❏ Eier einsammeln

Regelmäßig:
❏ kehren
❏ misten
❏ Tierpflege

Bei Bedarf:
❏ Nester säubern und neu befüllen
❏ Sandbad putzen und erneuern
❏ desinfizieren mit biologischen Mitteln (nur im äußersten Notfall)

Der Sporn

Hähne, aber auch Hennen haben einen nach hinten gerichteten Sporn. Dieser ist die Hauptkampfwaffe und dient der Verteidigung und dem Angriff. Der Sporn wird im Lauf des Lebens immer länger und kann im hohen Alter zu Einschränkungen des Gehvermögens führen. Dem kann man durch vorsichtiges Feilen bzw. Raspeln entgegenwirken. Ein langer Sporn, der das Gehen erschwert, ist aber auch immer ein Zeichen für die Endnutzung des Tiers.

Beim Kauf von Jungtieren kann man darauf achten, dass die Ringe an den Beinen auf Dauer keine Probleme bereiten. Falls man nicht züchtet oder keinen großen Hühnertrupp beaufsichtigt, empfiehlt es sich, die Ringe zu entfernen, da diese unter Umständen einwachsen können und so zu schlimmen Entzündungen führen.

Der Schnabel

Als Hauptwerkzeug des Huhns ist der Schnabel im Dauereinsatz. Lange und verkümmerte Schnä-

Appenzeller Spitzhauben sind ideal an die Bedingungen im Gebirge angepasst, steigen vorzüglich auf felsigem Grund und können gut fliegen.

bel treten selten auf. Die Abnutzung erfolgt beim Picken auf unterschiedlichen Untergründen. Bei Kreuzstellungen oder überlangen Oberschnäbeln kann eine Behinderung des Fressens auftreten. Man kann in diesem Fall sehr vorsichtig den Schnabel feilen oder beschneiden. Allerdings ist hier hohe Sensibilität von Nöten, da die sensiblen und durchbluteten Zonen früh beginnen. Auch die Zunge ist nicht weit hinter der Schnabelspitze. Eine vorsichtige Pflege des Schnabels ist im Ausnahmefall möglich. Schlimmste Schnabelfehlstellungen sind tendenziell die besten Indikatoren zur Suppennutzung des Huhns.

Die Krallenpflege

Eine Krallenpflege ist meist nicht nötig, da ein abwechslungsreicher, scharrtauglicher Stall und Hühnerhof die Abnutzung der Krallen fördern. Sollten Sie ein Huhn mit überlangen Krallen kaufen, so deutet das oft auf unzureichenden Auslauf hin. Krallen kann man so wie menschliche Fingernägel behandeln. Mit etwas Sensibilität wird man schnell merken, was dem Huhn weh tut. Rot lackierte Hühnerkrallen sind jedoch sehr selten und nutzen sich vermutlich schnell ab, da schon das Trocknen an der fehlenden Geduld der Hühnerdame scheitert.

Das verrupfte Huhn

Verrupfte Hühner mit kahlen Stellen an Po, Rücken oder Hals treten während der Mauser auf und sind nach einigen Wochen wieder voll befiedert. In seltenen Fällen zeigen sich so aber auch die begehrtesten Hennen. Dann entstehen die Kahlstellen durch das rege Interesse des Hahns oder der Hähne. Solche Hühner sind dann entweder nicht wehrhaft oder tatsächlich überaus attraktiv. Hier hilft es meist, wenn man die Zahl der Hühner etwas erhöht – oder den Druck der Hähne senkt, sofern man denn mehrere Hähne hält.

Das Stutzen der Flügel

Die Eigenschaft der Hühner, Hindernisse durch Flattern zu überwinden, kann in manchen Situationen die Freude am Hühnerhalten trüben, wenn das Huhn wieder unerlaubt den kritischen Nachbarn besucht oder während der eigenen Abwesenheit im Gemüsegarten nach den frisch gesäten Samen scharrt. In seltenen Fällen reicht dann der Zaun nicht aus und das ein oder andere Huhn überquert dieses Hindernis spielerisch.

Das Stutzen der Flügel bietet hier Abhilfe. Es handelt sich dabei nicht, wie oft fälschlich angenommen, um das Lähmen des Flügels, wie es in zoologischen Gärten manchmal üblich war, sondern lediglich um das Zurückschneiden der Schwungfedern zur Verminderung des Auftriebs. Dazu spreitet man den Flügel aus und setzt die Hand- und Armschwingen bis etwa 2 cm vor den Beginn des Federkiels zurück. Oft reicht es aus, diesen Schnitt an einem Flügel zu machen, da so die ungleichmäßige Auftriebskraft das Fliegen instabil werden lässt. Optisch hat dieser Schnitt keine Auswirkungen, da die Deckschwingen nicht

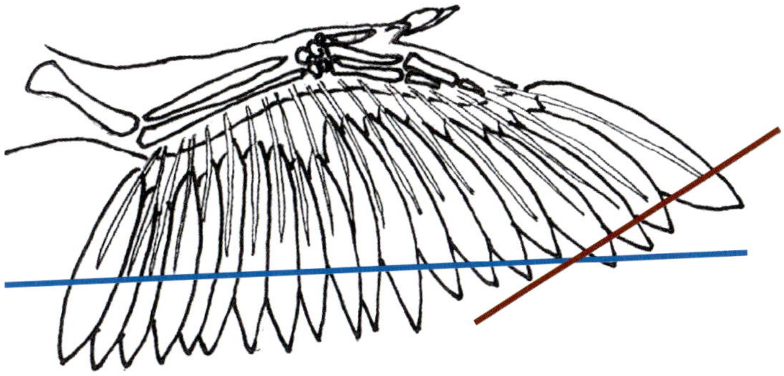

Blaue Linie: die Kürzung dieser Federn (Armschwingen) reduziert den Auftrieb des Huhns. Es ist darauf zu achten, dass die starken Federkiele nicht verletzt werden. Entlang der roten Linie (Handschwingen) kann gekürzt werden, wenn der blaue Schnitt nicht ausreicht. Dieser Eingriff ist jedoch beim zusammengelegten Flügel sichtbar, was dem Huhn einen etwas zerrupften Eindruck verleiht. Meist reicht es aus, wenn man einen Flügel kürzt und so die Flugstabilität beeinträchtigt, was den Hühnern das unnötige Fliegen erschwert.

betroffen sind und die gekürzten Federn beim Anlegen des Flügels unter diesen Decken verschwinden.

Man wird selbst merken, ab wann und bei welchem Huhn das Fliegen zu einer lästigen Angewohnheit wird. Oft ist es auch ein schöner Anblick, wenn der Hahn einen kurzen Besuch am Kaffeetisch abstattet und danach wieder selbstständig zu seinen Hennen fliegt. Generell sind fliegende Hennen das größere Problem, da diese die gewonnene Freiheit zu ausgiebigem Scharren nutzen.

Kalkbeine

Kalkbeine sind das Resultat einer Vermilbung des Fußes. Es bilden sich Kalkablagerungen, die optisch unschön sind und das Huhn unter Umständen beeinträchtigen. Das regelmäßige Behandeln dieser Beine mit Glycerin und das sorgfältige Reinigen der Sitzstangen wirken Wunder und heilen die Beine innerhalb kürzester Zeit.

Vermehrung (Brut und Aufzucht)

In regelmäßigen Abständen – von Tag zu Tag – sucht die Henne ihr Nest zum Legen des Eis auf. Ein bereits benutztes Nest wird von ihr bevorzugt ausgewählt. Dort legt sie ihr Ei ab – aber nicht um ihrem Halter ein Gefallen zu tun, um ihm ein frisches Frühstücksei zu bescheren. Der Trieb danach dient einzig und allein der Arterhaltung. Hat sie ihr Ei gelegt, dann verlässt sie unter lautem Gegacker das Nest und versucht so den Anschluss an ihre im Garten verstreut herumlaufende Herde wieder zu bekommen.

Große Rassen legen 13 bis 15 Eier. Zwerghennen 12 bis 14 Eier. Man kann auch von anderen Rassen befruchtete Eier in das Nest legen. Die Glucke fühlt sich sichtlich wohl und beginnt mit dem Brüten.

Beginnt ein Huhn aber zu brüten, dann durchlebt es eine Reihe eigenartiger Verhaltensveränderungen. Im Organismus des Tieres erhöht sich der Prolaktingehalt der Hypophyse. Äußerlich gibt die Henne im Stall und Garten beim Umherlaufen typische Brutlaute von sich, sie gluckt. Anfänglich sind die Glucklaute nur hin und wieder zu hören. Von Tag zu Tag steigern sie sich und sind dann schließlich nicht mehr zu überhören. Ihren Artgenossinnen gegenüber wird die Henne aggressiver, sofern sie ihr zu nahe kommen. Sie plustert sich auf und sucht gleichzeitig das Weite. Nähert sich der Hahn, geht die Glucke in Droh- und Abwehrstellung und entzieht sich ihm mit aufgeplustertem Gebaren. Dadurch hält sie sich ihm vom Leib. Das kann Tage, manchmal auch Wochen dauern.

Sobald man beobachtet, dass die Henne das Nest nicht mehr verlässt, dann ist die Zeit gekommen, ihr ein geeignetes Plätzchen für das Nest zurecht zu machen. Es sollte vor anderen Hühnern geschützt bzw. sich in einem anderen halbdunklen, gut belüfteten und kühlen Raum befinden.

Eine entsprechende Anzahl an Eiern wird untergelegt und die von ihr gelegten werden weggenommen, sofern diese nicht reinrassige Nachkommen gewährleisten.

Mit dem eigentlichen Brutgeschäft beginnt die Henne einer großen Rasse, sobald sie 13 bis 15 Eier gelegt hat. Zwerghennen legen 12 bis 14 Eier. Nicht immer legt die Henne die gesamte Zahl. Sie setzt sich auch in Nester, in die schon einige Eier gelegt worden sind.

Wenn die Glucke endlich sitzt, wird sie immer ruhiger. Sie sollte tagsüber nicht mehr unnötig gestört werden. In einiger Entfernung von ihrem Nistplatz stellt man frisches Wasser hin und nicht weit davon weg einen Napf mit Körnern, bevorzugt Gerste und Mais. Beide haben die Eigenschaft, bei der Verdauung die Körpertemperatur leicht zu erhöhen, was den Eiern zugutekommt. Es schadet auch nicht, etwas Grit beizumischen. Dagegen sollte die Glucke kein Weichfutter, ebenso wenig Grünfutter erhalten.

Nach 21 Tagen schlüpfen die Küken im Verlauf weniger Stunden und trocknen unter der Mutter. Spätestens nach 2 Tagen sollten alle Küken geschlüpft sein, denn die Glucke wird ab diesem Tag das Nest verlassen und die Küken führen.

Am 2. Tag nach dem Schlupf kann man den Küken, wenn sie zu picken beginnen, zuerst einmal etwas Wasser in einem Napf hinstellen. Er darf aber nicht umkippen und zu tief sein. Man beschwert ihn mit einem Stein, der den Napf ganz ausfüllt, damit die Küken nicht ertrinken können. Für die ersten Tage reicht auch der Deckel eines Einweckglases. Es stellt absolut keine Gefahrenquelle dar. Die handelsübliche Kükentränke wird erst eingesetzt, wenn die Küken etwas größer sind und aus der Rinne wieder leicht herauskommen.

In den folgenden Tagen muss man sich sehr intensiv um die Fütterung der Glucke und ihrer Kleinen kümmern. In den ersten Wochen werden hartgekochte Eier, Haferflocken und frische Kräuter kleingehackt und den Tieren angeboten.

Verwertung

Das Huhn als Verwerter von Abfällen

Eine unterschätze Funktion des Huhns ist seine Rolle als Verwerter von Abfällen. Wer einen Hühnerhof hat, der braucht keine Grüne Tonne. Alle Küchenabfälle – von Fleischresten bis zu gekochten Kartoffelschalen – finden im Hühnerhof glückliche Abnehmer. Das Verwerten von Resten senkt zudem die Futterkosten erheblich und ist ein wichtiger Beitrag zur Reduktion von Abfall. In manchen Ländern Südamerikas wurde durch die Verteilung von Hühnern an die Bevölkerung das Müllaufkommen drastisch gesenkt. Auch die Überproduktion im Gemüsegarten (geraspelte übergroße Zucchinis) oder Fallobst und Trester werden von den Hühnern in Windeseile zu Fleisch und Eiern umgewandelt.

Es empfiehlt sich zudem, einen Komposthaufen im Hühnergarten anzulegen, der von den Hühnern betreten werden kann, der aber durch eine umlaufende Mauer das flächige Verscharren verhindert. So werden darüber hinaus auch noch die Grüngutabfälle des Gartens verwertet und der Kompost regelmäßig gewendet. Dennoch ist der Hühnerhof kein Müllplatz. Abends sollte von dem angebotenen Futter nichts im Freien verbleiben, da sonst zusätzliche Verwerter angelockt werden, die im Siedlungsraum einen schlechten Ruf haben.

Mit Hilfe des Gehörs und der Augen hat sich das Küken bereits nach wenigen Tagen einen wesentlichen Teil seiner Umwelt eingeprägt. Dennoch kann es noch nicht auf eigenen Füßen stehen, auch als ausgewiesener „Nestflüchter" nicht, um in der Gartenumwelt neben den anderen Hühnern zu bestehen.

Ins Freie kann man Küken und Glucke schon recht bald lassen; am besten jedoch nicht vor dem dritten Tag. Der Platz sollte trocken sein. Jede Witterung ist erlaubt, außer Regen und Wind.

Fleischgewinnung/Schlachtung

Ein weiterer wichtiger Faktor der Hühnerhaltung ist der Zugang zu gutem und gesundem Fleisch. Für viele Hühnerhalter ist der Zugang zu Fleisch, bei dem man sicher sein kann, woher es kommt und wie das Tier gehalten wurde, ein wichtiger Grund für das Halten von Hühnern. Neben dem Brathähnchen und dem Suppenhuhn gibt es eine ganze Reihe von leckeren Rezepten und Nutzungsmöglichkeiten, die das Hühnerfleisch auf dem Esstisch zu wahren Delikatessen machen.

Grundsätzlich ist zu beachten, dass das Töten des Tieres schnell und schmerzlos zu erfolgen hat. Das schreibt das Tierschutzgesetz vor und muss unbedingt eingehalten werden.

Wer sich beim ersten Mal noch etwas unsicher fühlt, bittet am besten jemanden um Mithilfe. Danach kann alles allein durchgeführt werden, denn man weiß dann, worauf es ankommt.

Ein ordentlich geschlachtetes Huhn sollte zunächst appetitlich aussehen, was immer man darunter auch verstehen mag. Natürlich gibt es auch Menschen, für die ein geschlachtetes Tier nie ein appetitanregendes Aussehen hat. Dennoch gilt auch hier, dass das Auge mitisst. Blutverschmiert, mit eingerissener Haut, blauen Flecken und steckengebliebenen Federkielen – so sollte die geschlachtete Henne oder der Hahn nicht aussehen.

Bei den Tieren, die geschlachtet werden, müssen der Darm und zusätzlich der Kropf leer sein bzw. dürfen kaum noch Futterreste enthalten. Es sollte darauf geachtet werden, dass die Tiere 12 Stunden vor dem Schlachttermin kein Futter mehr zu sich nehmen können.

Ratsam ist es, das Huhn frühmorgens aus dem Stall zu holen, noch bei Dunkelheit, wenn die anderen noch auf der Stange sitzen und nichts sehen. Alles muss nun sehr schnell gehen, damit das Huhn nicht allzu sehr in Stress und Angst versetzt wird. Das kann nur funktionieren, wenn alle Schlachtutensilien zuvor bereitgelegt worden sind. Dazu gehören ein Beil, ein Eimer, ein scharfes Messer, eine Schüssel mit warmem Wasser und, nicht zu vergessen, ein Holzklotz.

Der Zwerghahn von der Rasse Chabo und die rebhuhnfarbige Italienerhenne vertragen sich bestens. Der Hahn steht, die Henne sitzt.

Wenn auf einem Bauernhof Hühner frei herumlaufen, den Hof absuchen und der Hahn kräht, dann ist es ein Bauernhof, der auf Kreisläufe achtet. Denn das Huhn macht aus fast allem Eier und Fleisch. Und der Hahn sorgt für Nachkommen.

Wenn man das Huhn erst im Garten oder im Stall einfangen muss, was als tierquälerisch angesehen wird, dann sollte man das Schlachten um einen Tag verschieben. Gestresste und verängstigte Tiere haben eine verkrampfte Muskulatur und bluten nicht ganz aus, wenn sie überhaupt Blut von sich geben. Auch sind sie schwer zu rupfen.

Das Tierschutzrecht verlangt, dass ohne Betäubung nicht geschlachtet werden darf.

Man trägt das Huhn mit dem Kopf unter der Jacke aus dem Stall und umgreift mit dem linken Arm die Beine zusammen mit den Flügeln. Durch einen gezielten, kräftigen Schlag mit einem Holzstück auf den Hinterkopf wird es betäubt. Weniger elegant ist die Methode, den Kopf des Tieres an den Holzklotz zu schlagen. Danach wird das Huhn mit dem Kopf auf den Holzklotz gelegt, der Hals durch Ziehen am Kamm etwas verlängert. In einem kräftigen Schlag durchtrennt man mit einem scharfen Beil den Hals, wobei der Kopf zu Boden fällt und das Huhn ausblutet.

Es gibt noch weitere Möglichkeiten, die angewandt werden, um ein Huhn zu töten. Nachdem es betäubt worden ist, umgreift man die Beine mit der linken Hand und den Hals mit der rechten, und zwar so, dass er zwischen den beiden mittleren Fingern hervorsteht. Die rechte Hand wird nach unten gedrückt und so gedreht, dass der Kopf des Huhnes nach hinten gebeugt wird. Sobald man fühlt, dass der Wirbel bricht, hört man auf. Mit einem scharfen Messer durchtrennt man dann die Halsschlagader und lässt das Huhn ausbluten.

Für das Ausbluten ist es angebracht, das Blut in einen Eimer tropfen zu lassen und nicht auf den Boden. Das Hineinhalten des Tieres in den Eimer verhindert, dass durch unkontrollierte Zuckungen die Kleidung mit Blut bespritzt wird.

Sobald das Huhn ausgeblutet und solange es noch warm ist, fängt man mit dem Rupfen an. Dies hat den Vorteil, dass sich die Federn leicht entfernen lassen. Man muss vorsichtig arbeiten, damit die Haut nicht zerreißt; und es muss schnell gehen, da durch das Erkalten bzw. Erstarren des Tieres die Arbeit erschwert wird. Das Trockenrupfen ist eine mühsame Tätigkeit, aber das Ergebnis kann sich sehen lassen. Die Haut des Huhnes sieht danach sauber und appetitlich aus.

Viele wollen sich der Mühe des Trockenrupfens nicht unterziehen, daher übergießen sie das Huhn, nachdem es grob gerupft ist, mit heißem Wasser oder tauchen es kurz – für ca. 1 Minute – in heißes Wasser ein. Danach lassen sich die Federn leicht herausziehen, allerdings ist die Haut dann schon etwas spröde und reißt leicht ein. Solcherart gerupfte Hühner verwendet man

Freies Hühnerleben vor einem Bauerngehöft.

am besten für den Eigenbedarf, da sie nicht mehr ganz ansprechend aussehen.

Rupfen kann man im Stehen oder auch im Sitzen, je nach Belieben. Zunächst werden die Schwanz- und die Flügelfedern büschelweise in Wuchsrichtung ruckartig ausgerupft, wobei die Haut mit der anderen Hand straff gespannt wird, damit sie nicht einreißt. Dann folgen die Brustfedern in Richtung zum Schwanz und die Federn auf dem Rücken in Richtung zum Kopf. Daraufhin werden Hals- und Beinfedern entfernt. Härchen und Federkiele entfernt man am besten mit dem Messer, indem man sie zwischen Daumen und Messer nimmt und herausreißt. Zum Schluss sengt man mit einer Flamme die feinen Härchen ab, damit das geschlachtete Tier sauber aussieht.

Wer nicht händisch rupfen will, kann sich einer Rupfmaschine bedienen.

Für das Ausnehmen benötigt man ein sehr scharfes Messer. Man setzt es unter der Haut am Nackenansatz an und schneidet bis zum Hals hoch.

Dann trennt man den Halswirbel am unteren Ende mit einer Geflügelschere oder einem Messer ab und entfernt ihn. Der Zeigefinger der rechten Hand wird eingeführt und durch Herumbewegen werden alle Innereien abgetrennt.

Danach wird zwischen Kloake und Schwanz eingeschnitten und um den After herumgeschnitten, damit er vom Körper abgetrennt wird. Dies sollte sehr vorsichtig geschehen, damit der Mastdarm nicht verletzt und auch noch abgetrennt wird. Nun wird der After mit den daranhängenden Gedärmen vorsichtig aus dem Schwanzende herausgezogen. Muskelmagen, Lunge und Herz folgen den Gedärmen.

Bei der Entfernung der Leber ist darauf zu achten, dass die Galle nicht beschädigt wird. Sie ist daraufhin behutsam von der Leber zu trennen, damit nicht Flüssigkeit ausläuft und Teile des Fleisches ungenießbar werden.

Wem der Einschnitt um die Kloake herum zu klein erscheint, der kann auch bis zum Brustbein aufschneiden und den Darm dann vorsichtig herausziehen. Mit der Hand greift man tief in den geöffneten Körper und holt das Herz, die Leber und den Magen heraus. Mit Geschick kann man auch in einem einzigen Handgriff die gesamten Innereien auf einmal herausnehmen, ohne dass Teile der Eingeweide hängenbleiben.

Auch die Lunge kann herausgenommen werden. Das ist aber nicht zwingend erforderlich. Wenn man den Hals auch verwerten möchte, dann wird der Kropf aufgeschnitten und mit Wasser gesäubert. Dabei entfernt man auch Luft- und Speiseröhre.

Es wäre eine Sünde, wenn der Magen weggeworfen würde. Man schneidet ihn an der schmalen Seite auf und nimmt den Mageninhalt zusammen mit der gelblichen Haut und der Reibeplatte heraus.

Nach gründlichem Abspülen mit kaltem Wasser wird das geschlachtete Tier für mindestens zwei Tage mit den Füßen nach unten in einem kühlen Raum aufgehängt. Danach kann man es für die Verwendung in der Küche herrichten.

Hühner erledigen fast alles selbstständig und das sehr erfolgreich. Man muss sehr realistisch bewerten, ob die vielen Ratschläge und fürsorglichen Maßnahmen und Hilfestellungen, die man in verschiedenen Internetforen lesen kann, wirklich der Natur des Huhns entsprechen oder ob hier ein Tier fälschlicherweise vermenschlicht wird.

Eiergewinnung

Der Hauptgrund zur Haltung von glücklichen Hühnern ist für viele Menschen das frische und unbelastete Ei. Das Haushuhn legt diese Eier annähernd regelmäßig über das gesamte Jahr verteilt.

Soziale Interaktion

Bisher waren alle Nutzungsmöglichkeiten des Huhns von physischer Natur. Aber auch der Geist profitiert vom Huhn. Durch seine Nähe zum Menschen erfüllen Hühnerscharen auch wichtige so-

Heu eignet sich bestens als Nestmaterial. Zur Eiablage sitzen Hennen auch gerne zu zweit im Nest.

Eier für den menschlichen Bedarf, für die Hühner zur Erhaltung ihrer Art.

Hühnerküken sind Nestflüchter. Nach dem Schlüpfen verlässt die Glucke mit ihnen das Nest und sie versuchen, sofern sie in einem beengten Stall untergebracht sind, möglichst rasch nach draußen zu kommen.

ziale und therapeutische Aufgaben. Allein das Beobachten der Hühner ist ein unglaublich erfreulicher Anblick und lässt viele Sorgen verschwinden. Wer einen großen Hühnergarten besitzt, wird gerne in ihm arbeiten, denn alles, was wir im Hühnergarten machen – vom Wäscheaufhängen, über das Holzspalten, die Apfelernte, das Schreiben eines Manuskriptes oder das gemütliche Lesen eines Buchs – machen wir nicht allein. Hühner sind domestizierte, neugierige und soziale Wesen. Bei aller Einfachheit und Unreflektiertheit, die wir in diesen Tieren sehen können, steckt doch auch eine große Zutraulichkeit gegenüber dem Menschen. Bald schon werden sich die Hühner um uns gesellen und in unserer Nähe scharren, ruhen und uns beobachten.

Diese Zutraulichkeit macht es möglich, Hühner als „therapeutische Tiere" zu nutzen. Das Erlernen von Verantwortung unter anderem für die Kinder (Tagesablauf eines Huhns, Füttern, Einstallen, Nutzung), das Beobachten der Tiere als Form der Meditation und der Besinnung, das Nutzen der Hühner als Anker der Erinnerung im Bereich der Kranken- und Seniorenpflege. Zudem sind Hühner Anziehungspunkte und Treffpunkte. Eltern, die von ihren Kindern permanent zum Hühnerhof gezogen werden, lernen andere Familien kennen und werden nicht selten mit ihrer bisher verschwiegenen Angst vor dem Hühnerschnabel konfrontiert. Auch wenn es belächelt wird, das schreckhafte und scheue Huhn ist ein gutes Objekt, um an ihm zu lernen. Das Eierpflücken unter einer gurrenden Henne, das Konfrontieren der futtergefüllten Hand mit einem kraftvollen Schnabel, das unberechenbare Aufgackern und Auseinanderstieben der Hühnerschar im Schreck.

INFO!

Hühner erfüllen all diese Aufgaben – bewusst oder unterbewusst – mit Bravour.
Sie sind eine Bereicherung und ein Muss, für jeden.

Krankheiten

Auch bei Hühnern gilt das Prinzip des Beobachtens. Nicht jede Auffälligkeit ist sofort eine Krankheit. Mit einem bewussten und zugleich gelassenen Blick sollte die Hühnergruppe stets im Auge behalten werden. Es ist nicht immer gleich der schlimmste Fall, der eintritt; daher ist Gelassenheit eine wichtige Regel. Der zweite Blick sollte dann die richtigen Schlüsse ziehen. Ein krankes Huhn erkennt man meist daran, dass es sich von den übrigen absondert, kaum noch frisst und trinkt oder aber nur noch bei der Futter- und der Wasserstelle steht. Häufig sitzt es mit aufgeplustertem Gefieder und hängenden Flügeln teilnahmslos irgendwo im Garten oder im Stall herum, meist an einem schattigen, dunklen Platz. Der Glanz des Gefieders ist verschwunden, die Klarheit der Augen ist getrübt. Die Atmung ist wahrnehmbar, Ausfluss aus den Augen, der Nase und dem Schnabel ist zu sehen. Vom Durchfall ist das Gefieder verschmutzt, hauptsächlich um die Kloake. Das alles sind Anzeichen für ein kränkelndes, wenn nicht sogar sehr krankes Huhn, das der Hilfe des Tierarztes bedarf.

Für jeden Hof und Garten sind die Ostfriesischen Möwen eine Zierde. Sie sind als „gefährdet" in der Roten Liste aufgeführt.

PUTEN/TRUTHÜHNER

Trotz der großen Beliebtheit des Putenfleisches wird die Putenhaltung in Literatur und Praxis teilweise als sehr empfindliche Arbeit beschrieben. Immer wieder gibt es Berichte über Antibiotika im Fleisch. Dies ist sicherlich ein Hinweis, dass manche Tierstämme von konventionellen Haltern tatsächlich belastet sind.

Generell sind Puten eine Bereicherung für den Geflügelhof, die eine gewisse Fürsorge benötigen, diese aber durch ihren imposanten Anblick und das unbelastete Fleisch wettmachen.

Auffallend sind die eckig geformten Federn der Puten.

Anatomie der Pute

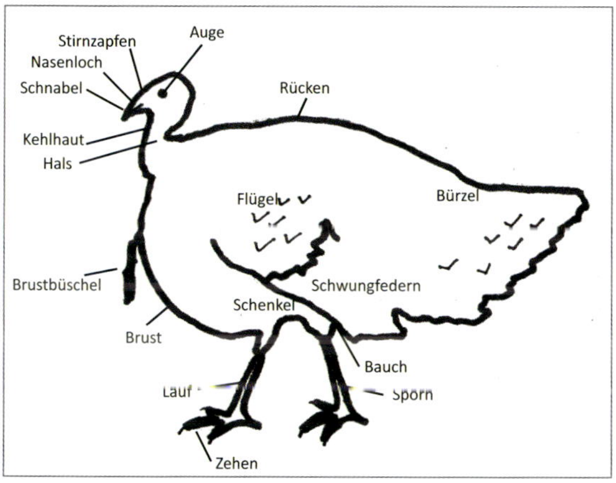

Kurzsteckbrief

- Haustruthuhn/Pute, stammt vom Wildtruthuhn (*Meleagris gallopavo*) ab
- Weiblich: Pute, Truthuhn, Truthenne; männlich: Puter, Truthahn; Jungtiere: Putenküken
- Gewicht: bis zu 15 kg (in Extremfällen bis zu 25 kg)
- Alter: 3–5 Jahre
- Mindestgruppengröße: 1 Hahn und 1 Henne
- Platzbedarf Stall pro Tier: 1 m²
- Platzbedarf Auslauf/Weide pro Tier: 10 m²
- Platzbedarf Lager: für Einstreu und Futter
- Futter: Grün- und Saftfutter, Körnerfutter

Welche Puten passen zu uns?

Bei den Puten unterscheidet man verschiedene Farbschläge sowie Größe und Gewicht. Man kann Puten in drei Gewichtsklassen unterteilen: in schwer, mittelschwer und leicht. Schwere Puten werden bis zu 15 kg bzw. im Extremfall bis zu 25 kg schwer. Als mittelschwer bezeichnet man Puten mit einem Gewicht bis zu 13 kg und als leicht gelten sie bis zu 9 kg.

Je nachdem, ob man ein möglichst großes Tier mit einem möglichst großen Schlachtgewicht haben, einen bestimmten Farbschlag besitzen oder eine bedrohte Rasse unterstützen möchte, muss man sich dementsprechend für eine bestimmte Rasse oder auch Tiere aus unterschiedlichen Rassen entscheiden. Im Folgenden sind die laut *GEH, Pro Specie Rara* und *Arche Austria* gefährdeten Rassen kurz beschrieben, um einen Einblick zu erhalten.

Rassen

Bronzeputen

Bronzeputen haben schwarzes Gefieder mit einem starken Bronzeglanz, der in allen Regenbogenfarben schillert. Der Kopf ist nackt, hat eine blaue Färbung und ist dicht mit roten Fleischwarzen besetzt. Der Rumpf ist kräftig und langgestreckt.

Die Hähne erreichen ein Gewicht von 9 bis 15 kg, die Hennen von 6 bis 8 kg. Damit gehören sie zu den schweren Puten.

Bronzeputen sind robuste Landschlag-Puten und durch ihre Vitalität, gute Beweglichkeit, hohe Fleischqualität und geringe Krankheitsanfälligkeit sehr gut für die Freilandhaltung geeignet. Sie liefern sehr zartes Fleisch, legen 20 bis 50 Eier im Jahr und gelten als zuverlässige Brüterinnen. Auch andere Geflügeleier werden von ihnen ausgebrütet.

Dass der Truthahn ein besonderes Festmahl krönt, zeigt seine Seltenheit auf dem gesunden Hof. Keine Massentierhaltung, die Antibiotikaresistenzen erzeugt, sondern zwei stolze Truthähne spazieren munter in der Hühnerschar und beeindrucken durch das Plustern und Gebaren. Sie sind die Schmankerl einer Kleinviehhaltung. Optisch und kulinarisch.

Deutsche Puten

Diese Rasse gibt es in verschiedenen Farbschlägen und Gewichtsklassen. Im Bereich der leichten Puten sind die Farbschläge Blau, Rot, Gelb und Kupferfarbig vertreten. Rotflügel, Bourbon und Schwarz zählen zu den mittelschweren und Bronzefarbig, Weiß und Schwarzflügel gehören zu den schweren Puten.

Allgemein haben sie einen langgestreckten Rumpf und sind besonders im Schulterbereich kräftig und breit. Der lange Rücken ist von den Schultern bis zum Schwanz sanft abfallend. Der Kopf ist nackt, blau und dicht mit roten Fleischwarzen besetzt. Die Hähne weisen eine Befiederung über den Scheitel auf.

Deutsche Puten gelten als ausgesprochen robust und brütig.

Cröllwitzer Puten

Die Grundfarbe der Cröllwitzer Puten ist Weiß. Der Hals ist reinweiß befiedert, bei den Hähnen manchmal auch leicht gesäumt und ab Brust und Rücken haben die Federn am Ende einen schwarzen Saum. Die Brustzeichnung des Hahnes wirkt schuppenartig, bei den Hennen ist diese weniger ausgeprägt. Die Schwanzfedern sowie die großen Schwanzdeckfedern besitzen ein schwarzes Querband mit einem breiten weißen Endsaum. Cröllwitzer Puten haben schwarzgraue Handschwingen mit weißem Kiel und weißen Armschwingen, bei denen die Außenfahnen am Ende schwarz auslaufen. Die Läufe sind fleischfarbig bis rot.

Cröllwitzer Puten legen 20 bis 40 Eier im Jahr und gelten als zuverlässige Brüterinnen, auch von anderen Geflügeleiern. Sie gehören zu den leichten Puten und erreichen ein Gewicht von 4 bis 5 kg bei den Puten und 7 bis 8 kg bei den Hähnen. Ihr Fleisch ist feinfaserig und wohlschmeckend. Aufgrund ihrer geringen Größe werden sie als „Portionsputen“ bezeichnet.

Sie sind in der Haltung sehr unkompliziert und nutzen die Weide intensiv.

Blaue Puten

Blaue Puten gehören zu den mittelschweren Puten, sind aber dennoch sehr lebhaft. Sie haben ein einheitlich, gleichmäßig hell- oder dunkelblaues Gefieder mit manchmal verstreut auftretenden schwarzen Punkten. Manchmal gibt es auch schwarze, weiße oder rußige Tiere.

Hähne erreichen ein Gewicht von bis zu 11 kg und Hennen von bis zu 7 kg. Sie besitzen feinfaseriges, wohlschmeckendes Fleisch, sind unkompliziert zu halten, haben höhere Flugeigenschaften als Cröllwitzer Puten und sind hervorragende Naturbrüter.

Ein optisches Meisterwerk sind die Tiere in der richtigen Umgebung. Bilder aus der Massentierhaltung oder in abgeweideten Kleinstgehegen offenbaren ihre Tierunwürdigkeit beim Anblick gesunder Puten in einer wundervollen Landschaft. Licht und Struktur untermalen das Tierwohl.

Was man beim Kauf beachten sollte

Sie sollten immer auf den Gesundheitszustand des Tieres achten. Wichtig sind Gefieder, Augen, normale Bewegungen, ein nicht zu blasser Teint und ein ausgewogenes Verhalten. Sollten Sie sich selbst nicht auskennen, suchen Sie sich jemanden, der Ihnen behilflich sein kann. Am besten kaufen Sie Ihre Tiere bei einem seriösen Züchter.

CHECKLISTE! Stall, Auslauf, Weide

Stall
- ❑ 1 m² pro Tier
- ❑ wasserbindende Einstreu
- ❑ Futterstelle
- ❑ Tränke
- ❑ verschließbar
- ❑ trocken
- ❑ zugluftfrei
- ❑ Nesthöhlen 60 x 60 x 60 cm
- ❑ Sitzstangen (70 cm pro Tier, 8–10 cm Durchmesser)
- ❑ ebenerdiger Eingang 40 x 40 cm

Auslauf
- ❑ teilüberdachte Voliere
- ❑ Sandbad
- ❑ Futterstelle
- ❑ Tränke
- ❑ 10 m² pro Tier

Weide
- ❑ so groß wie möglich
- ❑ täglich benutzbar
- ❑ 100 m² für das erste Paar + 10 m² für jede weitere Henne
- ❑ 2 m Zaun
- ❑ Futterstelle
- ❑ Tränke
- ❑ Bäume und Sträucher
- ❑ artenreicher Saum
- ❑ geschlossene Grasnarbe

Gesundes Umfeld sorgt für gesunde Tiere. Vielfalt hält das Vieh gesund.

Ein schöner Trupp gesellt sich harmonisch zu den anderen Tieren des Hofs.

Stall

Puten benötigen einen recht einfachen Stall mit Sitzstangen. Diese sollten 8–10 cm Durchmesser haben und pro Tier 70 cm Länge bereitstellen. Pro Pute rechnet man mit einem Quadratmeter Stallgrundfläche. Fein gehäckseltes Stroh oder grobe Hobelspäne dienen als Einstreu. Puten sind winterhart und demnach mit einem unbeheizten, aber zugluftfreien, hellen und trockenen Stall zufrieden.

Da Puten gerne in der Natur brüten, sollten die Nester wie kleine Verstecke aussehen. Hierfür eignen sich Nestkästen aus Holz mit den Abmessungen 60 x 60 x 60 cm und einem frontalen Schlupfloch von ungefähr 40 x 40 cm.

Auslauf/Weide

Wichtig ist ein großer Auslauf mit geschlossener Grasnarbe. Pro Tier sollte der Auslauf etwa 10 Quadratmeter groß sein. Eine Weide oder ein Obstgarten mit hohen Bäumen ist ideal. Der Zaun sollte zwei Meter hoch sein, da Puten gerne auch mal ihre Flugfähigkeit nutzen.

Auch Puten nutzen alle Ressourcen, die ein vielfältiger Geflügelhof bietet.

Fütterung

Der freie Auslauf ist die beste Fütterungsergänzung. Eine Körnerfütterung rundet das Angebot ab, sofern der Auslauf vielfältig ist. Eine Weide, ein Stoppelacker oder eine Waldweide sind ideal geeignet. In der Mastphase werden geschroteter Weizen und Maiskörner sowie Erbsen und Raps oder gekochte Kartoffeln als Zufütterung verwendet. Außerdem ist Grün- und Saftfutter wie kleingehackte Brennnesseln, Kopf- und Feldsalat, Schnittlauch, Löwenzahn, blaue Luzerne und feine Möhren- und Rübenschnitzel wichtig für den Mineral- und Vitaminhaushalt der Tiere. Die Tiere benötigen ungehinderten Zugang zu frischem und sauberem Trinkwasser.

INFO! Allgemeine Fütterungshinweise

- Befestigter Futterplatz.
- Futter auf mehrere Stellen verteilen, damit rangniedrigere Tiere auch zum Zug kommen und ihre Ration erhalten.
- Auf Reinlichkeit achten.
- Täglich nach dem Wasser schauen; besser zweimal als einmal. Jeden Tag frisches Wasser geben und die Tränke sauber halten.
- Einen größeren persönlichen Freiraum hat jener, der Futterautomaten und Selbsttränker aufstellt.
- Ständiges Vorhandensein von Futter zieht aber Mäuse, Ratten und Vögel an.

Info – Futter

kleingehackte Brennnesseln
Kopf- und Feldsalat, Schnittlauch
Löwenzahn, blaue Luzerne
feine Möhren- und Rübenschnitzel
geschroteter Weizen, Maiskörner, Erbsen, Raps
gekochte Kartoffeln als Zufütterung in der Mastphase

Optisch und geschmacklich bereichern Puten die Vielfalt der Produkte eines Kleinviehhofs.

Pflege

CHECKLISTE! Pflegeplan

Täglich:
- ❑ Futterstelle säubern
- ❑ füttern
- ❑ Wasser erneuern
- ❑ Kontrolle, ob es allen Tieren gut geht und alle leben
- ❑ Kontrolle des Stalles und des Auslaufs
- ❑ Eier einsammeln

Regelmäßig:
- ❑ Kontrolle der Krallen
- ❑ Kontrolle des Gefieders
- ❑ Tierpflege
- ❑ kehren
- ❑ misten

Bei Bedarf:
- ❑ Nester säubern und erneuern
- ❑ Sandbad putzen und erneuern
- ❑ desinfizieren mit biologischen Mitteln (nur im äußersten Notfall)

Puten kümmern sich im Großen und Ganzen selbst um ihre Pflege. Man sollte ihnen nur etwas behilflich sein, indem man für einen sauberen Stall und Auslauf sorgt und ihnen ein Sandbad ermöglicht. Eine Kontrolle der Krallen und des Gefieders sollte regelmäßig stattfinden.

Die wärmende Mauer sorgt für ein gutes Brutklima. Zudem schützt sie vor Zugluft.

Vermehrung (Aufzucht)

Puten haben einen ausgeprägten Bruttrieb und Muttereigenschaften. Dennoch sollten sie nicht zu viele Eier ausbrüten, 15 bis 20 Eier pro Henne genügen.

Die Putenküken schlüpfen nach einer Brutdauer von 28 Tagen. Zu Beginn sind die Küken sehr empfindlich. Daher empfiehlt es sich, die Küken in einem separaten Stall oder abgetrennten Teil des Stalles zu halten. Der Stall muss unbedingt zugluftfrei und warm genug (etwa 26 °C) sein. Frische, sauerstoffreiche Luft ist dennoch sehr wichtig, damit die Küken genügend trinken und fressen. Auch laute Geräusche und hektische Bewegungen sind zu vermeiden, um nicht unnötig Stress bei den Küken auszulösen. Haben die Küken die ersten vier Wochen gut überstanden, sind sie aus dem Gröbsten raus und jetzt ein wenig stressresistenter.

Die Hennen führen ihre Küken vorbildlich. Potentielle Feinde werden energisch abgewehrt.

Verwertung

Fleischgewinnung/Schlachtung

Putenfleisch ist fett- und kalorienarm und dabei noch proteinreich. Es enthält Vitamin B_6 und B_{12} sowie Magnesium, Kalium, Zink und Eisen. Daher wurde es als alternativ zum „fetten" Schweinefleisch immer beliebter. Die Schlachtung verläuft ähnlich wie bei Hühnern und kann im Hühnerkapitel, S. 92 ff., nachgelesen werden.

Krankheiten

Zur Krankheitsvorbeugung ist ein trockener, zugluftfreier und sauberer Stall das A und O. Sollten Ihnen irgendwelche Verhaltensänderungen oder Unregelmäßigkeiten an den Tieren auffallen, ziehen Sie einen Tierarzt hinzu.

Die Farbunterschiede der Gesichtsbehänge zeugen von unterschiedlicher Erregung. Der Hahn im Vordergrund ist demnach aktiv mit der Bewachung und dem Beeindrucken seiner Hennen und Mitbewerber beschäftigt.

Auch Perlhühner und Puten vertragen sich bei ausreichendem Auslauf gut.

WACHTELN

Diese kleine Geflügelart ist mit wenig Platz und Aufwand gut zu halten und liefert zudem dekorative und schmackhafte Eier sowie feines Fleisch. Sowohl Eier als auch Fleisch gelten als Delikatesse.

Kurzsteckbrief

- Als Nutzgeflügel werden die Japanischen Wachteln *(Coturnix coturnix japonica)* gehalten
- Weiblich: Wachtelhenne, männlich: Wachtelhahn, Jungtiere: Wachtelküken
- Gewicht: bis zu 300 g
- Alter: 3–5 Jahre
- Mindestgruppengröße: 1 Hahn und 1 Henne
- Platzbedarf Stall pro Tier: 0,2 m^2
- Platzbedarf Auslauf/Weide pro Tier: mindestens 0,2 m^2
- Platzbedarf Lager: für Futter, Einstreu und Heu für die Nester
- Futter: Weizen, Hafer, Mais- und Erbsenschrot, Grünfutter

Anatomie der Wachtel

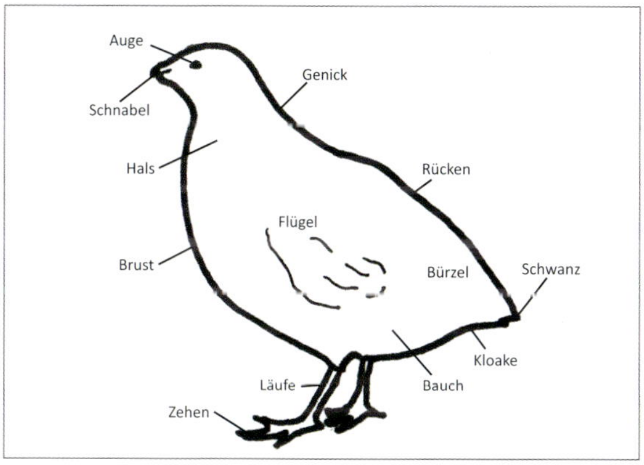

Wachteln sind klein und flink. Ihre Tarnung macht sie in freier Wildbahn nahezu unsichtbar.

Welche Wachteln passen zu uns?

Bei den Wachteln wird lediglich zwischen Lege- und Mastwachteln unterschieden. Entscheidend bei der Auswahl der Wachteln ist also, ob man es auf die Eier oder das Fleisch der Tiere abgesehen hat. Es handelt sich aber bei beiden Richtungen um Zweinutzungstypen, welche dann entsprechend auf Legeleistung bzw. Fleischansatz gezüchtet wurden.

Rassen

Mastwachteln erreichen ein Gewicht von etwa 250 bis 300 g und sind damit rund doppelt so schwer wie die 120 bis 150 g leichten Legewachteln. Die Hähne sind bei den Wachteln etwas kleiner als die Hennen. Legewachteln liefern 250 bis 300 Eier pro Jahr.

Wachteln gibt es in unterschiedlicher Färbung von Weiß über Silber, Isabellfarbig und Wildgrau bis Blaugrau.

Was man beim Kauf beachten sollte

Wie bei anderen Geflügelarten sollten Sie beim Kauf auf den Gesundheitszustand der Tiere achten. Das Gefieder, die Augen, das Verhalten und die Ausscheidungen geben oft Aufschluss über den Gesundheitstand.

Stall

Der Stall muss zugluftfrei, sauber und trocken sein und einen niedrigen Futter- und Wassertrog beinhalten.

Verschiedene Wildarten werden als Ziervögel gehalten. Eine wirkliche Domestikation findet jedoch nicht statt, was eine gute Umhegung in Stall und Auslauf erfordert.

Eine scharrfreundliche Einstreu ist artgerecht.

CHECKLISTE! Stall, Auslauf, Weide

Stall
- ❑ 0,2 m² Stallfläche pro Tier
- ❑ Nischen und Sichtschutz
- ❑ Zweige
- ❑ Sand
- ❑ Futterstelle
- ❑ Tränke
- ❑ verschließbar
- ❑ trocken
- ❑ zugluftfrei

Auslauf
- ❑ Voliere
- ❑ Wasserbecken
- ❑ Futterstelle
- ❑ Tränke
- ❑ 0,5 m² pro Tier
- ❑ Zweige und Äste
- ❑ Nischen und Verstecke

Weide
- ❑ Freilauf nicht möglich wegen Flucht, aber in großzügig dimensionierten Volieren mit Grasbewuchs, Scharr- und Versteckmöglichkeiten und Schutz vor Regen und Sonne.

Da Wachteln nicht groß sind, reicht ein 3 m² großer Stall schon für 15 erwachsene Tiere. Pro Hahn sollten vier bis sechs Hennen gehalten werden, damit das Verhältnis stimmt. Als Einstreu dient eine dicke Schicht kleiner Holzspäne oder sehr fein gehäckseltes Stroh. Um Stress unter den Tieren zu vermeiden, sollten Sichtbarrieren geschaffen werden. Hierfür kann man etwa 50 cm lange und 15 cm hohe Bretter verwenden. Diese müssen entweder fest installiert werden oder mit standsicheren Füßen versehen sein.

Die Nester für Wachteln sollten 15 x 20 cm groß sein. Man kann hierfür auch eine lange, 20 cm breite Holzkiste verwenden und die Nester mit Brettchen in 15 cm Abständen abteilen. Die Nester streut man mit feinem Sand aus und legt ein wenig Heu hinein. Man kann auch vor dem Nest ein bis zwei Kiefernzweige anbringen, um dort einen Sichtschutz zu haben.

Auslauf/Weide

Als Auslauf dient bei Wachteln eine Voliere. Diese befindet sich optimalerweise im Osten oder Südosten, damit die Wachteln die Morgen- und Vormittagssonne nutzen können. Die Voliere muss ein- und ausbruchssicher sein, damit keine Wachtel entkommen, aber auch kein Fressfeind eindringen kann. Ein kleines Fundament bietet besonders guten Schutz. Die Voliere muss ritzenfrei auf dem Fundament befestigt sein. Auch im Bereich von Türen muss darauf geachtet werden, dass keine zu großen Spalten entstehen.

Die Voliere sollte aus sehr feinmaschigem Draht sein und auch von oben mit einem Dach oder Netz gesichert sein. Damit die Wachteln auch in der Voliere Versteckmöglichkeiten haben, ist es von Vorteil, wenn dort kleine, ungiftige Sträucher wachsen. Ansonsten muss man mit Zweigen oder Ähnlichem arbeiten.

Fütterung

INFO! Allgemeine Fütterungshinweise

- Befestigter Futterplatz.
- Futter auf mehrere Stellen verteilen, damit rangniedrigere Tiere auch zum Zug kommen und ihre Ration erhalten.
- Auf Reinlichkeit achten.
- Täglich nach dem Wasser schauen; besser zweimal als einmal. Jeden Tag frisches Wasser geben und die Tränke sauber halten.
- Einen größeren persönlichen Freiraum hat jener, der Futterautomaten und Selbsttränker aufstellt.
- Ständiges Vorhandensein von Futter zieht aber Mäuse, Ratten und Vögel an.

Das Hauptfutter für Wachteln besteht aus Hafer und Weizen sowie Mais- und Erbsenschrot. Zusätzlich sollte man ab und zu auch zerkleinerten Salat, Löwenzahn, fein geschnitzelte Möhren oder Rüben, Luzernemehl oder Molkepulver füttern. Frisches Wasser sollte immer zur Verfügung stehen.

Info – Futter
Weizen
Hafer
Mais- und Erbsenschrot
Grünfutter – zerkleinerter Salat, Löwenzahn
fein geschnitzelte Möhren, Rüben
Luzernemehl, Molkepulver

Pflege

CHECKLISTE! Pflegeplan

Täglich:
- ❑ Futterstelle säubern
- ❑ füttern
- ❑ Wasser erneuern
- ❑ Kontrolle, ob es allen Tieren gut geht und alle leben
- ❑ Kontrolle des Stalles
- ❑ Eier einsammeln

Regelmäßig:
- ❑ Sand in Nestern erneuern
- ❑ Tierpflege
- ❑ kehren
- ❑ misten

Bei Bedarf:
- ❑ desinfizieren mit biologischen Mitteln (nur im äußersten Notfall)

Zur Pflege der Wachteln gehört vor allem das regelmäßige Ausmisten und Sauberhalten des Stalles, des Auslaufs und der Futter- und Trinkeinrichtungen. Vor allem den Sand in den Nestern sollte man etwa alle sechs Wochen wechseln.

Vermehrung (Aufzucht)

Eine Wachtelhenne sollte nicht mehr als 10 bis 12 Eier bebrüten, um eine optimale Brut zu ermöglichen. Nach etwa 17 bis 18 Tagen schlüpfen die Küken, die sehr wärmebedürftig sind. Neben der

Das Reisig und die Höhle kommen dem natürlichen Umfeld der Wachtel recht nahe. Gerne verstecken sich die Tiere, da in freier Wildbahn Greifvögel eine große Gefahr darstellen.

Wärme der Mutter sollte auf einen warmen Stall geachtet werden. Die Wachtelküken haben in den ersten Wochen einen sehr hohen Eiweißbedarf.

Verwertung

Fleischgewinnung/Schlachtung

Obwohl oder gerade weil Wachteln nicht viel Fleisch liefern, gilt dieses als Delikatesse. Es ist sehr zart und hat einen leichten Wildgeschmack. Die Schlachtung verläuft ähnlich wie bei Hühnern und kann im Hühnerkapitel, siehe S. 92 ff., nachgelesen werden.

Eiergewinnung

Die kleinen Eier der Wachteln sind sowohl mit als auch ohne Schale sehr dekorativ und gelten als Delikatesse.

Krankheiten

Achten Sie zur Krankheitsvorbeugung immer auf einen sauberen, trockenen und zugluftfreien Stall. Sollte Ihnen irgendetwas Außergewöhnliches an Ihren Tieren auffallen, kontaktieren Sie einen Tierarzt.

Wie bei allen Vögeln ist der Schnabel ein perfektes Werkzeug, um zielgerichtet Futter aus der Umgebung zu greifen.

Ein Unterschlupf reduziert den Stress, denn in einer Umgebung mit ausreichend Versteckmöglichkeiten lebt es sich entspannter.

Die Geschlechter der Wachteln unterscheiden sich optisch nur minimal. Daher wurde früher fälschlicherweise angenommen, dass der Wachtelkönig der Hahn der Wachteln ist. Diese Annahme erwies sich als falsch. Dennoch zeugen beide Arten in freier Wildbahn von einer ökologisch wertvollen und anstrebenswerten Landschaft.

PFAU

Kein Dorf sollte ohne den Ruf des Pfaus sein. Das charakteristische Rufen der Pfaue schallt über weite Entfernungen und zeigt, dass noch nicht der Verkehrslärm tonangebend ist, sondern dass es noch Menschen gibt, die Tiere im Freien halten. Der männliche Pfau, der ein Rad schlägt, beeindruckt nicht nur die weiblichen Pfaue, sondern auch jeden Besucher des Hofs.

Anatomie des Pfaus

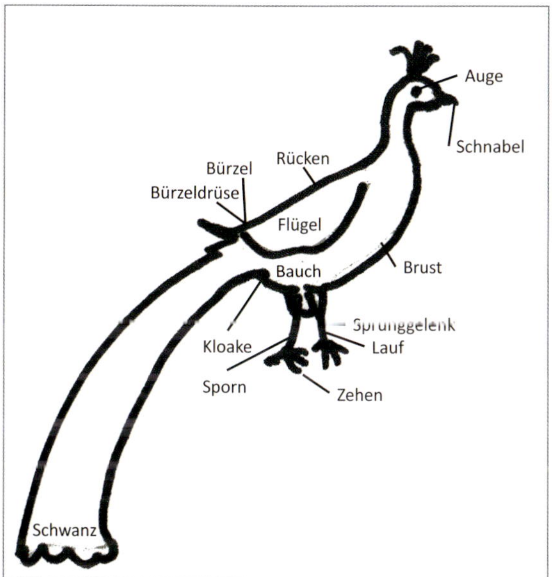

Was man beim Kauf beachten sollte

Pfaue kann man in beliebig großen Gruppen kombinieren. Die Mindestanzahl beträgt zwei. Mehrere Hähne führen dazu, dass das Balzverhalten (Radschlagen) häufiger durchgeführt wird. Pfauenhennen sind natürlich ein wenig gestresst, wenn die Anzahl der Hähne wesentlich größer ist als die Zahl der Hennen.

Kurzsteckbrief

- Pfau (*Pavo cristatus*)
- Weiblich: Henne, männlich: Hahn, Jungtiere: Küken
- Gewicht: 2,8–6 kg, Größe: etwa 2 m lang; 3 m Durchmesser des Rades
- Alter: 25–30 Jahre
- Mindestgruppengröße: 2
- Platzbedarf Stall pro Tier: 3 x 3 m pro Hahn, Sitzstange in 2 m Höhe + Flugbahn.
- Platzbedarf Auslauf/Weide pro Tier: 800 m Umfeld
- Platzbedarf Lager: Futter, Einstreu
- Futter: Sämereien, Getreide, Eiweißschmankerl, Blüten
- Besonderheiten: Bewegt sich ohne feste Grenzen im Umkreis des Hofs.

Ein Pfau bereichert jeden Hof. Sein Ruf jedes Dorf.

CHECKLISTE! Stall, Auslauf, Weide

Stall
- ❑ 9 m² pro Tier
- ❑ wasserbindende Einstreu (z. B. 20 cm gehacktes Stroh)
- ❑ Futterstelle
- ❑ Tränke
- ❑ verschließbar
- ❑ trocken
- ❑ zugluftfrei
- ❑ Sitzstangen mit ausreichendem Anflugraum

Auslauf
- ❑ teilüberdachte Voliere
- ❑ Sandbad
- ❑ Futterstelle
- ❑ Tränke
- ❑ 20 m² pro Tier

Weide
- ❑ so groß wie möglich
- ❑ täglich benutzbar
- ❑ Grenzen sind kaum möglich
- ❑ Zaun
- ❑ Futterstelle
- ❑ Tränke
- ❑ Bäume und Sträucher
- ❑ artenreicher Saum

Stall

Pfaue orientieren sich gerne an Hühnern und anderem Geflügel auf dem Bauernhof. Sollte ihm der Stall nicht zusagen, so übernachtet der Pfau auf Bäumen oder sogar auf dem Hausdach. Pfaue suchen ihren Schlafplatz erst in der Dämmerung, daher gehen sie nicht in einen Stall, der zu diesem Zeitpunkt bereits dunkler ist als das Außenlicht. Da Pfaue standorttreu sind, ist das kein großes Problem. Die Kopf-Schwanz-Länge eines Pfaus erfordert eine gewisse Mindestgröße des Stalls.

Ein nachts geschlossener Stall mit daran gewöhntem Pfau ist optimal, da so der Ruf des Pfaus besser dosiert werden kann. Eine Grundfläche von 3 x 3 Metern wird benötigt, damit der Pfau seinen Schwanz nicht beschädigt. Da Pfaue im

Pfaue sind die Diamanten eines Hofs. Anmutig, auffallend und distanziert beeindrucken sie jeden Besucher. Sie wirken auf uns Menschen stolz und schönheitsbewusst.

Das Balzverhalten mit den raschelnden Federn beeindruckt die Hennen. Schnell wird man merken, dass für den Menschen dadurch keine Gefahr ausgeht, wenn auch die schiere Größe so manches Kind hinter die Eltern treibt.

Pfaue integrieren sich in die bunte Geflügelschar mustergültig. Dennoch geht der Pfau stets seine eigenen Wege und kennt auch kaum Grenzen.

Das Blau des Hahns ist kaum zu imitieren und zu übertreffen

Stall gerne hoch sitzen (2 m), ist auch der Platz zum Herabfliegen zu berücksichtigen, damit keine Verletzungen entstehen. Glasscheiben sollten von einem Pfau nicht angeflogen werden, da das für den Pfau oft tödlich endet und auch die Scheibe leidet. Eine Voliere ist in jedem Fall von Vorteil. Während der Eingewöhnung, der Brut, der Kükenphase und anderen Unvorhersehbarkeiten können so die Pfaue an die frische Luft. Einen Auslauf ersetzt das jedoch in keinem Fall.

Auslauf/Weide

Pfaue brauchen einen großen Auslauf und sind ansonsten völlig anspruchslos. Sie leben auf jedem Hof einfach mit und sind sehr anhänglich und gesellig. Pfaue kann man ganzjährig im Freien halten. Es ist naheliegend, dass ein schmutziger und schlammiger kleiner Auslauf negativ auf die Schwanzfedern wirkt. Bei einer ausreichenden Größe fällt dieses Problem weg. Der Radius eines Pfaus beträgt im Extremfall etwa einen Kilometer. Dadurch, dass Pfaue sehr gut fliegen und klettern können, trifft man sie überall. In dichter besiedelten Regionen besuchen Pfaue somit auch die Nachbarn und sitzen auf deren Dach oder Balkon. Pfaue werden jedoch meist lieber gesehen als eine Schar wilder Hühner. Durch das Anfüttern am Stall verstärkt man die Bindung zum eigenen Garten.

Fütterung

INFO! Allgemeine Fütterungshinweise

- Befestigter Futterplatz.
- Futter auf mehrere Stellen verteilen, damit rangniedrigere Tiere auch zum Zug kommen und ihre Ration erhalten.
- Auf Reinlichkeit achten.
- Täglich nach dem Wasser schauen; besser zweimal als einmal. Jeden Tag frisches Wasser geben und die Tränke sauber halten.
- Einen größeren persönlichen Freiraum hat jener, der Futterautomaten und Selbsttränker aufstellt.
- Ständiges Vorhandensein von Futter zieht aber Mäuse, Ratten und Vögel an.

Pfaue ernähren sich in der Freiheit selbst. Man ergänzt dieses Futterangebot, da man so eine

Mit dem feinen Schnabel ist das Aufsuchen von Körnern und Insekten ein Kinderspiel.

engere Beziehung aufbaut. Körnerfutter (Samen) und andere Wildvogelmischungen schmecken den Tieren meist sehr gut. Schnell wird man merken, was für einen Pfau als Delikatesse zählt, und kann hiermit die Tiere locken und konditionieren.

Info – Futter
Sämereien
Getreide
Eiweißschmankerl
Blüten

Pflege

CHECKLISTE! Pflegeplan

Täglich:
- ❏ Futterstelle säubern
- ❏ füttern
- ❏ Wasser erneuern
- ❏ Kontrolle, ob es allen Tieren gut geht und alle leben
- ❏ Kontrolle des Stalles

Regelmäßig:
- ❏ kehren
- ❏ misten

Bei Bedarf:
- ❏ desinfizieren mit biologischen Mitteln (nur im äußersten Notfall)

Es ist schwierig, Pfaue zu fangen. Daher ist eine Ferndiagnose oft der einzige Kontakt zum Tier. Eine sichere Auskunft über eine mögliche Erkrankung bietet die Kotanalyse. Diese gibt bei Verdachtsmomenten viel Aufschluss über mögliche Erkrankungen.

Immer wieder kommt es vor, dass sich der Fuchs sogar bei Tag einen Pfau holt.

Vermehrung (Aufzucht)

Pfauenhennen brüten gerne und gut. Eine Kiste mit Reisig und etwas abseits ist als Nest hervorragend geeignet. Es ist dabei sicherzustellen, dass kein Fuchs, Marder oder eine Ratte an das Nest gelangen kann. Nach 28 Tagen schlüpfen die Kleinen, die sich bald nach Geschlecht unterscheiden lassen. Die Mutter führt die Jungen bis zur nächsten Brut im Folgejahr.

Nässe, Kälte, Zugluft und Verschmutzungen sorgen für viele Ausfälle bei den Pfauen. Daher sollte die Aufzucht immer gut behütet sein und nur bei warmem und trockenem Wetter erfolgen. Zu dichter Kontakt mit anderem Geflügel und deren Schmutz schadet den Tieren zusätzlich. Nach zwei bis drei Monaten werden die Jungtiere deutlich stabiler und widerstandsfähiger.

Weibliche Pfaue kümmern sich gut um die Kleinen. Bei einem vorhandenen Markt sind Pfaue wertvoll zu handeln.

Die Details des Gefieders sollten jeden Menschen dazu bewegen, eine Pause einzulegen und sich dem Genuss dieser Schönheit hinzugeben. Pausen sind gesund und schützen unsere Umwelt vor Übereifer. Bänke und Sitzplätze im Pfauenrevier sind daher unumgänglich.

Verwertung

Grundsätzlich sind Pfaue essbar. In Mitteleuropa ist die Verwertung als Fleischlieferant jedoch nicht weit verbreitet. Adelsmonopole schützen Pfau und Schwan in unseren Breiten. In Persien und dem Nahen und Mittleren Osten gelten Pfaue als Delikatesse.

Krankheiten

Wie bei allen Geflügelarten gibt es eine Reihe von Krankheiten, die sich ein Pfau einfangen kann. Achten Sie vor allem auf Hygiene und frische Luft. Falls Ihnen etwas Ungewöhnliches an Ihrem Pfau auffallen sollte, wenden Sie sich an andere Halter oder den Tierarzt.

Besonderheiten

Der Ruf des Pfaus ist an die ursprüngliche Heimat angepasst. So kann ein Männchen über mehrere Kilometer mit Weibchen kommunizieren und hält dann den Kontakt durch wiederholtes Rufen aufrecht. Somit ist der Ruf des Pfaus ein Geräusch, das das Ortsbild prägen wird.

Pfaue leben wild in Indien und Sri Lanka. Auch in Myanmar, aber dort drohen sie auszusterben.

Eine auch für den Menschen beeindruckende Balzvorführung ist das Rad des Hahns.

ENTEN

Enten sind durch ihre Präsenz sehr stark im Leben des Menschen verankert. Ob beim Parkspaziergang in der Stadt oder beim Besuch von natürlichen Gewässern. Viele Arten lassen sich recht einfach beobachten. Besonders spannend ist es, dass die Stockente als bekannteste Entenart Europas domestiziert wurde und in vielen Ländern in unterschiedlichen Rassen als Haustier gehalten werden kann. Die größte Besonderheit der Stockente ist es, dass sie sich sowohl im Wasser als auch auf dem Land ernähren kann, was nicht vielen Arten möglich ist.

Enten bezaubern viele Menschen durch ihr Gesicht, das für uns oft als freundliches Lächeln interpretiert wird. Diese andauernde Freundlichkeit hat eine enge Beziehung zu den Menschen geschaffen, die nicht zuletzt durch die Eier und das wohlschmeckende Fleisch abgerundet wird.

Enten wirken auf uns Menschen oft lächelnd.

Kurzsteckbrief

- Hausente, stammt von der Stockente (*Anas platyrhynchos*) und der Moschusente (*Cairina moschata*) ab
- Weiblich: Ente; männlich: Erpel; Jungtiere: Küken
- Gewicht: 1,5–5 kg
- Alter: bis zu 10 Jahre
- Mindestgruppengröße: 1 Erpel und 2–4 Entendamen; nicht mehr als 20 Tiere
- Platzbedarf Stall pro Tier: ca. 0,5 m^2 (bei täglichem Auslauf)
- Platzbedarf Auslauf/Weide pro Tier: ca. 400 m^2 pro Entenpaar
- Platzbedarf Lager: Stroh und Futter
- Futter: Weidemöglichkeit und Naturteich oder Grundfutter aus gequetschtem Hafer, Maiskörnern, gekochten Kartoffeln und Kleie sowie Grünfutter und Nahrungsreste
- Besonderheiten: Immer Schwimmgelegenheit – Zugang zu Wasser

Anatomie der Ente

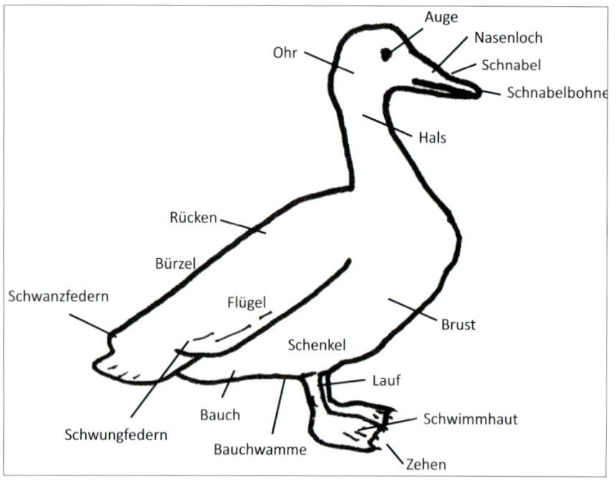

Welche Enten passen zu uns?

Bei der Frage für welche Entenrasse man sich entscheiden soll, hilft es zu überlegen, wie viel Platz und wie viel Wasser man hat sowie welchen Nutzen man erwartet.

Beim Platz gilt in der Regel, dass man für schwere Rassen weniger Auslauf benötigt wie für leichte Rassen. Wasser sollte auf jeden Fall immer vorhanden sein; die Größe hängt dann von der Anzahl der Tiere ab. Beim Nutzen sollte man sich überlegen, ob man die Enten wegen des Fleisches und der Eier, zum Zwecke der Schädlingsbekämpfung oder zum Erhalt gefährdeter Rassen hält.

Wenn Sie sich diese Fragen beantwortet haben, können Sie bei den folgenden Rassebeschreibungen die passende Rasse finden.

Rassen

Entenrassen lassen sich je nach Nutzung in vier Gruppen unterteilen: Legeenten, Fleischenten, Zweinutzungsenten sowie Zwerg- und Zierenten. Im folgenden Abschnitt werden nur Rassen aufgeführt, die laut *GEH, Pro Specie Rara* und *Arche Austria* als gefährdet gelten.

Fleischenten

Aylesburyenten

Die Aylesburyente hat ein reinweißes Gefieder und einen langen Kopf mit langem rosafarbigem Schnabel. Die Erscheinungsform soll massig, breit, aber nicht plump sein, insgesamt eine feingegliederte Ente mit waagrechter Haltung.

Erpel haben meist ein Gewicht von 4,5 bis 5,5 kg und Enten von 4 bis 5 kg.

Die Aylesburyente liefert hervorragendes Fleisch und ist gut für den Nebenerwerb geeignet, da sie bereits nach kurzer Zeit ein hohes Gewicht erreicht.

Der Bruttrieb ist gering.

Deutsche Pekingenten

Die Farbe der deutschen Pekingente ist Weiß mit einem möglichst gleichmäßigen Anflug von Gelb. Ihre Haltung ist aufrecht und sie besitzt einen massiven, rechteckigen Körper mit angezogenem Hinterteil. Breite Backen, eine volle Stirn sowie ein waagrecht eingebauter, kurzer Schnabel vollenden das Bild.

Der Erpel erreicht ein Gewicht von 3,5 kg und die Ente von 3 kg.

Die Deutsche Pekingente ist wetterhart und liefert eine vorzügliche Fleischqualität von besonderer Schmackhaftigkeit. Pro Jahr legt eine Ente 50 bis 60 Eier mit einem Gewicht von etwa 70 g und weiß-gelblicher Schalenfarbe.

Der Bruttrieb ist gering.

Rouenenten

Die Rouenente ist im Vergleich zu anderen Rassen eine eher große Ente, die dennoch eine edle Form hat. Sie besitzt einen langen, tiefen Rumpf mit leicht gebogenem Rücken und hervorspringender, voller Brust. Ein charakteristisches Merkmal ist die rechteckige Form und der von der Brust bis zum Hinterteil verlaufende, deutlich ausgeprägte Kiel. Es gibt einen wildfarbenen und einen blau-wildfarbenen Typ.

Die Rouenente hat ein ruhiges, zahmes und genügsames Wesen. Sie hat ein Schlachtgewicht von etwa 3,5 kg bzw. der Erpel etwas mehr und liefert zwar dunkleres, aber äußerst schmackhaftes und saftiges Fleisch. Die Ente legt pro Jahr etwa 80 Eier mit einem Gewicht von etwa 80 g.

Sie hat einen guten Bruttrieb.

Zweinutzungsrassen

Orpingtonente

Das ledergelbe Gefieder mit hellem Untergefieder zeichnet diese wetterharte und raschwüchsige Rasse aus. Der Erpel hat einen dunkelbraun gefärbten Kopf. Die halb aufgerichtete Körperhaltung ist charakteristisch für die Orpingtonente.

Sie liefert sowohl besonders zartes und saftiges Fleisch als auch sehr schmackhafte Eier. Eine Ente hat ein Gewicht von 2,5 kg und ein Erpel von 3 kg. Im Jahr legt eine Ente 80 Eier mit jeweils einem Gewicht von 70 g.

Sie hat einen guten Bruttrieb.

Landente

Die Landente ist eine mittelgroße Ente mit einer fast waagrechten Haltung und s-förmigem Hals. Es gibt sie glattköpfig oder mit einer auf dem Hinterkopf sitzenden Haube. Die ursprünglichen Farbschläge sind Weiß, Blau, Gelb, Schwarz, Schwarz-Gescheckt, Schwarz mit weißem Latz, Wildfarbig und Wildfarbig-Gescheckt.

Die Ente erreicht ein Gewicht von 2 kg und der Erpel von 2,5 kg. Sie legt Eier mit weißer, selten auch grünlicher Farbe und 60 g Gewicht.

Die Landente gilt als zutrauliches, lebhaftes und sehr geselliges Tier, das gerne den Auslauf nutzt und einen sehr guten Bruttrieb hat.

Pommernente

Charakteristische Merkmale der Pommernente ist der lange, tiefe und breite Körper ohne Kielbildung und ein langer Kopf mit flacher Stirn. Sie hat festanliegende, straffe Federn. Es gibt sie in Blau und Schwarz mit weißem Latz an Vorderhals und Kropf. Der Erpel erreicht ein Gewicht von 3 kg und Enten von 2,5 kg. Die jährliche Legeleistung beträgt 70 bis 90 Eier, wobei Spitzentiere sogar bis zu 120 Eier legen. Die Eier haben eine blaugrüne Farbe.

Die Pommernente hat einen guten Bruttrieb.

Was man beim Kauf beachten sollte

Beim Kauf von Enten sollte man vor allem auf den Gesundheitszustand und die Gesamterscheinung der Tiere schauen. Wichtig sind hier immer saubere Augen, ein sauberer, trockener Schnabel und kein flüssiger oder blutiger Kot. Falls die Tiere übermäßig viel Kot absetzen, ist dies im Normalfall nur ein Zeichen von Angst.

Einzelne Tiere sollten nicht gekauft werden, außer Sie wollen eine bestehende Gruppe erweitern. Ansonsten sollte immer mindestens ein Paar gekauft werden, welches nicht verschwistert ist.

Es ist an der Zeit, das Enten-Dasein auf dem Bauernhof und im Dorf wiederzubeleben. Auf dem Weg zum Bad im Dorfteich vertilgen sie auch die überhandnehmenden Schnecken. Sie legen bis zu 300 Eier im Jahr und geben auch Daunen für die Federbetten. Der moderne, geteerte, gepflasterte und versiegelte Bereich im Hof hält kein Regenwasser zurück, er duldet keine frei herumlaufenden Enten, die ihn verschmutzen können. Er ist leb- und lieblos geworden.

Rassegerechte Tierhaltung ist nur gerechtfertigt, wenn nicht allzu viele Tiere pro Fläche gehalten werden. Der Tierschutz muss Vorrang vor wirtschaftlichen Interessen haben. Daher ist es besser, mehrere kleine Gruppen verstreut über ein Gebiet, d. h. auf mehrere Kleinviehhalter verteilt, zu halten.

CHECKLISTE! Stall, Auslauf, Weide

Stall	Auslauf	Weide
❑ 0,5 m² Stallfläche pro Tier	❑ Voliere	❑ so groß, wie möglich
❑ wasserbindende Einstreu	❑ Wasserbecken	❑ täglich benutzbar
❑ Futterstelle	❑ Futterstelle	❑ 400 m² pro Entenpaar
❑ Tränke	❑ Tränke	❑ Zaun
❑ verschließbar	❑ 1 m² pro Tier	❑ artgerechter Schwimmteich
❑ trocken		❑ Futterstelle
❑ zugluftfrei		❑ Tränke

Enten bereichern jedes Bild. Sie sind dort passend, wo ihnen ausreichend Schwimmgelegenheit zur Verfügung steht.

Stall

Pro erwachsene Ente rechnet man bei täglichem Auslauf etwa einen halben Quadratmeter Fläche im Stall, wenn möglich lieber etwas mehr, vor allem für den Winter. Dieser sollte mit grob gehacktem Stroh eingestreut sein und über eine Futterstelle und Tränke verfügen. Der Stall sollte auf jeden Fall gut verschließbar, trocken und zugluftfrei sein.

Zum Brüten sollte man den Enten Nester im Stall zur Verfügung stellen. Hierfür kann man alte Obstkisten aus Holz verwenden, welche mit grob gehacktem Stroh gut ausgepolstert werden.

Enten sind gute Kükenführer. Die Fürsorge ist vorbildlich

Eine seltene Kombination: Ein sonst in den Bergen frei lebendes Schneehuhn führt drei junge Enten an. Das Ei, aus dem es geschlüpft ist, wurde der Entenglucke zusätzlich untergelegt und beide sind zur gleichen Zeit ausgebrütet worden und geschlüpft.

Auslauf/Weide

Der Auslauf sollte so groß wie möglich sein und für die Gritaufnahme mindestens eine Stelle mit feinem Kies haben. Pro Entenpaar rechnet man mit ca. 400 m^2 Auslauf. Ein 70 bis 80 cm hoher Zaun reicht meistens aus. Am besten ist eine Weide, die man mit einem versetzbaren Netzzaun parzelliert, damit sich die Weide immer wieder regenerieren kann und Krankheitserreger absterben.

Enten brauchen immer Wasser. Es wäre grausam, diese Tiere auf dem Trockenen zu halten. Fließendes, sich selbst erneuerndes Wasser ist optimal. Ein Eimer, eine Wanne oder ein zu kleiner Teich ist auf Dauer eine unzureichende Lösung.

Der Teich muss mindestens die 10-fache Körperlänge des zu haltenden Tiers haben und ausreichend tief sein, damit er nicht durchfriert. Ein kleines Gartenbiotop ist völlig ungeeignet, da es in kurzer Zeit von den Tieren verwüstet wird. Ein Schwimmteich für 10 Gänse oder Enten ist idealerweise mindestens 100 m^2 groß (10 m x 10 m) und ausreichend tief. Der tiefste Punkt entspricht mindestens zweimal der Halslänge der Tiere. So kommen sie nicht bis zum Grund und eine zu hohe Durchwühlungsfrequenz wird vermieden. Der Rand ist mit grobem Kies befestigt und ein natürlicher Zufluss, eine Wurzelraumkläranlage oder ein regelmäßiger händischer Wasserwechsel sorgt für eine saubere Qualität des Wassers.

Für ausreichend Schatten muss gesorgt werden (Bäume, Sträucher, Unterstand). Ebenso ist dauerhafter Grasbewuchs sehr wichtig.

Enten und Gänse ergänzen sich bei der Nutzung der Ressourcen

Fütterung

INFO! Allgemeine Fütterungshinweise

- Befestigter Futterplatz.
- Futter auf mehrere Stellen verteilen, damit rangniedrigere Tiere auch zum Zug kommen und ihre Ration erhalten.
- Auf Reinlichkeit achten.
- Täglich nach dem Wasser schauen; besser zweimal als einmal. Jeden Tag frisches Wasser geben und die Tränke sauber halten.
- Einen größeren persönlichen Freiraum hat jener, der Futterautomaten und Selbsttränker aufstellt.
- Ständiges Vorhandensein von Futter zieht aber Mäuse, Ratten und Vögel an. Deshalb nachts abdecken.

Der Vielfalt der Erscheinungsbilder ist keine Grenze gesetzt. Enten nutzen das zur Verfügung stehende Wasser optimal aus. Es sollte groß genug sein, das es nicht zum typischen Entensumpf verkommt.

Enten nutzen ähnlich wie Hühner die Futtereinrichtungen. Der große Unterschied ist die zusätzliche Nutzung des Lebensraums Wasser.

Die beste Form der Fütterung ist eine ausgedehnte Weidemöglichkeit und ein Naturteich, damit sich die Enten ihr Lieblingsmenü selbst zusammenstellen können. Sie fressen Wildkräuter und Gras und suchen im Teich unter anderem nach Laich, Wasserflöhen, Mückenlarven und Wasserlinsen, die auch als Entengrütze bekannt sind.

Zusätzlich kann man ein Grundfutter aus gequetschtem Hafer, Maiskörnern, gekochten Kartoffeln und Kleie zusammenstellen. Auch Nahrungsreste, wie zum Beispiel Brot- und Brötchenreste, gekochte Nudeln, zerkleinerte Klöße sowie Milch- und Grießbrei, eignen sich als Entenfutter. Quark, Magermilch und Molke mögen sie besonders gern.

Im Winter sollte man darüber hinaus Grünfutter zur Verfügung stellen. Hierfür eignen sich beispielsweise Wirsing, Spinat, Mangold, Grünkohl, Salat oder auch Kürbisse, geriebene Karotten, Tomaten, Gurken, Äpfel und Weintrauben. Bei Gemüse sollte etwas Öl hinzugefügt werden, damit die fettlöslichen Vitamine aufgenommen werden können. Im Sommer geschieht dies über tierische Nahrung.

Einen erhöhten Futterbedarf haben Enten außer im Winter auch während der Brutperiode und in der Zeit der Mauser.

Info – Futter
gequetschter Hafer
Maiskörner
gekochte Kartoffeln
Kleie
Grünfutter
Nahrungsreste

Da Enten keine Zähne im Schnabel haben, ist es wichtig, darauf zu achten, dass sie ständig Zugang zu kleinen Kieselsteinen haben, sowohl im Sommer als auch im Winter. Diese Kieselsteine, die von den Enten mit der Nahrung aufgenommen werden, zerkleinern im Magen mit Hilfe der starken Muskulatur die Nahrung.

Die Farben der Enten sind vielfältig. Schwarze und weiße Farbschläge kommen in einigen Rassen vor.

Pflege

CHECKLISTE! Pflegeplan

Täglich:
- ❏ Futterstelle säubern
- ❏ füttern
- ❏ Wasser erneuern
- ❏ Kontrolle, ob es allen Tieren gut geht und alle leben
- ❏ Kontrolle des Stalles und der Zäune
- ❏ Eier einsammeln

Regelmäßig:
- ❏ Gewässer säubern
- ❏ Krallenkontrolle
- ❏ Kontrolle des Schnabels
- ❏ Tierpflege

Bei Bedarf:
- ❏ kehren
- ❏ misten
- ❏ Nester säubern und neu befüllen
- ❏ desinfizieren mit biologischen Mitteln (nur im äußersten Notfall)

Bei der Pflege von Enten sind vor allem die Krallen und der Schnabel zu beachten. Beides sollte regelmäßig auf Überlänge kontrolliert werden, da insbesondere die Krallen durch zu wenig Laufen auf hartem Untergrund oft ungenügend abgenutzt werden. Falls die Krallen zu lang sind, sollte man diese vorsichtig mit einer Klauenzange für Kleintiere kürzen. Am besten geht dies zu zweit, damit einer die Ente festhalten und der andere die Krallen kürzen kann.

Das Kürzen des Schnabels sollte so gut wie vermieden werden, im Falle eines Falles vorsichtig mit einer kleinen Feile diesen geringfügig kürzen, sodass keine Schmerzen entstehen.

Vermehrung (Aufzucht)

Wichtig ist es, darauf zu achten, dass die Enten ungestört brüten können. Daher sollte man die brütenden Enten entweder in einzelne Ställe sperren oder zumindest z. B. mit Strohballen einen Sichtschutz zu den anderen bauen. Außerdem sollten natürlich immer Wasser und Futter zur Verfügung stehen, dies aber am besten etwas entfernt vom Nest.

Dass Enten viele Freunde haben, zeigt dieser Querschnitt der ländlichen Entenhaltung. Enten schmecken zudem vorzüglich und sind sehr pflegeleicht. Optischer und kulinarischer Genuss finden hier zusammen.

Auch die Vielfalt der alten Haustierrassen mit ihrem wertvollen Genmaterial trägt zur vollen Funktionalität einer Region bei. Mit ihm gilt es, die Diversität der Eigenschaften der Tiere in die Zukunft hinüberzuretten: Eigenschaften, wie die Anpassungsfähigkeit, die Genügsamkeit, die Langlebigkeit, die Krankheitsresistenz, die hohe Fruchtbarkeit, die gute körperliche Verfassung und die einfache Einkreuzbarkeit mit anderen lokalen, irgendwo auf der Welt lebenden Rassen.

Während des Brütens steht die Ente ein- bis zweimal täglich auf und verlässt ihr Nest, um zu fressen, zu koten und sich zu putzen.

Die Brutdauer bei Enten beträgt etwa 28 Tage, kann aber je nach Rasse nochmals abweichen. Bis ein Entenküken komplett geschlüpft ist, kann es 24 Stunden dauern. Es heißt also geduldig sein und dem Küken Zeit geben. Selbst nachhelfen sollte man nicht.

Am ersten Tag brauchen die Küken noch kein Futter, da der Dottersack sie zunächst ausreichend ernährt. Später sollte man den Küken rund um die Uhr Futter zur Verfügung stellen. Hierfür geeignet sind Brotkrümel, klein gehackte Brennnessel, Grünfutter, hart gekochte und klein gehackte Eier sowie zerkleinerte Eierschalen, Magermilch, Molke oder eingedickte Milch. Weichfutter und gedämpfte Kartoffeln erweitern das Spektrum später. Sand und kleine Steinchen benötigen die Küken außerdem für ihren Magen.

Durch die Mutter lernen die Küken auf natürliche Weise, was gut für sie ist, und lernen so, auch selbst Grünzeug zu fressen oder auf die Jagd nach Regenwürmern, Schnecken und Insekten zu gehen.

Auch das Bereitstellen von Wasser für die Küken ist wichtig. Hier ist darauf zu achten, dass die Tränke hoch genug ist, damit die Küken nicht hineinsteigen, aber niedrig genug ist, damit die Küken ihren Kopf ins Wasser tunken können. Hilfreich ist ein Stein in der Mitte der Tränke, was die Küken daran hindert, hineinzusteigen.

Wann die Küken das erste Mal ins Freie dürfen, sollte man der Mutter überlassen, ihr aber auch immer die Möglichkeit geben, wieder in den Stall zurückzukehren.

Die natürliche Brut und Aufzucht ist der Kunstbrut immer vorzuziehen. Sollte es dennoch mal nötig sein, die Küken von Hand aufzuziehen, ist es vor allem wichtig, ständig eine Wärmequelle zur Verfügung zu stellen und Sicht- und Hörkontakt zu den Artgenossen zu ermöglichen, um eine Fehlprägung zu verhindern. Bei gutem Wetter kann man die Küken nach den ersten Tagen ins Freie lassen, eine Wärmequelle muss aber vorhanden sein. Außerdem sollte man den Auslauf abdecken, damit die Küken vor Feinden aus der Luft geschützt sind.

Verwertung

Fleischgewinnung/Schlachtung

Hält man Enten zum Zwecke der Fleischgewinnung, gibt es zwei verschiedene Mastformen. Im Sinne der Tierfreundlichkeit und des Tierwohls ist die extensive Weidemast der Intensivmast vorzuziehen, weshalb in diesem Buch nur auf erstere eingegangen wird.

Bei der extensiven Weidemast werden die Enten fast ausschließlich auf Weideflächen gehalten. Diese sollten groß genug sein und ausreichend Futter sowie Struktur haben. Pro Ente muss man in Deutschland 4,5 m^2 und in Österreich 10 bis 15 m^2 Weidefläche einplanen.

Diese besteht am besten aus grasreichen Wiesen, Obstbäumen und natürlichen Schwimmgelegenheiten und wird regelmäßig gewechselt. Eine Zufütterung – abgesehen von Muschelkalk – ist bei einer guten Weide nicht nötig; es sollte aber immer genügend Trinkwasser vorhanden sein

Etwa vier Wochen vor dem Schlachttermin wird mit der Endmast begonnen und die Zufütterung erhöht. Wenn man mehr Fett und leicht fette Lebern möchte, beginnt man mit der Endmast schon acht Wochen vor dem Schlachttermin. Außerdem werden dann zusätzlich mindestens zweimal wöchentlich gekochte Kartoffeln mit Quark gefüttert, damit die Fettausbeute erhöht wird.

Der ideale Zeitpunkt der Schlachtung ist das Alter von 10 Wochen. Danach werden die Enten nicht mehr wirklich größer und schwerer – das Fleisch dafür aber zäher.

Für das Schlachten der Enten kann man sich entweder an einen Fachmann bzw. eine Lohnschlachterei wenden oder man macht es selbst. Zumindest beim ersten Mal sollte man sich hierfür fachkundige Hilfe holen. Die Schlachtung verläuft ähnlich wie bei Hühnern und kann im Hühnerkapitel, siehe S. 92 ff., nachgelesen werden.

Durch einen physiologischen Wärmetauscher bekommen Enten keine kalten Füße. Da keine Kehllappen und Kämme vorhanden sind, ist die Gefahr von Erfrierungen geringer als bei Hühnern.

Dorfteiche sind unentbehrlich, wenn wir den Folgen des Klimawandels und der Wetterextreme Rechnung tragen wollen. Leblose Regenrückhaltebecken müssen wieder durch aktive Nutzung belebt werden. Enten und Gänse müssen zurück in unsere Mitte.

Eiergewinnung

Auch Enteneier kann man gut verwerten. Sie eignen sich beispielsweise gut zum Backen oder zur Herstellung von Nudeln. Außerdem sind sie auch für Menschen mit Hühnereiweißallergie geeignet. Der Eigeschmack ist bei Enteneiern intensiver und sie haben einen höheren Dottergehalt. Durch den hohen Verzehr von Grünfutter und durch das darin enthaltene Beta-Carotin ist der Dotter meist dunkelgelb bis orange und enthält viele Omega-3-Fettsäuren.

Will man Enteneier verkaufen, muss man auf gewisse Dinge achten. Zum einen muss man aufgrund von möglichen Paratyphuserregern Enteneier immer getrennt von Hühnereiern lagern. Zum anderen gibt es eine Kennzeichnungspflicht für Enteneier. Auf der Verpackung muss klar deklariert sein, dass es Enteneier sind und diese evtl. wegen Paratyphuserregern vor dem Verzehr mindestens zehn Minuten durcherhitzt werden müssen. Legedatum, Mindesthaltbarkeitsdatum und ab wann die Eier zwingend gekühlt werden müssen, ist ebenso anzugeben. Vor dem Verkauf von Enteneiern sollte man sich hierüber aber nochmals ausführlich informieren (Veterinäramt, Gesetzgeber).

Krankheiten

Damit Enten gegenüber Fressfeinden und anderen Tieren in der Gruppe nicht als krank erkannt werden, lassen sie sich erst sehr spät etwas anmerken, wenn es ihnen nicht gut geht. Daher sollte man immer auf Abweichungen von der Norm, wie beispielsweise auffälligen Kot oder plötzlich außergewöhnlich zutrauliche Tiere, achten.

Anzeichen für kranke Tiere können z. B. Appetitlosigkeit, Abmagerung, Mattigkeit, Absonderung von der Gruppe, Humpeln und Hängenlassen der Flügel sein.

Wenn Sie nicht sicher sind, warum sich ihr Tier so verhält oder was es hat, holen Sie sich bitte Rat beim Tierarzt.

Besonderheiten

Enten sind nicht nur als Fleisch- und Eilieferant beliebt, sie können auch zur Schädlingsbekämpfung eingesetzt werden. Sie fressen Insekten, Raupen und Schnecken und lockern und düngen nebenbei den Boden. Außerdem kann man Enten auch gut mit Schafen, Rindern oder Schweinen gemeinsam auf einer Weide halten. Die Weide sollte hierfür groß genug sein und es sollten für alle Tiere getrennte Tränken, Futterstellen und Ställe vorhanden sein. Hin und wieder ist es angebracht, sie auch kurz durch den Gemüsegarten laufen zu lassen, damit die Schnecken reduziert werden.

GÄNSE

Gänse wetteifern mit den anderen Weidegängern um das Gras der Weiden. Da eine vielfältige Beweidung sehr wertvoll ist und das Fleisch der Gänse den Tisch über die Maßen bereichert, ist die Haltung von Gänsen fast jedem zu empfehlen. Wer sich im Sommer über den Rasenmäher der Nachbarn ärgert und selbst weniger mähen möchte, dem ist das Halten von Gänsen wärmstens empfohlen. Die Abwägung, ob nun Gänse den Rasen mähen oder die Kaninchen diese Arbeit übernehmen, ist eine persönliche Entscheidung. Gänse sind zudem die perfekten Wachhunde und sehr anhängliche Mitbewohner.

Anatomie der Gans

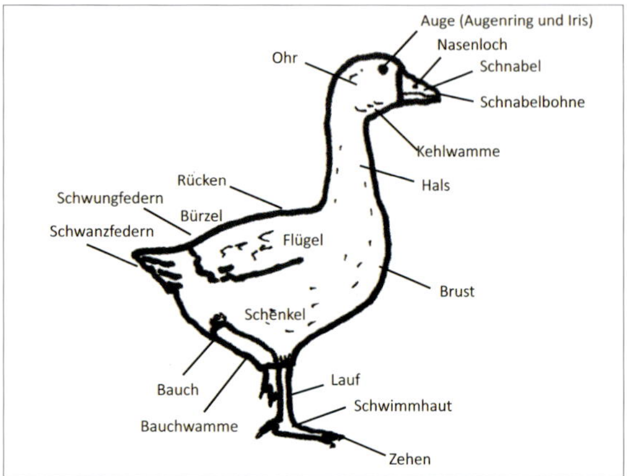

Kurzsteckbrief

- Hausgans, stammt von der Graugans (*Anser anser*) ab; Ausnahme: die Höckergans stammt von der Schwanengans ab
- Weiblich: Gans, männlich: Ganter oder Gänserich, Jungtiere: Gössel
- Gewicht: 5,5–12 kg
- Alter: über 40 Jahre
- Mindestgruppengröße: 1 Paar
- Platzbedarf Stall pro Tier: ¾ m^2
- Platzbedarf Auslauf/Weide pro Tier: pro Gänsepaar 1.000 m^2, für jedes weitere Tier plus 100 m^2
- Platzbedarf Lager: Einstreu, Futter
- Futter: Weidemöglichkeit, Kraft- und Saftfutter
- Besonderheiten: Immer Schwimmgelegenheit – Zugang zu Wasser

Die Farbgebung dieser Hausgans ähnelt der Farbgebung vieler Wildgansarten.

Welche Gänse passen zu uns?

Um entscheiden zu können, welche Gänse zu Ihnen passen, müssen Sie zunächst über Ihr Platzangebot, Wasserangebot, den erwünschten Nutzen und das zur Verfügung stehende Nahrungsangebot nachdenken.

Da Gänse zu den etwas lauteren Tieren gehören, sollten Sie auch vorab mit ihren Nachbarn sprechen, um späteren Streit schon im Voraus aus dem Weg zu räumen.

Welche Rasse je nach Voraussetzung zu Ihren Erwartungen passt, können Sie in den nachfolgenden Rassebeschreibungen herausfinden. Aufgeführt sind Rassen, die laut *GEH, Pro Specie Rara* und *Arche Austria* als gefährdet gelten.

Rassen

Deutsche Legegänse

Deutsche Legegänse sind weiß und haben einen kräftigen Kopf sowie einen mittellangen, kräftigen Hals. Der Rumpf ist breit, tief, kräftig und gut abgerundet, die Brust etwas vorgebaut und der Bauch rundlich mit einer kleinen Doppelwamme.

Die Gans bringt ein Gewicht von 5,5 kg auf die Waage, der Ganter sogar 6,5 kg. Pro Gans werden etwa 40 Eier im Jahr gelegt, ein Bruttrieb ist nicht vorhanden. Deutsche Landgänse sind frohwüchsig, futterdankbar und haben eine gute Mastleistung.

Leinegänse

Sie gehören zu den mittelschweren Gänserassen und sind weiß oder gescheckt. Die Läufe und der Schnabel sind kräftig orangerot gefärbt und das Auge meist blau. Die Leinegans hat eine aufrechte Haltung, der Bauch ist wammenfrei, die Rückenlinie verläuft gerade und die Schwanzbefiederung ist kurz. Ihr Kopf ist etwas gewölbt und der kräftige Hals aufrecht. Sie erreicht ein Höchstgewicht von 7 kg.

Die Leinegans ist wetterhart und widerstandsfähig und somit eine optimale Weidegans. Sie ist außerdem anspruchslos, ausdauernd bei der Futtersuche und besitzt eine gute Marschfähigkeit.

Sie zeichnet sich durch vorzügliche Bruteigenschaften aus und gilt als problemlos in der Gösselaufzucht.

Lippegänse

Lippegänse sind mittelhoch stehende, weiße oder gescheckte Landgänse mit einem mittleren Gewicht. Der Ganter erreicht ein Gewicht von 6,5 bis 7 kg und die Gans 5,5 bis 6 kg. Sie besitzen einen langen, eher trockenen und nicht zu großen Kopf, der teilweise ein kleines Federhäubchen aufweist.

Sie gelten als frohwüchsig, anspruchslos, wetterfest und gering krankheitsanfällig.

Wegen ihrer guten Marschfähigkeit eignen sie sich sehr gut als Weidetiere. Bei guter Haltung kann es bis zu drei Bruten mit je 12 bis 20 Eiern geben.

Bayerische Landgänse/Österreichische Landgänse

Die Landgans hat ein lebhaftes Wesen mit elegantem Körperbau und stolzer, aufrechter Haltung. Es gibt sie in den Farbschlägen Reinweiß, Grau,

Unter dem Geflügel fallen Gänse aufgrund ihres langen Halses besonders auf. Leider können viele Menschen Enten und Gänse nicht unterscheiden.

Blau, Braun, Schimmel und Gescheckt. Die Augen sind braun oder blau mit orangem Augenrand. Die Läufe sind mittelhoch und orangerot. Der Schnabel ist orange mit einer bohnenförmigen, weißlich gelben Schnabelspitze. Allgemein ist er länglich, keilförmig und stark. Der Hals ist mittellang und kräftig, der Rumpf fast waagrecht und eiförmig. Landgänse besitzen eine breite, volle und runde Brust sowie einen kurzen Schwanz.

Sie sind anspruchslos und können bei ausreichender Grünfläche sehr günstig als Weidegans gehalten werden. Sie eignen sich auch gut als Landschaftspfleger.

Ihr Fleisch ist feinfaserig, fettarm und von sehr guter Qualität. Landgänse brüten eigenständig und zuverlässig. Sie legen zwischen 10 und 13 Eier. Obwohl sie flugfähig sind, sind sie standorttreu.

Bei der Bayerischen und der Österreichischen Landgans handelt es sich um lokale Schläge der Landgans.

Diepholzer Gänse

Sie gehören zu den mittelschweren Gänserassen und sind leicht bewegliche Weidetiere mit munterem Wesen und stolzer, aufrechter Haltung. Sie besitzen ein reinweißes Gefieder. Der Hals ist aufrecht, mittellang und schlank und der Rumpf mäßig gestreckt.

Der Ganter bringt ein Gewicht von 7 kg und die Gans von 5,5 bis 6 kg auf die Waage. Die Diepholzer Gänse sind gute Brüter und betreuen und führen ihre Gössel anstandslos. Außerdem besitzen sie eine gute Fleischfülle in Brust und Keule, deren Qualität als sehr gut gilt. Des Weiteren sind sie futterdankbar und widerstandsfähig.

Emdener Gänse

Emdener Gänse gelten als schwerste deutsche Gans und bringen ein Gewicht von 10 bis 11 kg bei der Gans und 11 bis 12 kg beim Ganter auf die Waage.

Sie sind reinweiß und haben einen schlanken Kopf mit einer etwas abgeflachten Stirn und breiten Backen. Das Hinterteil ist voll und breit ausgebildet mit doppelt herunterhängender Bauchwamme.

Durch ihr Gewicht eignen sie sich besonders gut als Mastgänse mit vortrefflichem Fleisch. Außerdem werden pro Gans im Jahr 50 bis 60 Eier gelegt.

Was man beim Kauf beachten sollte

Es gibt verschiedene Möglichkeiten, Gänse zu kaufen. Entweder man kauft sich im Herbst ein verpaartes Pärchen und wartet auf die Brut im Frühjahr – oder man kauft sich Eier und lässt diese von einem Huhn ausbrüten. Die technische Möglichkeit der Brut in einem Brutapparat sollte nur Anwendung finden, wenn die Naturbrut nicht zustande kommen kann und die Eier sonst entsorgt werden müssen.

CHECKLISTE! Stall, Auslauf, Weide

Stall
- ❏ 0,75 m² Stallfläche pro Tier
- ❏ wasserbindende Einstreu (z. B. 20 cm gehacktes Stroh)
- ❏ Futterstelle
- ❏ Tränke
- ❏ verschließbar
- ❏ trocken
- ❏ zugluftfrei
- ❏ Nester 80 x 80 cm

Auslauf
- ❏ Voliere
- ❏ Wasserbecken
- ❏ Futterstelle
- ❏ Tränke
- ❏ 3 m² pro Tier

Weide
- ❏ so groß wie möglich
- ❏ täglich benutzbar
- ❏ 1.000 m² für das erste Gänsepaar + 100 m² für jede weitere
- ❏ Zaun
- ❏ artgerechter Schwimmteich
- ❏ Futterstelle
- ❏ Tränke
- ❏ Bäume und Sträucher
- ❏ artenreicher Saum

Wegen des vielfältigen Leistungsvermögens und ihrer Vitalität sind alte Lokalrassen heute eine notwendige genetische Reserve für die vielen modernen Rassen, bei denen diese Eigenschaften verloren gegangen sind. Alte Haustierrassen sind Vielnutzungsrassen. Sie sind ein Kulturgut und aus diesem Grund ebenso erhaltungswürdig wie alte Bauernhäuser.

Gänse sind auch Weidetiere. Ein Hofumfeld, wie hier dargestellt, braucht keinen Rasenmäher und auch keinen Mähroboter. Die Gänse sind viel schöner als jegliche Rasenmähmaschine.

Stall

Da Gänse relativ geringe Ansprüche an den Stall stellen, gibt es nur wenige Dinge zu beachten. Der Stall sollte pro Gans einen dreiviertel Quadratmeter groß, zugluftfrei, trocken und raubtiersicher sein. Wie in jedem Stall sollte es ein Fenster für Helligkeit und Lüftung geben.

Grob gehacktes Stroh eignet sich am besten als Einstreu. Die Schicht sollte im Winter mindestens 20 cm dick sein, da sich Gänse immer am Stallboden aufhalten. Buchten, die man leicht aus Brettern herstellen kann, dienen als Nester. Diese befinden sich ebenerdig, sollten 80 x 80 cm groß und mit einer dicken Strohschicht ausgepolstert sein. Im Stall befinden sich außerdem ein Wasser- und ein Futtertrog.

Dass viele Menschen bei diesem Anblick zuerst an den möglichen Lärm der Gänse denken und dabei vergessen, wie wohltuend der fehlende Straßen- und Stadtlärm ist, ist erschreckend. Natur ist niemals still. Tiergeräusche sind das Salz des Dorflebens.

Auslauf/Weide

Es ist sehr günstig, wenn sich der Auslauf bzw. die Weideflächen direkt an den Stall anschließen. Ein Auslauf muss so groß sein, dass die Vegetation nie ganz verschwindet. Sollte dies der Fall sein, ist die Fläche zu klein bzw. sind zu viele Tiere auf der Fläche. Für ein Gänsepaar rechnet man 1.000 m^2 Weide. Für jede weitere Gans sollte man 100 m^2 dazurechnen. Große Weiden kann man auch mit einem mobilen Geflügelzaun parzellieren. Wenn die eine Parzelle abgeweidet ist, sollten die Tiere auf die nächste Parzelle getrieben werden. Eine gute Weide sollte immer genügend Schattenplätze haben. Diese werden am besten durch Gehölze, Sträucher und Bäume erreicht.

Gänse brauchen unbedingt Wasser, sowohl zur Nahrungsaufnahme und zur Gefiederpflege als auch zum Spielen und Wohlfühlen. Auch für die Verpaarung benötigen Gänse Wasser. Ohne Wasser kommt es zu keinem Deckakt; daher ist ein kleines oder großes Gewässer oder der Zugang zum Fluss oder See unbedingt nötig. Das Gewässer sollte mindestens einen Durchmesser haben, der mehr als dem Zehnfachen der Körperlänge einer Gans entspricht. Außerdem sollte das Gewässer tief genug sein, damit es auch im Winter eisfreie Stellen gibt. Sollte dies nicht der Fall sein, muss man diese selbst schaffen. Das Ufer muss für einen leichten Ein- und Ausstieg der Gänse flach sein. Ein kleines Gartenbiotop ist völlig ungeeignet, da es in kurzer Zeit von den Tieren verwüstet wird. Ein Schwimmteich für 10 Gänse oder Enten ist idealerweise mindestens 100 m^2 groß (10 m x 10 m). Die Tiefe am tiefsten Punkt entspricht mindestens zweimal der Halslänge der Tiere, da so eine zu hohe Durchwühlungsfrequenz vermieden wird. Der flache Rand ist mit grobem Kies befestigt und ein natürlicher Zufluss, eine Wurzelraumkläranlage oder ein regelmäßiger händischer Wasserwechsel sorgt für eine saubere Qualität des Wassers.

Fütterung

INFO! Allgemeine Fütterungshinweise

- Befestigter Futterplatz.
- Futter auf mehrere Stellen verteilen, damit rangniedrigere Tiere auch zum Zug kommen und ihre Ration erhalten.
- Auf Reinlichkeit achten.
- Täglich nach dem Wasser schauen; besser zweimal als einmal. Jeden Tag frisches Wasser geben und die Tränke sauber halten.
- Einen größeren persönlichen Freiraum hat jener, der Futterautomaten und Selbsttränker aufstellt.
- Ständiges Vorhandensein von Futter zieht aber Mäuse, Ratten und Vögel an.

Stundenlang kann man dem vielfältigen Treiben der Gänse zuschauen. Man wird beim Aufbrechen bedauern, dass man nicht dauerhaft als Gänsehirte arbeitet und die Vielfalt der belebten Natur beobachten darf.

Ein Topf ist gut für Futter und Trinkwasser. Als Bad reicht er jedoch niemals.

Körner und anderes Zufutter sind nur eine Ergänzung. Gänse fressen hauptsächlich Grünfutter.

Gänse sind Weidegänger und ernähren sich fast ausschließlich von Gras und Kräutern. Während des Sommers brauchen Sie kaum Zufütterung. Lediglich vor der Schlachtung und der Brut sowie im Winter ist der Futterbedarf erhöht oder wird nicht mehr über das Beweiden gedeckt, sodass zugefüttert werden sollte.

Als Grünfutter eignen sich gehackte Brennnesseln, Blattsalate, Klee, Löwenzahn, Luzerne, Möhrenkraut, Rübenblätter, Grünhafer und Heu. Zusätzlich brauchen Gänse noch Kraft- und Saftfutter aus geschroteten Gersten-, Hafer-, Sonnenblumen- und Maiskörnern, gekochten Kartoffeln, eingeweichtem Brot und kleinen Möhren- oder Rübenschnitzel.

Da Gänse kein trockenes Futter mögen, sollte man das Futter mit lauwarmem Wasser vermengen und somit einen dünnen Brei herstellen, den die Tiere gut aufnehmen können.

Immer vorhanden sein muss frisches Wasser sowie Grit in Form von kleinen Steinchen und Sand.

Info – Futter

Gras und Kräuter auf der Weide (im Sommer)
Kraft- und Saftfutter
gehackte Brennnesseln, Blattsalate, Klee, Löwenzahn
Luzerne, Möhrenkraut, Rübenblätter
Grünhafer
Heu, geschrotete Gersten-, Hafer-, Sonnenblumen- und Maiskörner
gekochte Kartoffeln, eingeweichtes Brot und kleine Möhren- oder Rübenschnitzel

Pflege

CHECKLISTE! Pflegeplan

Täglich:
- ❑ Futterstelle säubern
- ❑ füttern
- ❑ Wasser erneuern
- ❑ Kontrolle, ob es allen Tieren gut geht und alle leben
- ❑ Kontrolle des Stalles und der Zäune
- ❑ Eier einsammeln

Regelmäßig:
- ❑ Gewässer säubern
- ❑ Tierpflege
- ❑ Krallenkontrolle
- ❑ Kontrolle der Schnabelbohne

Bei Bedarf:
- ❑ kehren
- ❑ misten
- ❑ Nester säubern und neu befüllen
- ❑ desinfizieren mit biologischen Mitteln (nur im äußersten Notfall)

Gänse übernehmen bei Vorhandensein von genügend Wasser ihre Pflege von selbst. Für den Tierhalter bleibt nur noch das Beobachten der Tiere auf Auffälligkeiten und das Überprüfen, ob die Krallen oder die Schnabelbohne zu lang ist, was bei Gänsen selten ist.

Wasser ist für alle Wasservögel essentiell. Es ist kein Zusatz, sondern Bedingung für ein art- und rassegerechtes Leben.

Trinken, Balz, Futteraufnahme, Körperpflege: Das Wasser ist fest eingeplant in den Lebensabläufen.

Überflutete Wiesen sind der ideale Tummelplatz für das Hauswassergeflügel. Aber auch wildlebende Arten benötigen Überflutungsflächen in großer Masse. Regional stehendes Wasser ist der beste Schutz vor großen Überschwemmungen flussabwärts.

Vermehrung (Aufzucht)

Zur Vermehrung sollte sich das Gänsepaar schon kennen. Die Brut eines Gänsepaars beginnt früh im Jahr – zwischen Februar und April –, daher lässt man das Paar spätestens im Herbst zusammen, damit sie sich aneinander gewöhnen können. Da junge Tiere oft nicht so zuverlässig brüten, empfiehlt es sich, dass die Gans mindestens zwei Jahre alt ist.

Für die Verpaarung benötigen Gänse unbedingt Wasser, welches nicht zu flach sein sollte.

Im Stall sollte das Nest bereitstehen und schön ausgepolstert sein. Dann beginnt die Gans schon bald, ihre Eier zu legen. Das erste Ei ist meist unbefruchtet, wird aber im Nest belassen, damit die Gans nicht das Nest wechselt. Es wird mit einem Bleistiftkreuz markiert und jedes weitere Ei wird mit Legedatum versehen, entnommen und kühl bei etwa 10 bis 14 °C und 75 % Luftfeuchtigkeit gelagert und täglich gewendet.

Beginnt die Gans ihr Nest mit Daunen zu polstern, ist das ein Zeichen, dass sie nun zu brüten beginnt, und die Eier können wieder untergelegt werden. Man legt zunächst die älteren Eier ins Nest und einen Tag später die übrigen. Die Eier sollten dabei nicht älter als 14 Tage sein. Eine Gans bebrütet etwa 10 bis 15 Eier. Will man sicher gehen, dass die Eier befruchtet sind, kann man sie nach fünf bis sieben Tagen schieren und nachsehen, ob sich unter der Schale ein Adernetz gebildet hat.

Die Brut dauert zwischen 28 und 32 Tagen, dann schlüpfen die ersten Gössel. Der Schlupf kann bis zu 24 Stunden dauern. Da Gössel Nestflüchter sind, folgen sie ihrer Mutter schon bald überallhin. Sie beginnen sofort mit der Futtersuche, was sie sich von ihren Eltern abschauen. Der Ganter beschützt seine kleine Familie. Nach drei bis vier Tagen werden die Ausflüge schon größer und die Gössel sind mit ihren Eltern an Land und auch im Wasser unterwegs. Die Mutter bestimmt selbst, wann ihre Gössel ins Freie dürfen.

Zusätzlich zum selbstgesuchten Grünfutter kann man den Gösseln Haferflocken, einen Brei aus gekochten Kartoffeln, Löwenzahn, Brennnesseln und gehacktem Ei oder Erbsen und Möhrchen aus der Dose anbieten.

Spielerischer Deckakt. Der eigentliche Deckakt benötigt ein Gewässer.

Im Gegensatz zu Enten bilden Gänse Schulen. Das heißt, die Gössel mehrerer Eltern werden gemeinschaftlich gehütet.

Auch bei Gänsen ist eine künstliche Brut und Aufzucht möglich. Diese ist jedoch aufwändiger und man sollte immer eine natürliche Brut und Aufzucht bevorzugen.

Verwertung

Fleischgewinnung/Schlachtung

Das Fleisch ist das derzeit wichtigste Erzeugnis, welches die Gänse uns liefern. Ihr Fleisch ist schmackhaft und saftig, jedoch auch fett- und kalorienreich. Ein knuspriger Gänsebraten ist besonders zu Festen in der kalten Jahreszeit sehr beliebt. Die Schlachtung verläuft ähnlich wie bei Hühnern und kann im Hühnerkapitel, siehe S. 92 ff., nachgelesen werden.

Eiergewinnung

Auch Gänseeier kann man essen und gut zum Backen verwenden. In einigen Regionen gelten sie als lokale Spezialität. Allerdings werden die Gänse in der heutigen Zeit eher wegen des Fleisches gezüchtet und gehalten.

Krankheiten

Für Gänse gilt in Bezug auf Krankheiten das Gleiche wie für anderes Geflügel.

Besonderheiten

Gänse zählen zu den eher lauten Tieren. Man sollte dies vor der Anschaffung unbedingt beachten und überlegen, ob das mit der Nachbarschaft vereinbar ist. Sollten Sie außerhalb einer Stadt oder eines Dorfes wohnen und keine direkten Nachbarn haben, hat sich dieses Problem schon erledigt.

Die Lautstärke der Tiere hat aber auch Vorteile. So kann man Gänse auch gut als „Wachhunde“ einsetzen.

Gänse im Schnee sind keine Seltenheit. Die Robustheit der Tiere zeigt sich an den Lebensgewohnheiten ihrer wildlebenden Verwandten.

Der Weidegang ist wie der Wassergang ein gemeinschaftliches Unternehmen. Die Gössel lernen so den Umgang mit den Elementen.

Gänse sind faszinierend. Es ist verständlich, dass viele Menschen nicht ohne Gänse leben möchten.

TAUBEN

Viele Taubenrassen sind in weiten Teilen der Welt verbreitet. Die Mitteleuropäische Felsentaube *(Columba livia)*, deren Unterart den meisten Menschen als Straßentaube bekannt ist, ist die Stammform unserer Haustaube. Diese wurde durch Zucht in unterschiedliche Kategorien aufgespaltet.

Dabei verfolgte die Zucht verschiedene Ziele und die Tauben erfreuen sich seit langer Zeit großer Beliebtheit.

Anatomie der Taube

Kurzsteckbrief

- Taube (*Columba livia*)
- Weiblich: Täubin, männlich: Täuber, Jungtiere: Taubenküken
- Gewicht: 500–800 g
- Alter: 10–15 Jahre
- Mindestgruppengröße: ein Paar
- Platzbedarf Stall pro Paar: 1 m^3
- Platzbedarf Auslauf/Weide Tier: Freiflug
- Platzbedarf Lager: Getreide
- Futter: Getreide, Grit, Samen

Verschiedene Ziele ließen ganz unterschiedliche Rassen entstehen: Optisch gibt es daher viele Farben und Formen.

Welche Tauben passen zu uns?

Verschiedene Ziele ließen ganz unterschiedliche Rassen entstehen. So gibt es neben Sporttauben (Hochflugtauben und Brieftauben) auch Züchtungen, die auf besondere Körpermerkmale und Farben Wert legen. Betrachtet man diese Züchtungen, so ist der Grad zwischen Tierwohl und Tierquälerei sehr schmal. Qualzuchten sind vor allem bei Tauben weit verbreitet und können Einsteiger abschrecken. Taubenrassen, die den Wildformen in Körperform oder Optik und Verhalten ähnlich sind, bereichern jedoch jeden Hof und auch kleinere Kleinviehhalter.

Tauben durchforsten einen Misthaufen und besuchen auch die Tiere im Stall. Kaum ein Platz ist vor ihnen sicher.

Die im folgenden Abschnitt kurz beschriebenen Rassen sind laut *GEH*, *Pro Specie Rara* und *Arche Austria* gefährdet.

Rassen

Wiener Weißschild

Diese Taubenrasse war früher auch als Wiener Spiegelschecke bekannt. Sie ist halbmittelschnäblig und besitzt einen runden Kopf. Charakteristisch für das Wiener Weißschild ist das weiße Flügelschild.

Es gibt zwei Zuchtlinien, die roten und gelben Tiere sowie die schwarzen Tiere. Die roten und gelben Tiere sind nach dem Schlupf zunächst einfarbig, das Flügelschild erscheint erst nach der Mauser. Die Augen sind perlfarbig hell und haben einen korallenroten Augenrand. Die roten Tiere haben nach dem Schlupf einen gelben Flaum und können so schon früh von den gelben Tieren unterschieden werden, die diesen nicht haben. Die schwarzen Weißschilder haben perlfarbig dunkle Augen mit pflaumenblauem Augenrand und besitzen schon als Nestling das weiße Flügelschild. Mit den Jahren werden sie immer dunkler.

Wiener Kurze

Wiener Kurze, oder auch Wiener Kurzschnäblige Tümmler genannt, besitzen einen kleinen, gedrungenen Körper mit kleinem kantigem, würfelförmigem Kopf. Der Schnabel ist fleischfarbig und waagrecht, ein so genannter Steckschnabel. Die etwas hervorstehenden Augen sind von intensiv roten Augenrändern umgeben. Diese Rasse gibt es einfarbig in den Grundfarben, aber auch geschwingt.

Waldviertler Kröpfer

Der Waldviertler Kröpfer ist eine robuste und flugfreudige Taube. Es gibt ihn in Schwarz mit schwarzem Schnabel, in Blau mit dunklem Schnabel und in Rot und Gelb mit hornfarbigem Schnabel. Die Tiere sind getigert, sie haben einige weiße Federn am Kopf, Hals und Flügelschild sowie ein charakteristisches Rückenherz. Daher werden sie auch Waldviertler Schecken genannt.

Zur Paarungszeit zeigen die Waldviertler Kröpfer einen optisch und akustisch beeindruckenden Flug. Täuber und Täubin steigen im Wechsel zehn bis fünfzehn Meter hoch und lassen sich dann mit abgespreizten Flügeln wie ein Stein fallen.

Österreichische Klätschertaube

Diese Taubenrasse zeichnet sich durch lautes Flügelklatschen beim Umherfliegen aus. Die vitalen und brutfreudigen Tiere sind kräftig mit kurzen, unbefiederten Füßen. Sie haben Perlaugen mit roten Rändern, einen hellen Schnabel und ein ausgeprägtes Blaswerk.

Es gibt sie noch in den Farben Schwarz, Rot und Schwarz-Weiß-Getigert.

Huhnschecke/Linzertaube

Diese kräftige Taube gibt es neben Schwarz auch in Braun, Rot, Gelb, Blau mit schwarzen bzw. weißen Binden und Fahl mit roten Binden. Kombiniert sind diese Farben mit Weiß, was zu einer auffallenden Zeichnung führt.

Malteser

Die Maltesertaube ist die größte Huhntaube. Sie besitzt einen möglichst kurzen Körper mit langem, fast senkrechtem Hals, hochgetragenem Schwanz und einer hohen Beinstellung. Die Malteser gibt es in vielen Farbschlägen: Weiß, Schwarz, Rot, Gelb, Braun, Braunfahl, Blau-Gehämmert, Braunfahl-Gehämmert, Muselköpfe mit oder ohne Flügelrose sowie gescheckt und getigert in allen Grundfarben.

Was man beim Kauf beachten sollte

Tauben sollten beim Kauf frisch und agil wirken und nicht durch lethargisches Herumsitzen auffallen. Für Anfänger ist es wichtig, sich über die Besonderheiten der unterschiedlichen Rassen zu informieren. Brief- und Sporttauben sind in der Haltung aufwändiger als reine Fleischtauben, außerdem lassen sich nur junge, noch nicht ausgeflogene Brieftauben an einen neuen Stall gewöhnen.

CHECKLISTE! Stall, Auslauf, Weide

Stall
- ❑ 1 m³ Stallfläche pro Paar
- ❑ Futterstelle
- ❑ Tränke
- ❑ Grit
- ❑ Nester
- ❑ verschließbar
- ❑ trocken
- ❑ zugluftfrei

Auslauf
- ❑ Voliere
- ❑ Wasserbecken
- ❑ Futterstelle
- ❑ Tränke
- ❑ 3 m³ pro Paar

Weide
- ❑ artenreiche Kulturlandschaft und lebendiges Dorf

Tauben zeichnen sich durch ihre enormen Flugfähigkeiten aus. Diese Eigenschaft macht sie für uns Menschen schwer greifbar, unberechenbar und zugleich sehr faszinierend. Die dritte Dimension erweitert auch den Horizont der Halter.

Stall, Voliere und Freiflug

Der Freiflug ist die günstigste, nachhaltigste, aber auch natürlich tierfreundlichste Art, Tauben zu halten. Das selbstgesuchte Futter entlastet die Fütterung und die Tiere werden weniger fett.

Die Haltung der Tiere in einem typischen, aufgestellten Taubenhaus oder Taubenschlag ist die optisch attraktivste Haltungsform, muss jedoch gegen Marder und übermäßige Zugluft gesichert werden. Ansonsten sollte ein Taubenschlag dem Hühnerstall ähneln und pro Zuchtpaar mindestens 1 m^3 Raum haben.

Die Einteilung des Stalls in zwei gleichwertige Räume erleichtert die winterliche Trennung von Täubinnen und Täubern und die sommerliche Abteilung der Jungtiere. Das Ausflugloch sollte groß genug sein oder aus mehreren Löchern bestehen, sodass der Ein- und Ausflug nicht durch dominante Tiere blockiert werden kann. Nachts ist aufgrund der Fraßfeinde alles zu verschließen. Sitzplätze müssen durch Bretter getrennt werden, da die Hackordnung bei Tauben ein Nebeneinandersitzen schwer macht. Brutnester, Futter-, Wasser- und Gritbehälter runden die Einrichtung ab.

Sowohl Futter als auch Wasser sollten so gesichert werden, dass ein Betreten oder Bebaden nicht möglich ist. Als Badestellen sind Wasser- und Sandbad anzubieten und sauber zu halten.

Fütterung

INFO! Allgemeine Fütterungshinweise

- Befestigter Futterplatz.
- Futter auf mehrere Stellen verteilen, damit rangniedrigere Tiere auch zum Zug kommen und ihre Ration erhalten.
- Auf Reinlichkeit achten.
- Täglich nach dem Wasser schauen; besser zweimal als einmal. Jeden Tag frisches Wasser geben und die Tränke sauber halten.
- Ständiges Vorhandensein von Futter zieht aber Mäuse, Ratten und Vögel an.

Rastende Tauben sieht man heute selbst auf dem Land sehr selten. Die effizienten Erntemaschinen haben es den Tieren schwer gemacht, auf den Feldern überschüssige Samen zu verwerten und in feines Fleisch zu verwandeln.

Meistens wird das Taubenhaus aus Holz gebaut. Es ruht dann auf einer Holzsäule, die mindestens 3 m hoch sein sollte. Es ist ratsam, einen Teil der Säule mit Blech zu beschlagen, damit Raubtiere nicht in das Haus gelangen können. Sehr schön macht sich, wenn die Holzkonstruktion des Hauses mit einem Flechtwerk aus Naturfaserstricken umwickelt wird, wie hier bei diesem Taubenschlag. Die Reinigung ist allerdings wegen der Höhe problematisch und arbeitsaufwändig.

Die Zufütterung von Tauben war immer nur eine Zugabe. Die Haupternährung sollte durch Samen und Brösel erfolgen, die eine gute Landschaft und ein lebendiger Hof abgeben.

Tauben sind Pflanzenfresser. Ein Schwerpunkt der Ernährung liegt dabei auf Samen. Erbsenschrot und Getreide bilden den Grundstock des Futters (z. B. 55 % Gerste, 20 % Weizen, 15 % Wicken und 10 % Erbsen). Außerdem sollten stets Steinchen (Grit) zur Verfügung stehen, damit der Kropf seine Mahltätigkeit vollführen kann. Tauben freuen sich zudem über den Futterplatz der Hühner und erweitern so ihr Nahrungsspektrum.

Ein Paar Tauben kann bis zu einen Zentner Futter pro Jahr vertilgen – zieht aber auch 14 Jungtauben auf, die gut schmecken.

Um Kosten zu sparen, ist es sinnvoll, dass die Tauben „feldern“ dürfen und bei diesen Ausflügen einen Teil der Nahrung in der freien Flur selber suchen. Dennoch muss man sich gut überlegen, ob die Tauben während der Aussatzzeit der Bauern auf die Felder sollten, denn das Saatgut ist meist mit Ackergiften gebeizt und schadet den Tieren und den Konsumenten des Taubenfleisches. Generell entstehen Verluste durch die Aufnahme von Mineraldünger und durch Greifvögel.

Wasser sollte den Tauben immer zur Verfügung stehen. Sie nutzen es zum Trinken und Waschen.

Felsentauben nennt man im Umfeld des Menschen Straßentauben. Während echte Felsentauben zunehmend selten werden, bevölkern Straßentauben viele Orte und vor allem Städte. Haustauben gibt es auch in dieser Wildfarbe, die Anordnung der schimmernden blauen, roten und grünen Bereiche variiert dann.

Info – Futter
Erbsenschrot
Getreide – Gerste, Weizen
Wicken, Erbsen
Grit
Samen

Pflege

CHECKLISTE! Pflegeplan

Täglich:
- ❑ Futterstelle säubern
- ❑ füttern
- ❑ Wasser erneuern
- ❑ Kontrolle, ob es allen Tieren gut geht und alle leben
- ❑ Kontrolle des Taubenschlags

Regelmäßig:
- ❑ Tierpflege
- ❑ kehren
- ❑ misten

Bei Bedarf:
- ❑ desinfizieren mit natürlichen Mitteln (nur im äußersten Notfall)

Sauberkeit von Taubenschlag und Futter sind die zentralen Elemente der Taubenpflege.

Vermehrung (Aufzucht)

Tauben brüten stets selbst. Eine Kunstbrut ist zwar möglich, scheitert aber immer an der Aufzucht der Jungen, da die lebensnotwendige Kropfmilch nur von den Eltern erzeugt werden kann.

Beim Balzen verändern die Tauben ihre Haltung. Manche Rassen werden auf dieses Verhalten gezüchtet. Der Grad zur Qualzucht ist sehr schmal. Das natürliche Betonen des Brustbereichs und der gurrende Laut zeigen hier den balzenden Täuber.

Viel Zeit des Tages verbringen Tauben mit dem Herumsitzen und Schauen. Diese Phasen dienen der sozialen Interaktion, dem Putzen und es spart Energie, denn schnell gewöhnen sie sich an einen Futterplatz und das regelmäßig ausgestreute Futter.

Verwertung

Eine kommerzielle Haltung, die ausschließlich das Ziel der Fleischgewinnung hat, ist nahezu immer unrentabel. Tauben bereichern den Speiseplan und das Bild eines vielfältigen Hofs.

Fleischgewinnung/Schlachtung

Bei einem Gewicht von 100 bis 500 g und in einem Alter von etwa 30 Tagen sind Tauben je nach Rasse schlachtreif. Das Fleisch ist bei Jungtauben äußerst zart und bekömmlich. Die Schlachtung verläuft ähnlich wie bei Hühnern und kann im Hühnerkapitel, siehe S. 92 ff., nachgelesen werden.

Krankheiten

Tauben gelten als eher wenig krankheitsanfällig, wenn sie in hygienisch einwandfreien Umweltbedingungen leben. Achten Sie daher immer auf die Hygiene.

Bei Auffälligkeiten wenden Sie sich an andere Taubenbesitzer bzw. an den Tierarzt.

Tauben auf dem Bauernhof waren schon immer eine einfach zu haltende und ergiebige Fleischquelle.

KANINCHEN

Kaninchen (vielerorts als Stallhasen oder Hasen bezeichnet, obwohl sie vom Wildkaninchen und nicht vom Feldhasen abstammen) sind die kleinsten und anspruchslosesten Nutztiere in Bezug auf Raum und Futtervorrat. Deshalb ist ihre Zucht auch da möglich, wo andere Nutztiere nicht mehr gehalten werden können.

Kaninchen ersetzen Rasenmäher und arbeiten völlig geräuschfrei. Dadurch, dass Sie im Winter Heu benötigen, fördern sie unbewusst artenreiche Blumenwiesen und die Insektenvielfalt. Kaninchen machen aus jedem Garten einen wirklichen Naturschutzgarten. Sie beweiden die Wiese und reduzieren den Ausstoß von CO_2 und den Verbrauch von Energie.

Kaninchen liefern regionales, wertvolles Fleisch, ohne dafür Urwälder für den Soja- oder Palmölanbau zu roden. Das Fell der Kaninchen spendet Wärme und Schutz, ohne zu Mikroplastik zu werden. Es kann kompostiert werden. Sie liefern zudem wertvollen Dünger für die Hochbeete und den Gemüsegarten.

Sucht man einfache Lösungen gegen das Insektensterben und den Klimawandel, so kann man sagen: „Das Kaninchen ist die Lösung!"

Ein Lohkaninchen im Freilaufgehege ist ein schöner Anblick und ein günstiger Rasenmäher.

Kurzsteckbrief

- Hauskaninchen oder Stallhase, stammt vom Wildkaninchen (*Oryctolagus cuniculus*) ab
- Weiblich: Häsin, männlich: Rammler, Jungtiere: Junge
- Gewicht: 2,75–6 kg
- Alter: 5–6 Jahre. Der Kaninchenbraten schmeckt von jungen Tieren und von älteren gleich gut. Wild angemacht ist er eine Delikatesse.
- Mindestgruppengröße: 2
- Platzbedarf Stall pro Tier: etwa 1 m^2
- Platzbedarf Auslauf/Weide pro Tier: etwa 1 m^2
- Platzbedarf Lager: Heu, Einstreu
- Futter: Raufutter und Grünfutter, Futterrüben, Möhren, etwas Getreidekörner

Anatomie des Kaninchens

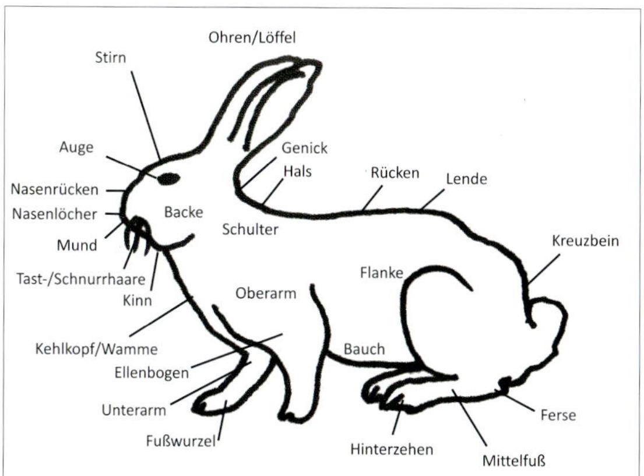

Welche Kaninchen passen zu uns?

Zunächst gilt es zu überlegen, welchen Nutzen man aus den Tieren ziehen möchte. Geht es darum, einen Spielgefährten oder ein Streicheltier für die Kinder zu haben, ist die Rasse Geschmacks- und Platzsache. Geht es hingegen darum, Fleisch oder Fell zu gewinnen, sollte man auf eine Rasse achten, die besonders viel Fleisch bzw. schönes Fell liefert.

Im folgenden Abschnitt sind einzelne Rassen beschrieben, um sich einen Überblick zu verschaffen. Wir haben uns auf gefährdete Kaninchenrassen beschränkt, da diese besonders unterstützt werden sollen.

Rassen

Bei den Kaninchen gibt es drei Hauptgruppen:

Große Rassen/Riesen

Diese zeichnen sich durch ein Mindestgewicht von 5,5 kg aus.

Mittelgroße Rassen

Diese wiegen mindestens 3,75 kg. Zu den mittelgroßen Rassen gehören beispielsweise Rote Neuseeländer, Helle Großsilberkaninchen, Großchinchillakaninchen oder Weiße Wiener.

Kleine Rassen/Zwergkaninchen

Diese besitzen ein so genanntes „Verzwergungsgen" und wiegen 1 bis 2 kg. Zum Beispiel sind das Kleinchinchillakaninchen oder die Marburger Feh.

Neben diesen drei Hauptgruppen gibt es noch etliche Kaninchen-Mischformen.

Laut *GEH*, *Pro Specie Rara* und *Arche Austria* sind folgende Kaninchenrassen als gefährdet anzusehen:

Marderkaninchen

Marderkaninchen haben einen mittelhohen, leicht gedrungenen, walzenförmigen Körper. Der Kopf ist kurz und kräftig mit aufgerichteten fleischigen Ohren, welche gut behaart sind. Die Läufe sind mittelstark und vergleichsweise kurz. Die Felldeckfarbe ist Lichtbraun und Blau, wobei die Schultern und Hinterschenkel etwas dunkler, die Seiten, Flanken, das Becken, die Brust und der Bauch heller getönt sind. Ein etwa acht Zentimeter breiter Streifen ziert den Rücken. Die Häsin ist ohne Wamme.

Marderkaninchen dienen der Fleischgewinnung und erreichen ein Gewicht von 4 kg und mehr.

Englische Widder

Charakteristisch für Englische Widder, wie für alle Widderrassen, sind die langen, hängenden Ohren, die auf dem Boden aufliegen. Mit einer Ohrenspannweite von 5,5 bis 6 cm sind diese breiter als bei anderen Widderrassen. Die Tiere sind, obwohl sie bis zu 5 kg schwer werden, feingliedrig und haben einen ramsförmigen, schlanken, leicht gewölbten Kopf mit gebogenem Nasenrücken. Das

Dieses Bild zeigt drei Würfe, die von drei Häsinnen gemeinsam gesäugt werden. Diese Methode setzt voraus, dass sich die Häsinnen schon vorher kennen, und rettet beim Ausfall einer Häsin sehr vielen Junghasen das Leben, denn die anderen Häsinnen werden die verwaisten Jungen dann adoptieren.

Fell ist fein und eher kurz. Das Englische Widderkaninchen kommt einfarbig in allen Farben und mit Mantelscheckung vor.

Es eignet sich sehr gut als Hauskaninchen, da es einen ausgeglichenen Charakter besitzt, nicht schreckhaft und dennoch temperamentvoll ist.

Luxkaninchen

Das Luxkaninchen hat einen leicht gedrungenen, aber nicht plumpen Rumpf und feingliedrige, mittellange Läufe. Es besitzt eine dichte Unterwolle mit mittellangem Fellhaar, welches sich durch eine besondere Qualität auszeichnet. Die Deckfarbe ist Lichtblau mit silbrigem Glanz und schwach durchscheinender braunroter Tönung.

Das Luxkaninchen gehört zu den kleinen Rassen.

Deutsche Großsilber

Diese mittelgroßen Kaninchen besitzen ein mittellanges Fell mit silbernem Schimmer. Am häufigsten sind Tiere des schwarzen Farbschlags, aber auch des blauen oder gelben. Es gibt sie des Weiteren in den Farbschlägen Braun und Havanna.

Deutsche Großsilber haben einen kräftigen Kopf mit aufrecht stehenden Ohren und bringen ein Gewicht von 5 bis 6 kg auf die Waage. Dennoch sind sie ein sportlicher Typ.

Sie wurden ursprünglich für die Pelzindustrie gezüchtet.

Japaner

Japaner sind mittelgroße, eher gedrungene, frohwüchsige Fleischkaninchen mit walzenförmigem Rumpf, breitem Rücken und breiter Brust.

Ihren Namen verdanken sie ihrer auffälligen Fellzeichnung, die japanisch anmutet. Kopf und Ohren sind idealerweise farblich gespalten mit kreuzweise versetzter, gelbroter und schwarzer Färbung. Der Rumpf weist Streifen oder ein Schachbrettmuster auf. Auch Brust und Vorderläufe sollen kreuzweise geteilt und gegeneinander versetzt sein.

Japaner gehören zu den Fleischkaninchen und liefern schmackhaftes Fleisch. Sie wiegen zwischen 2,75 und 4,5 kg.

Meißner Widder

Der Körper des Meißner Widders ist leicht gestreckt mit breiter Brust und Hinterpartie. Er besitzt einen schön gewölbten, hinten gut abgerundeten Rücken und kräftige, breit gestellte und gerade, aufgesetzte Läufe. Dadurch ergibt sich eine mittelhohe Stellung. Der Kopf ist widderartig mit 36 bis 42 cm Behanglänge.

Meißner Widder haben ein dichtes Fell mit einer Haarlänge von etwa 3 cm in den Farbschlägen Schwarz, Blau, Havanna, Gelb und Graubraun. Die gesilberte Deckfarbe hat reichlich Glanz. Sie wiegen zwischen 3,5 und 5,5 kg, sind lebhafter als der Deutsche Widder und sehr frohwüchsig. Sie liefern sehr schmackhaftes Fleisch und schöne Felle.

Angora

Diese Kaninchen werden als Langhaarkaninchen vor allem auf Woll-Leistung gezüchtet. Das sehr feine Fell muss regelmäßig gekämmt und geschoren werden. Es ist ein mittelgroßes Kaninchen mit einer schönen Körperform, reichlich Wolle und Büschelbildung an Kopf und Ohren.

Bekannt sind sie vor allem in Weiß; es gibt sie aber einfarbig in allen Farbvarianten. Sie liefern bis zu 2 kg Wolle pro Jahr.

Angorakaninchen sind futterdankbar, mastfähig und besitzen eine ausreichende Fruchtbarkeit mit gutem Aufzuchtvermögen.

Schweizer Fuchskaninchen

Das Schweizer Fuchskaninchen hat eine nur leicht aufgerichtete Körperhaltung und wirkt durch das lange Fell und den nicht sichtbaren Hals eher kompakt. Es besitzt eine dichte Unterwolle, welche von 5 bis 6 cm langem Deckhaar bedeckt ist. Kopf und Ohren hingegen sind nur kurzbehaart.

Es gibt sie in den Farbschlägen Mauvefarbig (blau), Chinchilla, Havanna, Schwarz, Weiß Rotauge und Weiß Blauauge.

Sie wiegen zwischen 2,9 und 3,3 kg und werden zur Fleisch- und Fellnutzung gehalten.

Was man beim Kauf beachten sollte

Allgemein sollten Sie vor dem Kauf eines Kaninchens einige Dinge beachten.

Überlegen Sie sich sorgfältig, ob Sie nur ein Spielzeug für die Kinder wollen, ein Kaninchen oder mehrere und ob es Nachwuchs geben soll oder darf. Außerdem sollten Sie sich fragen, ob wirklich genug Platz zur Verfügung steht und Erwachsene für die Kontinuität der rassegerechten Haltung sorgen.

Ein wunderbarer Wurf Roter Neuseeländer. Neben der optischen Bereicherung für den Stall ist bei dieser Rasse die Mast- und Fleischqualität bedeutend.

Wenn Sie sich nach diesen Überlegungen Kaninchen anschaffen wollen, achten Sie bitte auf folgende Merkmale:

- Das Fell muss glänzen und am Körper anliegen, es ist frei von Verkrustungen und Schmutz. Struppiges, glanzloses Fell oder Kahlstellen können auf Vitaminmangel oder Infektionen bis zu Räude hindeuten.
- Augen und Ohren sind vollkommen sauber. Außerdem glänzen die Augen und die Nase ist trocken. Bei Niesreiz, tränenden Augen oder leichtem Belag im Ohrinneren sollten Sie gewarnt sein und Abstand vom Kauf nehmen.
- Gerade Zähne, die sauber aufeinanderstehen und sich beim Kauen abnutzen, sind ebenfalls wichtig. Kaninchen mit besonders krummen und langen Zähnen sollten geschlachtet werden, da diese sie am Fressen behindern und Schmerzen verursachen.
- Achten Sie auch auf den Gesamteindruck. Ein Kaninchen sollte wohlgenährt und rund sein, nicht mit einem aufgedunsenen oder verhärteten Leib oder eingefallenen Flanken.

CHECKLISTE! Stall, Auslauf, Weide

Stall
- ❏ robuste Bauweise
- ❏ giftfreies Holz
- ❏ ca. 1 m^2 Stallfläche pro Tier, 0,75 m hoch
- ❏ Trennwände
- ❏ wasserbindende Einstreu
- ❏ Tränke
- ❏ verschließbar
- ❏ trocken
- ❏ zugluftfrei
- ❏ hell
- ❏ bei Etagenbauweise auf Durchnässung achten

Auslauf
- ❏ so groß wie möglich
- ❏ täglich benutzbar
- ❏ gegen Tunnelbau gesichert
- ❏ immergrün
- ❏ Unterstand
- ❏ vom Stall aus erreichbar

Weide
- ❏ Freilauf nicht möglich, wegen Fluchtverhalten und Grabetätigkeit

Stall

Wenn man Kaninchen züchten möchte, ist es zunächst wichtig, den richtigen Standort für die Ställe zu finden, denn Kaninchen vertragen keine Zugluft, direkte Sonne, Hitze und Nässe. Deshalb ist es auch wichtig, den Stall regelmäßig zu säubern und trocken zu halten. Der Stall sollte mit Stroh eingestreut werden und nicht mit Holzwolle oder Sägespänen. Das Stroh dient außerdem den Kaninchen noch als Raufutter. Bei guter Einstreu ist auch Kälte kein Problem für die Tiere. Vom Stall aus sollten die Kaninchen ihre Umwelt gut wahrnehmen können, aber dennoch lärmgeschützt sein.

Ein Kaninchenstall ist leicht selbst zu bauen. Dabei ist zu beachten, dass er nicht zu klein wird. Er sollte pro Kaninchen etwa einen Quadratmeter Grundfläche und 0,75 Meter Höhe haben. Rückwand, Decke und Seitenteile des Kaninchenkastens bestehen aus dichten Bretterwandungen. Für den Fußboden werden sechs bis sieben Zentimeter breite Nut- und Federbretter in entsprechender Länge aneinandergereiht, sodass der Urin nicht in den darunterliegenden Stallraum tropfen kann. Der Stallboden muss ein leichtes Gefälle nach hinten haben, damit der Urin durch einen schmalen Spalt abfließen kann und sollte ein paar Zentimeter herausstehen, damit er nicht an der Rückwand herunterläuft. Den offenen Spalt durch eine Klappe versehen, um Zugluft fernzu-

Ein typischer 9er-Stall aus der Zeit der Hochkonjunktur deutschsprachiger Kaninchenhaltung. Dieser Stall ist platzsparend und langlebig. Für den Einsatz in heutiger Zeit ist ein Auslauf selbstverständlich.

halten. Empfehlenswert ist, den Stallboden mit einer Dachpappe auszukleiden, auf die dann ein Holzlattenrost gelegt wird, der herausnehmbar ist. Er dient dazu, dass die Tiere so gut wie möglich einen trockenen Untergrund haben.

Das Holz sollte gehobelt sein, denn glatte Wände bieten Krankheitserregern weniger Unterschlupf und sind außerdem leichter zu reinigen und zu desinfizieren. Unter den Kasten kommt noch ein Untersatz mit herausnehmbarem Ablaufblech. Die Vorderseite wird mit einer Doppeltür geschlossen, die mit Maschendraht überspannt ist. Es ist empfehlenswert, unmittelbar hinter der Tür ein etwa acht bis zehn Zentimeter hohes Kotbrett anzubringen, damit beim Öffnen der Ställe die Einstreu, der Kot sowie die Kaninchen nicht herausfallen können. Durch seitliche Führungen ist das Kotbrett bei der Stallreinigung leicht herauszunehmen.

Das Stalldach kann entweder die Decke der obersten Stallreihe sein oder als eigenständige Bedachung noch Stauraum schaffen. An der Vorderseite sollte das Dach so weit überstehen, dass es die Tiere vor Regen oder Schnee schützt.

Eine Hälfte des Stalls sollte etwas abgedunkelt werden, damit die Tiere diesen Raum als Schlaf- oder die tragende Häsin als Nestplatz zum Gebären von Jungen nutzen kann. In die andere Hälfte sollte natürlich noch eine kleine Steinschale für Wasser und eine Heuraufe eingebaut werden. Empfehlenswert ist eine geschlossene Raufe, damit kein Tier hineinspringt und mit den Hinterläufen zwischen den Stäben hängenbleibt. Der Stall sollte mit Stroh eingestreut werden, das regelmäßig ausgewechselt werden muss, da Kaninchen sehr reinliche Tiere sind.

Schreckhaft gegenüber Fremden, werden solche Trupps für den Besitzer recht schnell zutraulich. Dennoch sollte man nicht unterschätzen, wie schnell die Tiere kleinste Lücken ausnutzen und ihre gewonnene Freiheit pfeilschnell verteidigen.

Auslauf/Weide

Im Sommer sollten die Kaninchen auch Auslauf aus ihrem Stall in ein Bodengehege haben, das wie eine Voliere an den Stall anschließt. Dabei ist es wichtig, einen separaten Auslauf regelmäßig zu versetzen und zu beobachten, was die Kaninchen treiben. Denn Kaninchen sind gute Buddler und können so auch ausbrechen.

Der Auslauf bringt den Kaninchen Bewegung an der frischen Luft, stärkt die Widerstandskräfte und steigert den Appetit. Er ermöglicht den Tieren das Scharren mit den Vorderfüßen und somit eine Tunnelröhre zu graben, in der sie ihre Jungen gebären können. Das Gehege sollte einen Unterstand haben, der mit Einstreu versehen ist und den Tieren bei starker Sonneneinstrahlung oder Regen Schutz bietet. Falls in Ihrer Gegend viele Greifvögel unterwegs sind, können Sie ein Netz über das Gehege spannen, um die Kaninchen vor Angriffen zu schützen.

Fütterung

INFO! Allgemeine Fütterungshinweise

- Befestigter Futterplatz.
- Futter auf mehrere Stellen verteilen, damit rangniedrigere Tiere auch zum Zug kommen und ihre Ration erhalten.
- Auf Reinlichkeit achten.
- Täglich nach dem Wasser schauen; besser zweimal als einmal. Jeden Tag frisches Wasser geben und die Tränke sauber halten.
- Ständiges Vorhandensein von Futter zieht aber Mäuse, Ratten und Vögel an.

Frisches Wasser sollte den Kaninchen immer zur Verfügung stehen. Es kann auch sein, dass die Kaninchen das Wasser nicht annehmen, da sie durch die Nahrung genug Wasser aufnehmen. Im Winter ist es ratsam, morgens für etwa eine Viertelstunde die Wasserschale in den Stall zu stellen. Das reicht für die Kaninchen, um genügend Wasser für den ganzen Tag aufzunehmen.

Der Freilauf von Kaninchen erfordert ein aufwändiges Zaunbauwerk. Die Mensch-Tier-Bindung sinkt in solchen großflächigen Kaninchengehegen drastisch. Das Einfangen und Kontrollieren der Tiere ist durch deren Flinkheit erschwert.

Das gemeinsame Halten von Kaninchen und Hühnern ist möglich. Allerdings verschmutzen die Kaninchen stärker, wenn die Hühnerdichte zu hoch ist.

Raufutter, wie etwa Stroh, Heu oder Äste, kann den Tieren unbegrenzt angeboten werden. Außerdem sollten sie zusätzlich noch Gemüse, Pflanzen und Obst bekommen; ebenso mögen sie Getreidekörner. Hierbei ist darauf zu achten, dass es abwechslungsreich sein sollte. Einseitige Ernährung kann zu Fehlernährung und Mangelerscheinungen führen. Es können natürlich auch Küchenreste, wie Kartoffel- und Möhrenschalen, verfüttert werden. Allerdings müssen diese frisch sein.

Info – Futter
Raufutter – Stroh, Heu oder Äste
Grünfutter – Gemüse, Pflanzen und Obst
Futterrüben
Möhren
etwas Getreidekörner

Wichtig ist es, dass die Kaninchen jeden Tag zu den gleichen Zeiten gefüttert werden. Ausgewachsene Tiere erhalten immer morgens und abends

Ältere Stallhasen bilden Wammen aus und werden so Charakterköpfe.

Futterneid führt bei Kaninchen selten zu Streit. Allerdings erhöht sich das Fresstempo und die Tiere rupfen an den Halmen, um sie den anderen abzunehmen.

Kaninchen sind die besten Landschaftspfleger für Gärten. Sie ersetzen Rasenmäher und brauchen für den Winter gutes Heu, welches man durch die Mahd artenreicher Blumenwiesen gewinnt. Wer Kaninchen hält, erhält Blumenwiesen und fördert die Insektenvielfalt. Kaninchen retten Bienen, Hummeln und Schmetterlinge.

Futter, Jungtiere öfter. Außerdem sollte darauf geachtet werden, dass alte Futterreste und Ablagerungen in den Futter- und Wasserschalen immer entfernt werden.

Pflege

CHECKLISTE! Pflegeplan

Täglich:
- ❏ Futterstelle säubern
- ❏ füttern
- ❏ Wasser erneuern
- ❏ Kontrolle, ob es allen Tieren gut geht und alle leben
- ❏ Kontrolle des Stalles und des Auslaufs

Regelmäßig:
- ❏ misten
- ❏ Tierpflege

Bei Bedarf:
- ❏ kehren
- ❏ desinfizieren mit biologischen Mitteln (nur im äußersten Notfall)
- ❏ säubern der Geschlechtsorgane mit lauwarmem Wasser

Platz- und zeitsparend ist die Haltung von Küken ohne Glucke im selben Gehege wie der Stallhase. Die Tiere vertragen sich gut und gehen jeweils anderen Lebenszielen nach.

Als Kaninchenbesitzer sollte man die Tiere auch richtig anfassen und hochheben können. Als Erstes sollte man für eine ruhige Atmosphäre sorgen und das Kaninchen durch Streicheln etwas beruhigen. Dann greift man mit der einen Hand in den Nacken hinter den Ohren und fasst mit der anderen Hand unter den Körper. Das Tier liegt dann bequem auf dem Unterarm, der an den Körper herangezogen ist. Hin und wieder werden die Geschlechtsorgane wegen Entzündungsgefahr mit lauwarmem Wasser gereinigt.

Gelegentliches Glätten des Felles mit der Hand ist angebracht. Die Verwendung von Kamm und Bürste sind eigentlich nur bei Angorakaninchen nötig.

Vermehrung (Aufzucht)

Für die Paarung sollten sowohl Häsin als auch Rammler mindestens 6 Monate alt sein. Der Rammler darf gern kleiner als die Häsin sein, da zu große Junge im Geburtskanal zu Schwierigkeiten führen können.

Die Deckbereitschaft der Häsin erkennt man an den leicht geschwollenen und geröteten Genitalien und eventueller Unruhe. Wenn dies der Fall ist, können Sie die Häsin zum Rammler bringen, nicht umgekehrt. Im eigenen Stall ist die Häsin nämlich sehr unverträglich und der Rammler verwirrt!

Wenn es Schwierigkeiten zwischen Häsin und Rammler gibt, sollte man die Häsin nach etwa 5 Minuten wieder aus dem Stall nehmen und kann es etwa 20 Minuten später abermals versuchen. Falls sich die Häsin dann immer noch nicht decken lässt, kann man sie über Nacht in einen leeren Rammlerstall setzen. Dies kann unter Umständen ihren Hormonhaushalt und somit die Deckbereitschaft günstig beeinflussen.

Sollte auch dies nichts nützen, kann man es 14 Tage später nochmals probieren.

Es ist aber auch möglich, dass sich Häsin und Rammler einfach nicht mögen. Dann sollten Sie es mit einem anderen Rammler versuchen.

Wann die Häsin gedeckt ist, erkennen Sie daran, wenn der Rammler nach kurzem Aufreiten seitlich oder nach hinten mit Gegrunze von der Häsin herunterrutscht bzw. fällt und für einen Moment starr liegenbleibt oder mit den Hinterläufen auf den Boden klopft. Danach können Sie die Häsin in einen Aufzuchtstall setzen.

Die Trächtigkeit der Häsin dauert 28 bis 32 Tage. Während der Tragezeit sollen die Zuchthäsinnen Ruhe haben und ausreichend Futter erhalten, damit die Häsin nicht durch die Entwicklung der Jungtiere geschädigt wird und die Milchleistung nach dem Werfen nicht beeinträchtigt wird.

Blind und nackt kommen die jungen Kaninchen in einem Nest zur Welt. Dieses Nest ist mit Bauchfell der Mutter gepolstert. Schnell wachsen die Tiere heran und sind ein großer Anziehungspunkt für alle Besucher. Die Häsinnen sind meist sehr zutraulich und so kann man die Tiere gut beobachten – und streicheln.

Gegen Ende der Trächtigkeit muss der Stall auf die bevorstehende Geburt der jungen Kaninchen vorbereitet werden. Dazu sollte der Stall gründlich gereinigt und mit frischer Einstreu versehen werden, damit für den Nestbau reichlich Material vorhanden ist. Man kann auch einen Nistkasten in den Stall bringen oder eine Ecke im Stall zurechtmachen.

Das Absetzen der Jungtiere erfolgt allgemein im Alter von etwa sechs bis acht Wochen. Wer es einrichten kann, sollte die Jungtiere bei der Entwöhnung gleich nach Geschlechtern trennen.

Sollte man drei Häsinnen haben, die gemeinsam aufgewachsen sind und zusammen leben, so empfiehlt es sich, diese Häsinnen gleichzeitig zu decken. Gemeinsam werden dann die Jungtiere aufgezogen. Im Fall des unerwarteten Ausfalls einer Häsin übernehmen die beiden anderen Häsinnen die Fütterung der Jungtiere und man erspart sich viel Arbeit.

Verwertung

Fleischgewinnung

Kaninchenfleisch ist im Geschmack mit Kalbfleisch zu vergleichen. Es wird hochgeschätzt, da es leicht verdaulich ist und einen niedrigen Fettgehalt und einen höheren Eiweißgehalt als Rind- oder Hühnerfleisch hat. Außerdem hat Kaninchenfleisch einen sehr niedrigen Puringehalt. Purin wird im Körper des Menschen in Harnsäure umgewandelt und gilt neben Bewegungsmangel und einer vererbbaren Veranlagung als hauptverantwortlich für Gicht, Gelenksentzündungen und Stoffwechselerkrankungen. Ebenfalls zu empfehlen ist Kaninchenfleisch bei Arteriosklerose, Herzinfarktgefährdung und Nierenschrumpfung.

Vor dem Schlachten müssen die Kaninchen durch einen Bolzenschuss betäubt werden (§ 4a Tierschutzgesetz). Die Tötung soll kurz und schmerzlos erfolgen. Zum Abstechen wird der Hinterkörper des betäubten Tieres zwischen die Beine geklemmt und mit einer Hand die Ohren dicht am Wurzelansatz gefasst. Mit der freien Hand wird dann das Messer seitlich am Hals in die Halsschlagader eingeführt. Es kann auch gleichzeitig die Halsschlagader und der Schlund durchtrennt werden. Ein größerer Halsschnitt ist auf jeden Fall besser.

Zum Ausbluten wird das Tier nach dem Abstechen mit einer Hand an den Ohren und mit der anderen an den Hinterläufen hochgehalten. Das restlose Ausbluten ist für die Qualität des Fleisches sehr wichtig. Außerdem wird die Haltbarkeit sonst beeinträchtigt.

Nach dem Ausbluten sollte noch bei warmem Körper das Abbalgen des Tieres erfolgen, da sich dann das Fell am leichtesten abziehen lässt. Das Abbalgen kann auf einem Tisch, aufgehängt am Schlachtbügel oder auch an einer Wand hängend erfolgen. Am einfachsten ist es bei einem aufgehängten Tier. Zum Abbalgen wird über den Sprunggelenken der Hinterläufe zwischen der Sehne und dem Knochen das Fell durchstoßen. Zuerst werden die Hinterschenkel freigelegt, indem man auf der Innenseite der Läufe das Fell aufschneidet und es rund um die Hinterschenkel herum mit den Fingern ablöst. In Gelenkhöhe oder darüber wird das Fell mit dem Messer freigemacht und abgeschnitten. Wenn beide Schenkel freiliegen, wird der Schwanz bis zu den letzten Wirbeln ausgelöst und am Fell hängend abgeschnitten. Das weitere Abbalgen kann dann mühelos erfolgen, indem man das ganze Fell über den Rumpf bis zu den Vorderläufen hin herunterzieht. Bei fest ansitzendem Fell kann mit dem Messer nachgeholfen werden. Die Vorderläufe werden aus dem Fell herausgezogen und am Fußgelenk abgeschnitten. Das Fell wird im Genick bis zu den Ohren heruntergestreift, dann werden die Ohrwurzeln dicht am Ansatz durchgeschnitten und die Kopfhaut mit dem Messer vorsichtig losgetrennt. Damit ist das ganze Fell vom Körper gelöst.

Fellgewinnung

Die Wolle eines Angorakaninchens ist sehr beliebt, da sie ein sehr hohes Wärmespeicherungsvermögen hat. Für die Verwendung der Wolle braucht man möglichst lange Wollhaare. Allerdings fängt die Wolle mit zunehmender Flaumlänge am Kaninchenkörper an zu verfilzen. Außerdem können sich überlange Haare, die durch Lecken und Putzen in den Verdauungstrakt gelangen, zu gesundheitsgefährdenden Knäueln ansammeln.

Deshalb sollte man scheren, wenn die Wolle mindestens 6 cm lang ist. Das ist je nach Futter und Haltungsbedingungen etwa alle 10 bis 13 Wochen der Fall. Trächtige Häsinnen werden nicht geschoren.

Krankheiten

Fitte und gut gehaltene Kaninchen haben keine Probleme, mit den überall vorhandenen Krankheitserregern – mit kleinen Ausnahmen – fertig zu werden. Das Wichtigste ist es also, Krankheiten durch gute Pflege vorzubeugen.

Neu hinzugekaufte Tiere sollten immer erst etwa vier Wochen in Quarantäne gehalten werden, damit sie die anderen Tiere nicht mit eventuell vorhandenen Krankheiten anstecken.

Wenn ein Tier keine Petersilie mehr mag oder erhöhte Temperatur hat – die Normaltemperatur beträgt 39 °C –, sollte das für Sie ein Alarmzeichen sein. Bei unklaren Fällen ist der Tierarzt aufzusuchen. Falls Ihr Kaninchen sehr schwer erkrankt ist, sollte man sich lieber für eine Schlachtung entscheiden, bevor das Tier weiter leiden muss.

Ein Wurf Kaninchen pro Jahr beschert einem eine gute Anzahl leckerer Braten. Meist lernt man den Wert dieser Tiere erst kennen, wenn man auf einem Kleintiermarkt sieht, wie schnell und hastig diese Würfe verkauft werden.

ESEL

Esel sind sehr genügsame und gesellige Tiere, die mit wenig Aufwand gehalten werden können. Gut kann man sie auch gemeinsam mit Schafen und Ziegen halten. Als Arbeitstier genutzt sind sie sehr ausdauernd, geländegängig, sehr geschickt und handeln situationsabhängig – also nach ihrem Kopf. Mit etwas Geduld und Vertrauen ist aber auch dies kein Problem.

Anatomie des Esels

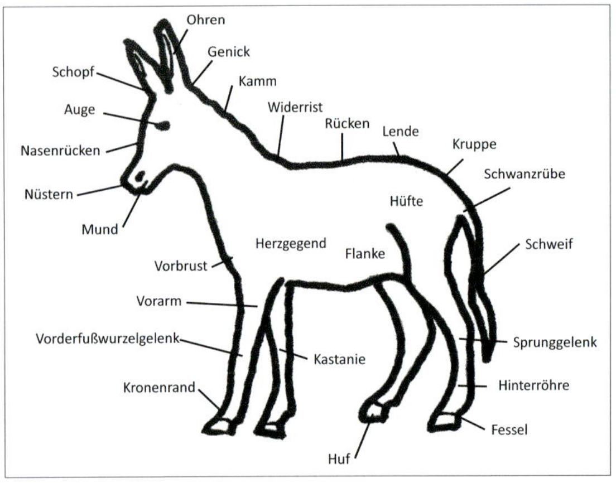

Kurzsteckbrief

- Hausesel, stammt vom Afrikanischen Wildesel (*Equus asinus*) ab
- Weiblich: Eselstute, männlich: Eselhengst, Jungtiere: Eselfohlen
- Gewicht: bis zu 350 kg, Größe: bis zu 150 cm
- Alter: 30–40 Jahre
- Mindestgruppengröße: 2
- Platzbedarf Stall pro Tier: 5–9 m^2
- Platzbedarf Auslauf/Weide pro Tier: 1.500–2.000 m^2 Weideauslauf im Sommer, kleiner Freiluftauslauf im Winter
- Platzbedarf Lager: Platz für Heu, Stroh und kleine Mengen Äpfel, Karotten und hartes Brot
- Futter: Hauptfutter Heu und Stroh, zusätzlich kleine Mengen Äpfel, Karotten und hartes Brot
- Besonderheiten: können auch gut gemeinsam mit Schafen und Ziegen gehalten werden. Esel sind zudem als Last- und Zugtiere einsetzbar.

Esel auf einer Dauerweide. Die Beweidung ist ein Themenfeld, das eine gewisse Einarbeitung erfordert. Naturnahe Beweidungsformen werden für das Tierwohl und die Ökologie zunehmend als wichtig eingestuft.

Welche Esel passen zu uns?

Für welchen Esel man sich entscheidet, hängt vor allem davon ab, wie groß der Esel sein und wofür er eingesetzt werden soll. Will man den Esel reiten oder etwas ziehen lassen, sollte man eher einen großen Esel bevorzugen. Soll der Esel nur als Streicheltier fungieren, kann auch ein kleiner Esel genügen.

Esel gibt es in vielen Farben und Formen, sodass die Wahl schon schwerfallen kann. Will man etwas für den Erhalt seltener Haus- und Nutztierrassen tun, sollte man sich für eine der beiden unten aufgeführten Rassen entscheiden.

Rassen

Bei Eseln wird kein allzu großer Wert auf die Rassezucht gelegt, es gibt viel mehr angepasste Mischungen, die dann weitergezüchtet werden. Daher gibt es eine große Vielfalt von Eseln, die auf Basis der Größe in drei Gruppen eingeteilt wird.

Die kleinsten Esel, bis zu einer Widerristhöhe von 100 cm, gehören zu den Zwergeseln. Esel mit einer Widerristhöhe bis zu 130 cm bezeichnet man als Normalesel und ab einer Widerristhöhe von 131 cm als Großesel.
Bei den folgenden zwei Beschreibungen handelt es sich um echte Rassen, welche laut *GEH*, *Pro Specie Rara* und *Arche Austria* als gefährdet gelten.

Österreichisch-Ungarische Weiße Barockesel

Diese Esel gehören zu den mittelgroßen Eselrassen und sind unverwechselbar aufgrund ihres einzigartigen Erscheinungsbildes. Die Tiere haben eine wenig pigmentierte Haut und helle Hufe sowie ein hellgelb gefärbtes Haarkleid. Es handelt sich um eine Vorstufe des Albinismus. Sie haben hellblaue Augen und meistens ein normal langes Haarkleid, manchmal auch etwas verlängert. Die Mähne ist normalerweise stehend, vereinzelt auch hängend. Der für Esel typische Aalstrich und das Schulterkreuz sind oft angedeutet.

Die Österreichisch-Ungarischen Weißen Barockesel können sowohl zur Landschaftspflege als auch als Reitesel für Kinder, Therapietier, Kutschenesel oder Tragetier eingesetzt werden.

Sie gelten als treue Begleiter, sind vielseitig einsetzbar und genügsam. Vermieden werden sollte die Fütterung von besonders jungem, eiweißreichem Gras im Frühling, da ihnen dies nicht gut bekommt.

Baudet du Poitou

Poitou-Esel haben einen kräftigen und langen Kopf sowie lange, breite und gut geöffnete Ohren. Sie besitzen einen starken Hals und einen geraden, langen Rücken. Das Fell ist lang und gibt es in den Farben Dunkelbraun, Gelblich und Hellbraun. Die Bereiche um Nase, Maul und Augen sind silbergrau mit einer rötlichen Einrahmung.

Eine harmonische Eselherde mit Jungtier. Die Steine sorgen für eine große Strukturvielfalt und bieten besonderen Pflanzen einen idealen Lebensraum.

Der Bauch und die Innenseite der Schenkel sind etwas heller. Poitou-Esel haben kein Schulterkreuz und keinen Aalstrich.
Mit einer durchschnittlichen Größe von 140 bis 145 cm gehören sie zu den Großeseln.

Poitou-Esel gelten als echtes Liebhaber- und Schautier und weniger als Gebrauchstier. Zum Spazierengehen und zum Ziehen von leichten Kutschen sind sie dennoch geeignet. Außerdem sind sie ausgesprochen freundliche und dem Menschen zugewandte Tiere.

Was man beim Kauf beachten sollte

Beim Kauf von Eseln sollte man vor allem auf den Gesundheitszustand des Tieres achten. Dabei hilft oft ein Blick auf das Fell sowie auf Hufe, Maul und Augen. Lassen Sie sich hierbei am besten von einer erfahrenen Person beraten.

Sollten Sie sich für eine bestimmte Rasse entscheiden und ein reinrassiges Tier kaufen wollen, so müssen Sie genau aufpassen, ob dies auch stimmt oder ob der Verkäufer Ihnen doch nur einen Mischling verkauft. Auch hier kann eine erfahrene Person hilfreich sein.

CHECKLISTE! Stall, Auslauf, Weide

Stall
- ❑ robuste Bauweise
- ❑ giftfreies Holz
- ❑ 5–9 m² Stallfläche pro Tier, 2 m hoch
- ❑ Trennwände
- ❑ wasserbindende Einstreu
- ❑ Futterstelle (+ Salzleckstein)
- ❑ Tränke
- ❑ verschließbar
- ❑ trocken
- ❑ zugluftfrei
- ❑ hell

Auslauf
- ❑ geschützter Auslauf
- ❑ Futterstelle
- ❑ Tränke
- ❑ temporär
- ❑ 10 m² pro Tier

Weide
- ❑ so groß wie möglich
- ❑ täglich benutzbar
- ❑ 1.500–2.000 m² pro Tier
- ❑ Zaun
- ❑ Unterstand
- ❑ Bäume und Sträucher
- ❑ artenreicher Saum
- ❑ geschlossene Grasnarbe
- ❑ Wasser

Aufdringliche Eselhengste können das Gruppengefüge stören. Gerade bei der Jungtieraufzucht kann das Stress verursachen. Für die kleinen Esel bedeutet Stress unter Umständen Einbußen bei der Milchversorgung.

Esel dienen den Schäfern als Tragetiere und als zusätzlicher Schutz. Schwache Lämmer und Proviant können vom Esel getragen werden.

Stall

Der Eselstall muss groß genug und robust gebaut sein, da Esel gerne mal an etwas herumknabbern. Deshalb sollten auch alle Materialien des Stalls ohne giftige Imprägniermittel oder Ähnlichem sein.

Pro Esel berechnet man 5 bis 9 m² Stallfläche, je nach Größe des Tieres. Frischluft- und Lichtzufuhr können über Fenster erreicht werden, der Stall sollte allerdings zugluftfrei sein. Eine Stallhöhe von 2 m ist für Mensch und Tier sehr angenehm.

Der Boden sollte aus möglichst natürlichen, heimischen Materialien sein. Am besten eignen sich Lehmboden, Ziegelsteine oder Hartholzwürfel, die mit einer Einstreu versehen werden, wie Stroh, Sägespäne oder Sägemehl. Natürlich sollte jeden Tag ausgemistet werden, damit der Standplatz trocken und sauber ist. Von Beton und Asphalt ist aus energetischen und gesundheitlichen Gründen abzuraten. Holzwände, die als Sichtbarrieren fungieren, bieten den Tieren die Möglichkeit, sich auch einmal aus dem Weg zu gehen. Versieht man diese Wände mit einhängbaren Türen, können die

Ein Stall aus natürlichen Baumaterialien ermöglicht es dem Esel, an den Hölzern zu knabbern. Diese „Opferhölzer“ dienen der Versorgung mit wertvollen Nährelementen und reduzieren die Langeweile. Beim Bau ist auf den Einbau dieser Beschäftigung zu achten. Ein Stall aus Metall und Beton mag zwar wartungsärmer sein, aber er erfüllt den Bedarf an Verhaltensausübung nicht.

Esel sind Charaktertiere. Man muss sich auf verschiedene Eigenheiten gefasst machen, wenn man mit ihnen arbeitet.

so entstehenden Boxen auch als Krankheitslager oder Geburtsraum genutzt werden.

Eine Futterraufe mit genug Platz für alle Tiere und ein großer Wassertrog sowie ein Salzleckstein gehören zur Grundausstattung des Stalles.

Auslauf/Weide

Ein Auslauf ist für Esel unerlässlich, um gesund zu bleiben. Pro Esel rechnet man 1.500 bis 2.000 m^2 Weidefläche. Im Frühjahr muss man die Esel langsam an die Weide und das dort wachsende, frische Gras gewöhnen, welches leicht zu Verdauungsproblemen führen kann. Deshalb füttert man den Eseln zunächst im Stall Heu und Stroh und lässt sie dann etwa eine halbe Stunde lang auf die Weide. Jeden Tag werden dann die Weidezeiten ein wenig mehr ausgedehnt, bis die Esel nach etwa zwei bis drei Wochen dauerhaft auf der Weide bleiben können. Günstig ist es, wenn der Weidezaun immer wieder ein Stück versetzt wird, damit die Tiere immer frisches Futter haben und die Weide sich regenerieren kann. Giftpflanzen müssen vor der Beweidung der Fläche entfernt werden, da Esel diese unter Umständen nicht selbst erkennen.

Auch auf der Weide brauchen die Esel eine Möglichkeit, sich bei schlechtem Wetter oder großer Hitze unterzustellen. Hierfür genügt ein einfacher, überdachter, luftiger Holzunterstand. Dieser sollte pro Esel etwa 3,30 m^2 groß sein. Ebenso gehören zur Grundausstattung ein Salzleckstein und frisches Wasser.

Fütterung

INFO! Allgemeine Fütterungshinweise

- Befestigter Futterplatz.
- Futter auf mehrere Stellen verteilen, damit rangniedrigere Tiere auch zum Zug kommen und ihre Ration erhalten.
- Auf Reinlichkeit achten.
- Täglich nach dem Wasser schauen; besser zweimal als einmal. Jeden Tag frisches Wasser geben und die Tränke sauber halten.
- Einen größeren persönlichen Freiraum hat jener, der Selbsttränker aufstellt.
- Ständiges Vorhandensein von Futter zieht aber Mäuse, Ratten und Vögel an.

Esel führen im Prinzip nur mit Artgenossen ein tiergerechtes Eselleben. Hier aber zeigt sich, dass dieser Esel sich vorzüglich in die Schafherde eingelebt hat. Sie grasen friedlich nebeneinander.

Esel als Schutz für die Schafherde ergänzen das Spektrum. Hütehund, Herdenschutzhund, naturnahe Weideeinfriedung und Esel schützen die Herde vor möglichen Feinden. Dennoch ist es der Schäfer, der für den funktionierenden Schutz sorgt. Seine Arbeit ist wertzuschätzen und muss von allen realistisch bewertet werden.

Esel beim Fressen an einem naturnahen Saum. Bevor man den Freischneider einsetzt, sollte man es den Tieren überlassen, mit den Pflanzen ihrer Weide zu haushalten. Nicht alles wird zu dem Zeitpunkt abgeweidet, wenn wir Menschen glauben, dass es an der Zeit ist, es aufzuräumen oder zu entfernen.

Das wichtigste Futter für Esel ist Heu, da es die Speichelproduktion fördert und durch den Rohfaseranteil die Darmtätigkeit aktiviert. Esel knabbern immer gerne an etwas herum. Deshalb sollte man auch Stroh unter das Heu mischen, welches weniger gehaltvoll ist.

Bei jungem, frischem Wiesenschnitt muss man vorsichtig sein. Durch den geringen Rohfaseranteil kann es zu Verdauungsschwierigkeiten kommen. Deshalb empfiehlt es sich, diesen nur in kleinen Mengen zu verfüttern oder mit Heu und Stroh zu mischen.

Ein sehr gutes, kalorienarmes und rohfaserreiches Futter sind junge Zweige von Linde, Birke, Hasel, Pappel und Weide. Eichen-, Buchen- und Eibenzweige sollten vermieden werden, da sie schwere Erkrankungen hervorrufen können.

Ein- bis zweimal wöchentlich kann das Futter noch durch Äpfel, kleine Stücke hartes Brot oder Karotten ergänzt werden. Pro 100 kg Körpermasse rechnet man etwa einen Apfel und eine Möhre.

Das Futter sollte über den Tag verteilt in kleinen Mengen gegeben werden, weil Esel sich sonst endlos vollfressen.

Tiere, die körperlich schwer arbeiten, sich im Wachstum befinden, durch Krankheit geschwächt sind oder Fohlen führen, bekommen zusätzlich noch eine kleine Menge Getreide, am besten gequetschte Gersten- oder Haferkörner. Diese werden etwa ein bis zwei Stunden nach der Heu- und Strohgabe gefüttert.

Salzlecksteine sollten sowohl im Stall aus auch auf der Weide immer zur Verfügung stehen, um eine ausreichende Versorgung mit Salz und Mineralien zu gewährleisten. Außerdem ist ein ständiger Zugang zu frischem, sauberem Wasser notwendig. Pro 100 kg Körpermasse rechnet man mit etwa 4 bis 10 l Wasser täglich. Die Menge ist natürlich von verschiedenen Faktoren, wie beispielsweise der Temperatur, abhängig.

Info – Futter
Hauptfutter Heu und Stroh
kleine Mengen Äpfel
Karotten
hartes Brot
Salzlecksteine

Pflege

CHECKLISTE! Pflegeplan

Täglich:	Regelmäßig:
❏ Futterstelle säubern	❏ Fellkontrolle und -pflege
❏ füttern	❏ Hufkontrolle
❏ Wasser erneuern	❏ kehren
❏ Kontrolle, ob es allen Tieren gut geht und alle leben	❏ misten
❏ Kontrolle des Stalles und der Zäune	**Bei Bedarf:**
❏ Hufe säubern	❏ Zahnkontrolle

Eselfohlen brauchen den Schutz ihrer Mütter. Dieses sucht Schutz hinter ihr und steht bereits in Fluchtrichtung. Um Eselfohlen die besten Voraussetzungen für eine physische und psychische Entwicklung zu gewährleisten, sollten sie möglichst erst nach einem Jahr von der Mutter abgesetzt werden.

Zur Pflege der Esel gehört vor allem die Pflege und regelmäßige Kontrolle der Hufe. Diese sollten täglich ausgekratzt und gereinigt werden. Alle zwei bis drei Monate sollte ein Hufschmied oder professioneller Klauenschneider die Hufe ausschneiden. Werden die Esel oft auf Asphalt oder harten Untergründen eingesetzt, sind Hufeisen von Vorteil.

Neben der Hufpflege ist auch die Fellpflege nicht zu vernachlässigen. Esel werden mit einer Wurzelbürste oder einer feineren Bürste gestriegelt. Bei schweren Verschmutzungen kann auch Wasser verwendet werden. Das Striegeln entfernt herausgefallene Haare, massiert die Haut der Tiere, fördert das Vertrauen und dient gleichzeitig der Haut- und Fellkontrolle.

Außerdem sollte den Tieren etwa einmal im Jahr ins Maul geschaut werden, um Kanten, die durch ein unregelmäßiges Abreiben der Zähne entstehen, entdeckt und entfernt werden können. Diese Arbeit wird vom Tierarzt durchgeführt. Bei älteren Tieren kann es auch häufiger nötig sein.

Wenn man einen Esel reiten will oder ihn zum Ziehen einsetzen möchte, muss man das Knochenwachstum abwarten, welches nach 3,5 bis 4 Jahren abgeschlossen ist. Soll der Esel als Reittier eingesetzt werden, darf der Reiter nicht mehr als 25 % des Gewichtes des Esels wiegen. Außerdem sind Esel eher gemütliche Tiere und keine Rennpferde. Beim Einsatz als Zugtier mit Kutschen darf ein Esel nicht mehr als das Zweifache seines Körpergewichtes ziehen.

Erfahrene Eselhalter berichten, dass ihre Tiere immer auf der Weide oder vor dem Stall warten, bis man sie abholt und persönlich in den Stall bringt. Zwar kennen Sie den Weg, aber eine innere Haltung oder Blockade veranlasst sie, auf die Hilfe und die Begleitung der Halter zu warten. Man muss Esel verstehen und ihre Eigenheiten akzeptieren, bevor man sie als störrisch verurteilt.

Vermehrung (Aufzucht)

Eselstuten sollten erst in einem Alter von 3 Jahren gedeckt werden, auch wenn sie schon nach etwa einem Jahr geschlechtsreif sind. Hengste sollten auch mindestens 2 Jahre alt sein, bevor sie zur Paarung eingesetzt werden. Sie sind schon mit sechs bis neun Monaten zeugungsfähig.

Da die Paarung bei Eseln ziemlich heftig sein kann, sollte man den Hengst getrennt von den Stuten halten und sie nur zur Paarung zusammenlassen.

Die Brunst ist bei Eselstuten ganzjährig und erfolgt alle 21 bis 28 Tage. Die so genannte Rossigkeit oder Rosse erkennt man daran, dass die Stute vermehrt Harn absetzt, ihre Schamlippen häufig öffnet und schließt und Kontakt zum Hengst sucht.

Bevor Esel sich paaren, erfolgt eine wilde Jagd. Der Hengst treibt die Stute vor sich her, die dabei wild nach hinten ausschlägt. Irgendwann bleibt die Stute dann stehen und lässt sich vom Hengst decken.

Die Trächtigkeit kann bei Eseln zwischen 11 und 13 Monaten dauern. Esel bringen meist ein Fohlen zur Welt, welches schon nach wenigen Minuten versucht aufzustehen und ein bis zwei Stunden später der Mutter überallhin folgt. Auch für Eselfohlen ist die Kolostralmilch, die unter anderem wichtige Antikörper enthält, sehr wichtig. Daher suchen sie automatisch nach dem Euter der Mutter. Um die Darmbakterienflora des Fohlens aufzubauen, fressen diese oft auch kleinere Mengen des mütterlichen Kots, was ganz normal ist. Nach etwa einer Woche beginnen die Fohlen, zusätzlich zur Muttermilch auch feste Nahrung aufzunehmen.

Um Eselfohlen die besten Voraussetzungen für eine physische und psychische Entwicklung zu gewährleisten, sollten sie möglichst erst nach einem Jahr von der Mutter abgesetzt werden.

Glückliches Eselleben. Hier haben sie genügend Auslauf und gesundes Futter, um gesund und stark zu bleiben, damit sie auch als Zug- und Tragtiere ihren Besitzer CO_2-neutral unterstützen können.

Verwertung/Nutzung

Milchgewinnung

Eselsmilch ist der menschlichen Muttermilch sehr ähnlich und kann daher gut als Muttermilchersatz eingesetzt werden. Eselsmilch enthält kein Casein und hat einen geringen Fettgehalt, daher ist sie besonders gut verdaulich. Außerdem stimuliert sie die Immunabwehr und regeneriert die Darmflora. Auch für Allergiker kann Eselsmilch geeignet sein, je nachdem worauf genau sie allergisch sind.

Wie schon von Kleopatra bekannt, ist Eselsmilch auch bei der Hautpflege sehr beliebt. In verschiedene Kosmetika und Wellnessprodukten wird sie gerne hinzugefügt. Besonders bei Hautproblemen werden Eselsmilchprodukte gerne eingesetzt.

Eselsmilch ist ein seltenes und wertvolles Produkt.

Fleischgewinnung

Beim Esel ist die Fleischgewinnung je nach Region und Land etwas in den Hintergrund getreten, da heutzutage meist das Fleisch von Schwein, Rind, Pute oder Gans verwendet wird. Am häufigsten wird Eselsfleisch in Form von Salami angeboten.

Zugtier/Trekking

Esel eignen sich nach guter Schulung hervorragend als Zug- und Tragtiere. Das zu tragende Gewicht sollte nicht mehr als ¼ des Körpergewichts betragen, die Zuglast vom Wagen nicht mehr als das doppelte Körpergewicht. Esel können so beim Trekking eingesetzt werden. Außerdem tragen sie Lasten über unwegsames Gelände. Der Zug kann bei Transportarbeiten eine echte Alternative darstellen. Gerne werden sie im Bereich der tiergestützten Therapie eingesetzt, um so mobilitätseingeschränkten Patienten mit Hilfe spezieller Wägen Orte zugänglich zu machen, an die sie sonst nicht gelangen könnten. Dieser tiergezogene Rollstuhl findet unter dem Namen Escargoline bzw. Randoline zunehmend viele Nutzer und Liebhaber.

Krankheiten

Bei guter Haltung sind Krankheiten beim Esel äußerst selten. Anzeichen können unter anderem Fressunlust, Apathie, Fieber und verändertes Verhalten sein. Sollte Ihnen irgendetwas außergewöhnlich erscheinen, lassen Sie den Tierarzt nach dem Rechten sehen.

Auch über Wurmkuren und Impfungen kann dieser Sie aufklären.

Besonderheiten (Der störrische Esel)

Der störrische Esel ist eigentlich nur ein Klischee beziehungsweise eine falsche Verhaltensinterpretation. Als die ersten Hausesel nach Mitteleuropa kamen, waren sie die hiesigen Böden nicht gewöhnt. Es kam oft zu Huferkrankungen aufgrund der ungewohnten Bodenbedingungen. Da die Esel dann wegen starker Schmerzen häufig das Laufen verweigerten, galten und gelten sie noch heute als störrisch.

Außerdem sind Esel keine Fluchttiere, sondern bleiben einfach stehen, prüfen die Situation und lassen diese oft einfach über sich ergehen. Auch dieses Verhalten wird oft falsch interpretiert.

Esel sind bei richtiger Haltung sehr gelehrig, arbeitswillig und neugierig. Vertrauten Personen gegenüber sind sie sehr anhänglich und lassen sich im Falle von Verletzungen gerne helfen, ohne den Helfer in Gefahr zu bringen. Sie lassen sich außerdem auch gut gemeinsam mit Schafen oder Ziegen halten, da sie sehr gesellig sind.

Von Nachbarn werden sie aufgrund ihrer Lautäußerungen manchmal leider nicht so sehr geliebt.

SCHAFE

Das Schaf ist wohl neben dem Huhn das bekannteste Nutztier. Es spielt in unserer Gesellschaft eine sehr wichtige Rolle. Überall begegnet es uns: in den Schäfchenwolken, beim Schafezählen während des Einschlafens, in der Bekleidung, in Sprichworten und Kosenamen. Das Schaf ist überall. Als Kuh des kleinen Mannes war es schon immer der feste Begleiter unserer Vorfahren. Große Schafherden mit Schäfer symbolisieren Geborgenheit und eine intakte Landschaft und vermitteln auch religiöse Gefühle.

Leider sind Schafe in den letzten Jahrzehnten stark zurückgegangen. Von den riesigen Mengen während des Wollbooms ist in Mitteleuropa nichts mehr zu spüren und die Anzahl an Tieren droht weiter zu sinken. Hoffen wir, dass wir mit diesem Kapitel wieder Schafe in die Landschaft bringen.

Schafe erfüllen so viele Bedürfnisse, die wir brauchen. Von der Landschaftspflege und Landschaftsgestaltung über eine positive emotionale Kopplung bis hin zu nachhaltigen und ökologischen Produkten. Schafe sind das beste Gewürz einer Landschaft – und der Wurst. Das ganze Jahr kann im Rhythmus des Schafs gemessen werden: Ablammung, Weidezeit, Trennen der Lämmer, Zuchttierauswahl, Fleischtierauswahl, Bockwahl, Deckphase, Winterfütterung – und wieder von vorne.

Anatomie des Schafs

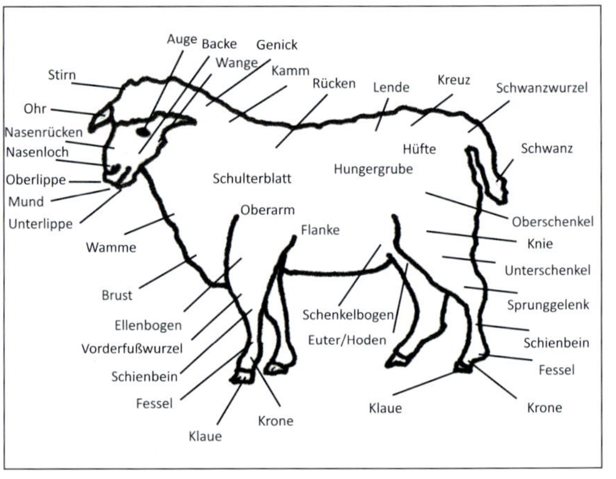

> **Kurzsteckbrief**
>
> - Das Schaf stammt entweder vom Mufflon (*Ovis orientalis orientalis*) oder dem Arkal ab. Vor etwa 10.000 Jahren begann die Domestikation.
> - Weiblich: Schafe, Muttern, Auen; männlich: Bock, Widder; kastrierte Männchen: Hammel; Jungtiere: Lämmer
> - Gewicht: 30–150 kg, Größe: 50–90 cm
> - Alter: bis zu 15 Jahre
> - Mindestgruppengröße: 2 Tiere
> - Platzbedarf Stall pro Tier: 4 m^2
> - Platzbedarf Auslauf/Weide pro Tier: 1.000–1.200 m^2
> - Platzbedarf Lager: Heu, Stroh, ggf. Reisig
> - Weidegröße pro Tier: 350–600 m^2 pro Tier und Jahr, je nach Größe des Schafs
> - Heufläche: Das Dreifache der Weidefläche pro Tier
> - Futter: Grünfutter, Raufutter, Saftfutter
> - Heubedarf pro Schaf im Jahr etwa 450–500 kg

Welche Schafe passen zu uns?

Die züchterische Entwicklung von der Stammform zu den unterschiedlichen Rassen verfolgte verschiedene Ziele. Ursprünglich waren *Milch*, *Fleisch* und *Wolle* die Hauptnutzungstypen der Schafe. Je nach Hauptaugenmerk entwickelten sich Rassen und Rassegruppen, welche sich verstärkt auf eine dieser Nutzungsformen konzentrierten.

Die Globalisierung des Warenmarktes und die Einführung chemisch-synthetischer Textilfasern zerstörten vielerorts den regionalen Markt für Schafprodukte. Ein Trend, der sich nicht nur auf den Arbeitsmarkt der Schäfer auswirkte, sondern auch in Naturschutz und Landschaftspflege zu Verlusten der biologischen Vielfalt führte. Letztgenanntes Problem führte zu einer partiellen Förderung der Schafhaltung, wobei sich die Produkte nach wie vor schwer am Markt platzieren lassen und sich neben Milch, Fleisch und Wolle eine Fokussierung auf pflegeleichte Schafrassen zur *Landschaftspflege* bemerkbar macht.

Zur Entscheidung, welche Schafrasse passt, muss demnach auch immer die Nutzung und der Zeitaufwand herangezogen werden. Schafmilch und die daraus gewonnenen Produkte, wie Quark, Joghurt und Käse, haben einen zunehmenden und durchaus lukrativen Markt. Der Aufwand zur Herstellung ist weit höher als die Zucht von Fleischrassen oder die Wollerzeugung. Zwar erreicht der Wollpreis immer noch nicht die Höhen, die er verdient hätte, dennoch spielt gerade in der Debatte um die hohen Mengen an Mikroplastik in den Weltmeeren und Böden eine natürliche Faser für Textilien eine große Rolle. Wenn man bedenkt, dass mit jedem Tragen, Waschen und Trocknen feine Fasern und Fussel unserer chemischen Funktionswäsche und den Bekleidungsstücken aus Synthetik ins Abwasser und den Boden gelangen, dann wird man sich schnell bewusst, wie unschuldig und sinnvoll sich ein Wollprodukt in unserer Welt verhält, wenn es nach seiner Nutzung wieder zu Humus wird.

Bei der Unterteilung der Schafrassen unterscheidet man zunächst drei große Rassegruppen: Die *Landschafe* als ursprüngliche Artengruppe mit hoher Widerstandskraft (Klima, Witterung, Untergrund), guter Fleischqualität und optimaler Anpassung an Aufgaben der Landschaftspflege. Als Beispiele zählen hier Heidschnucken, Kamerunschaf und Soay. *Fleischschafe* haben, wie der Name schon sagt, einen Fokus auf die Produktion von hohen Muskelgehalten, welche bei richtiger Fütterung und zeitiger Schlachtung zu hochwertigem, magerem Fleisch werden. *Milchschafe* leisten bei der Produktion von Milch erstaunliches und sind mit 450–600 Litern pro Tier und Jahr ganz hervorragend für die Produktion von Schafmilchprodukten geeignet. Die Wollerzeugung ist bei den meisten Schafrassen zusätzlich vorhanden, variiert aber in Qualität und Menge. Wobei

Ein Schaf in vollem Fell. Die Schur der Wolle steht unmittelbar bevor.

Schafe gibt es in aller Welt. Die genaue Zahl der verschiedenen Rassen ist nicht bekannt. Man schätzt sie auf über 500. Nach unterschiedlichen Kriterien hat man sie selektiert und gezüchtet. Diese Vielfalt ist auf die ebenso große Vielfalt an landschaftlichen Unterschieden zurückzuführen. Weideschafe, Milchschafe, Fleischschafe, Wollschafe oder säugende Mutterschafe, allesamt tragen sie zu dieser großen genetischen Vielfalt bei.
Wo eine Kuh hungern muss, werden noch 10 Schafe satt.

Da das Schaf ein Herdentier ist, verbietet es sich, Einzeltiere zu halten.

die Haarschafe als Ausnahme gezählt werden und keine verspinnbare Wolle produzieren.

Einen kleinen Überblick über die Rassen erhalten Sie im folgenden Abschnitt. Es werden nur Rassen beschrieben, die laut *GEH*, *Pro Specie Rara* und *Arche Austria* gefährdet sind.

Rassen

Brillenschaf/Kärntner Brillenschaf

Das Brillenschaf ist ein mittelgroßes, kräftiges Schaf mit langen, fleischigen Hängeohren. Der Nasenrücken ist stark geramst (gewölbt) und ein Teil der Ohren sowie die Umgebung der Augen sind schwarz. Ansonsten ist das Brillenschaf weiß.

Es ist schlichtwollig, robust, anspruchslos und anpassungsfähig. Es besitzt eine gute Fruchtbarkeit und die Lämmer wachsen schnell. Die Muttern haben eine hohe Milchleistung.

Der Widder hat eine Widerristhöhe von 75 bis 80 cm und ein Gewicht von 75 bis 90 kg, das Schaf eine Widerristhöhe von 70 bis 75 cm und ein Gewicht von 55 bis 75 kg. Sie liefern pro Jahr etwa 2,5 bis 5 kg Wolle und gutes, feinfaseriges Fleisch mit würzigem, wildbretähnlichem Geschmack.

Deutsches Karakulschaf

Das Deutsche Karakulschaf ist ein mittelgroßes Steppenschaf mit länglichem, schmalem, etwas ramsnasigem Kopf und meist langen Hängeohren. Die Schafe sind hornlos und die Böcke vorwiegend gehörnt. Das Deutsche Karakulschaf besitzt einen schmalen, langgestreckten Körper mit abfallendem Becken. Am häufigsten ist der schwarze (arabi) Farbschlag, seltener der graue (schiras) und der braune (kombar).

Deutsche Karakulschafe gelten als anspruchslos, widerstandsfähig und langlebig. Sie sind besonders gut an trockene Steppen- und Halbwüstengebiete angepasst.

Die Böcke wiegen zwischen 60 und 80 kg, die Schafe zwischen 40 und 60 kg. Sie haben einen Wollertrag von 2,5 bis 4 kg. Die Widerristhöhe beträgt 65 bis 70 cm.

Schwarzes Bergschaf

Das Schwarze Bergschaf ist ein mittelgroßes, schwarzes Landschaf mit schmalem, ramsnasigem Kopf. Es besitzt breite Hängeohren und ist hornlos. Es zeichnet sich durch einen langen, breiten Rücken und kräftige Beine mit straffer Fessel und harter Klaue aus. Die Schlichtwolle ist lang und seidig glänzend.

Es gilt als widerstandsfähig und ist sehr gut an das Hochgebirgsklima angepasst. Für die Landschaftspflege ist es sehr gut geeignet und liefert qualitativ hochwertiges Fleisch.

Das Schaf wiegt zwischen 70 und 80 kg, der Bock zwischen 85 und 110 kg. Die Widerristhöhe beträgt 70 bis 85 cm. Es liefert etwa 4 bis 8 kg Wolle pro Jahr.

Leineschaf

Das Leineschaf hat einen langen schmalen Kopf, wobei der Kopf des Bockes kürzer und gröber ist. Es ist hornlos und die Beine sowie der Kopf bis hinter die Ohren ist unbewollt. Das Leineschaf hat einen langen Rumpf mit breitem Rücken und harte Klauen. Seine Robustheit, sehr gute Anpassungs- und Marschfähigkeit zeichnen die Tiere als gute Hüteschafe aus.

Leineschafe haben sehr gute Muttereigenschaften, wie eine hohe Fruchtbarkeit, Milchleistung und Leichtlammigkeit.

Die Schafe bringen ein Gewicht von 60 bis 80 kg, die Böcke von 100 bis 120 kg auf die Waage. Sie besitzen eine Widerristhöhe von 65 bis 85 cm. Der Wollertrag beträgt 3,5 bis 4 kg pro Jahr.

Weißköpfiges Fleischschaf

Das Weißköpfige Fleischschaf ist mittel- bis großrahmig und hat einen breiten und tiefen Körperbau. Die Tiere sind hornlos und haben einen Wollschopf an der Stirn. Sie besitzen keine Hängeohren, sondern derbe bis mittelgroße Ohren, die etwas nach unten stehen. Der Rücken ist lang und gut mit Muskeln versehen.

Durch die Bewollung des Bauches und der Seitenflächen besitzen die Tiere einen sehr guten Wärmeschutz und sind dadurch sehr widerstandsfähig und wetterhart. Deshalb sind sie sehr gut für die Koppel- oder Hütehaltung im Bereich von Küsten und Deichen geeignet.

Die Böcke wiegen zwischen 110 und 150 kg und haben eine Widerristhöhe von 80 bis 85 cm. Die Schafe wiegen zwischen 70 und 100 kg mit einer Widerristhöhe von 70 bis 80 cm. Der Wollertrag liegt bei 5 bis 8 kg pro Jahr.

Braunes Bergschaf

Das Braune Bergschaf gehört zu den mittelgroßen Schafen. Es ist ganzfarbig cognac- bis sattbraun und besitzt eine grobe Wolle. Der Kopf ist schmal, hornlos und ramsnasig mit langen, breiten Hängeohren.

Als Bergschaf besitzt es eine große Steig- und Trittsicherheit und ist bestens für niederschlagsreiche Gegenden geeignet.

Die Schafe bringen ein Gewicht von 70 bis 80 kg und die Böcke von 85 bis 110 kg auf die Waage. Die Widerristhöhe beträgt zwischen 70 und 85 cm. Sie liefern 4 bis 5 kg Wolle pro Jahr, die vor allem für die Herstellung von Lodenstoffen sehr beliebt ist.

Weißes Bergschaf

Das Weiße Bergschaf ist ein mittelgroßes bis großes Schaf mit edlem, schmalem und ramsnasigem Kopf. Es ist hornlos und hat lange, breite Hängeohren. Der Rücken ist lang und breit, die Beine kräftig mit straffer Fessel und harten Klauen.

Die Tiere sind an die raue Haltung im Hochgebirge angepasst und nutzen für Rinder unzugängliche Hochlagen, da sie eine gute Steig- und Trittsicherheit besitzen. Außerdem sind sie an hohe Niederschläge angepasst. Sie sind extrem langlebig und zeichnen sich durch beste Muttereigenschaften aus.

Die Schafe wiegen zwischen 70 und 85 kg, die Böcke zwischen 90 und 130 kg. Die Widerristhöhe beträgt 70 bis 85 cm. Die jährliche Wollmenge liegt bei 4,5 bis 7,5 kg.

Waldschaf

Das Waldschaf ist ein klein- bis mittelgroßes Schaf. Es ist feingliedrig und besitzt lange, grobe Wolle. Meist ist es weiß, es gibt aber auch vereinzelte braune, schwarze oder gescheckte Tiere. Die Ohren sind klein und stehen fast waagrecht ab. Der Kopf ist meist gerade. Die Tiere besitzen einen langen und bewollten Schwanz.

Die Böcke sind häufig behornt und wiegen zwischen 60 und 80 kg. Die Schafe bringen ein Gewicht von 40 bis 55 kg auf die Waage. Die Widerristhöhe beträgt 60 bis 70 cm.

Es handelt sich um eine robuste, krankheitsunanfällige und genügsame Rasse. Sie ist hervorragend für die Grünlandpflege sowie extensive und biologische Kleinlandwirtschaft geeignet. Eine hohe Fruchtbarkeit, gute Muttereigenschaften und eine hohe Milchleistung zeichnen sie aus. Die lange, schlichte Wolle eignet sich gut zum Handspinnen. Das Fleisch hat einen besonders feinen Geschmack ohne unerwünschten Beigeschmack.

Alpines Steinschaf

Das Alpine Steinschaf ist ein kleines bis mittelgroßes, feingliedriges Schaf, das in allen Wollfarben und Farbzeichnungen vertreten ist. Der Kopf ist gerade mit leicht gebogenem Nasenbein und waagrecht stehenden bis leicht hängenden Ohren. Die Böcke sind meist gehörnt, die Schafe zeigen teilweise Hornansätze oder Hörner.

Alpine Steinschafe sind robust, wetterhart, genügsam und anpassungsfähig. Sie nutzen für Rinder unzugängliche Hochlagen. Sie haben eine hohe Milchleistung und sehr gute Muttereigenschaften. Sie gelten als sehr zutraulich und sind daher gut für die Haltung in kleinen Beständen. Für Einsteiger sind sie bestens geeignet.

Die Schafe wiegen zwischen 45 und 60 kg, die Böcke zwischen 60 und 75 kg. Die Widerristhöhe beträgt zwischen 65 und 80 cm. Der Wollertrag liegt bei 3 bis 3,5 kg pro Jahr. Mageres, fettarmes Fleisch von besonderer Qualität liefern die Junglämmer bis 8 Monate. Lämmer mit 10 bis 11 Monaten liefern gut marmoriertes Fleisch, welches sich bestens für Grillspezialitäten eignet.

Weiße gehörnte Heidschnucke

Sie gehört zu den kleinen, mischwolligen Landschafen und ist weiß ohne Abzeichen. Der Kopf ist keilförmig, bei den Böcken mit schneckenförmigen Hörnern, bei den Schafen mit sichelförmig, gebogenen Hörnern.

Sie sind gut für die Landschaftspflege in Heide- und Moorgebieten geeignet. Sie besitzen sehr gute Muttereigenschaften und lammen leicht.

Die Schafe haben ein Gewicht von 40 bis 50 kg und die Böcke von 70 bis 75 kg. Sie erreichen eine Widerristhöhe von 60 bis 70 cm. Der Wollertrag liegt jährlich bei 1,8 bis 3,5 kg.

Merinolangwollschaf

Das Merinolangwollschaf ist mittelgroß mit guter Bemuskelung. Der Körperbau ist lang und tief. Das Schaf ist weiß und durch den Merinocharakter der Wolle für Regionen mit etwas höherem Niederschlag geeignet.

Charakteristisch sind eine hohe Fruchtbarkeit, Frohwüchsigkeit und Frühreife. Merinolangwollschafe sind anpassungsfähig und robust und daher für eine ganzjährige Weidehaltung optimal geeignet.

Die Böcke wiegen zwischen 130 und 140 kg und haben eine Widerristhöhe von 80 bis 90 cm. Die Schafe sind mit einer Widerristhöhe von 70 bis 80 cm etwas kleiner und mit 80 bis 90 kg deutlich leichter. Der Wollertrag liegt zwischen 6 und 11 kg pro Jahr.

Bentheimer Landschaf

Das Bentheimer Landschaf ist das größte deutsche Moor- und Heideschaf. Es ist reinweiß mit dunkleren Partien im Bereich der Augen, Ohren und Beine. Die Tiere besitzen einen langen, bewollten Schwanz und eine leicht geramste Nase.

Die Schafe haben eine Widerristhöhe von 65 bis 70 cm und ein Gewicht von etwa 60 kg, die Böcke werden etwa 75 cm groß und wiegen 80 bis 90 kg.

Beste Muttereigenschaften und Säugeleistung zeichnen das Bentheimer Landschaf aus. Außerdem liefert es eine hervorragende Fleischqualität und eine Jahreswollmenge von bis zu 5 kg.

Durch die gute Marschfähigkeit sind die Tiere bestens für die Hütehaltung oder die Wanderschäferei geeignet.

Weiße hornlose Heidschnucke/Moorschnucke

Sie gehört mit einem Gewicht um die 40 kg und einer Widerristhöhe zwischen 50 und 55 cm zu den leichtesten deutschen Schafrassen. Die Moorschnucke ist mischwollig weiß, hornlos und hat einen kleinen länglichen Kopf mit schräg aufwärts stehenden Ohren.

Moorschnucken haben gute Muttereigenschaften und eine beständige Aufzuchtleistung. Ihr Fleisch gilt als Delikatesse.

Sie sind gut geeignet für Naturschutz und Landschaftspflege mittels Beweidung von Moorgebieten und anderen Feuchtgebieten. An das karge Futterangebot von Feuchtbiotopen sind sie angepasst und fressen auch gerne harte Gräser und jungen Baumwuchs. Fettes Weidefutter sollte vermieden werden, da es langfristig zu Gesundheitsstörungen führen kann.

Skudde

Die Skudde ist die kleinste mitteleuropäische Schafrasse mit kurzem Schwanz und weißem, schwarzgrauem oder goldbraunem Wollkleid. Die Tiere haben kleine Ohren und die Böcke ein stark gewundenes Schneckengehörn. Die Schafe sind hornlos oder besitzen kleine Hornstummel.

Die Schafe wiegen zwischen 30 und 35 kg, die Böcke zwischen 40 und 50 kg. Die Widerristhöhe beträgt 50 bis 60 cm. Der jährliche Wollertrag liegt bei etwa 2 kg.

Skudden sind sehr genügsam, sehr widerstandsfähig gegenüber Krankheiten und auch bei extremen Klimabedingungen sehr robust. Sie besitzen mageres, wohlschmeckendes Fleisch.

Zur Pflege von Heidegebieten sind sie sehr gut geeignet, da sie auch karge Standorte beweiden.

Rauhwolliges Pommersches Landschaf

Das Wollkleid des Rauhwolligen Pommerschen Landschafes ist mischwollig blaugrau bis bräunlich. Der Kopf und die Beine sowie der lange Schwanz sind schwarz. Altböcke besitzen teilweise eine lange Mähne, die bis zur Vorderbrust herabreichen kann. Vom Kopf bis zum Widerrist verläuft der für die Rasse typische schwarze Aalstrich.

Die Schafe wiegen zwischen 50 und 55 kg, die Böcke zwischen 70 und 75 kg. Die Widerristhöhe liegt bei etwa 70 cm. 4 bis 6 kg Wolle liefern die Tiere pro Jahr.

Es handelt sich um sehr genügsame Tiere, die sowohl auf feuchten Weiden als auch auf mageren Sand- und Moorböden gut gehalten werden können. Sie sind außerdem als Milchschaf für die Selbstversorgung geeignet.

Merinofleischschaf

Das Merinofleischschaf ist mittelgroß und hat einen breiten und tiefen Rumpf. Der Nasenrücken ist leicht geramst, der Kopf mittelbreit und meist hornlos. Es besitzt mittelgroße und derbe Ohren.

Die Böcke werden zwischen 120 und 140 kg schwer und haben eine Widerristhöhe von 75 bis 90 cm. Die Schafe erreichen ein Gewicht von 70 bis 80 kg und eine Größe von 70 bis 85 cm. Der Wollertrag liegt bei 4 bis 8 kg pro Jahr.

Das Merinofleischschaf ist ein Zweinutzungsschaf, es liefert die beste Wollqualität aller deutschen Rassen und qualitativ hochwertiges Fleisch.

Widerstands- und Anpassungsfähigkeit sowie Langlebigkeit zeichnen die Tiere aus. Sie sind für Hüte- und Koppelhaltung, aber auch für Landschaftspflege gut geeignet. Besonders eignen sie sich für trockene, futterwüchsige Böden in Acker- und Grünlandgebieten.

Bündner Oberländer Schaf

Diese Rasse ist eher leicht und fein gebaut, aber dennoch robust und anpassungsfähig. Der Kopf ist unbewollt und hat feine Gesichtszüge. Die Böcke haben meist ein Schneckengehörn und die Schafe gibt es mit und ohne Hörner. Das Bündner Oberländer Schaf gibt es in den Farbschlägen Schwarz, Braun, Silbergrau und Gämsfarbig.

Bekannt sind die Tiere für ihren ausgeprägten Mutterinstinkt und ihre Wachsamkeit. Es sind eher scheue Tiere, die aber bei guter Betreuung auch zutraulich werden können. Die Haltung gilt als unkompliziert.

Das Fleisch hat eine hervorragende, zarte und magere Qualität. Aber auch die Wolle ist sehr beliebt.

Die Schafe wiegen bei einer Widerristhöhe von 65 bis 70 cm 40 bis 60 kg, die Böcke 60 bis 85 kg bei 70 bis 75 cm Widerristhöhe.

Engadinerschaf

Engadinerschafe sind eher groß, ihre Nase ist ausgeprägt geramst und sie haben typische Hängeohren. Der häufigste Farbschlag ist Fuchsbraun, es gibt aber auch schwarze Tiere. Die Klauen sind äußerst widerstandsfähig gegenüber Moderhinke und Klauenfäule. Außerdem haben Engadinerschafe eine hohe Fruchtbarkeit.

Durch ihre Robustheit und Genügsamkeit eignen sie sich gut für die Beweidung extensiver oder schwer zugänglicher Gebiete in der Landschaftspflege. Die Milchleistung ist unter extensiven Bedingungen respektabel und das Lammfleisch gilt als fettarm und feinfaserig.

Die Böcke bringen ein Gewicht von 80 bis 125 kg und die Schafe von 60 bis 85 kg auf die Waage. Die Widerristhöhe liegt zwischen 65 und 85 cm.

Saaser Mutte

Charakteristisch für die Saaser Mutte sind die deutlich ausgebildete Ramsnase und die langen Hängeohren. Die Tiere haben keine Hörner und werden vor allem zur Fleischproduktion gehalten, liefern aber auch feine Wolle.

Saaser Mutten sind sehr ruhig und zutraulich. Sie gelten als widerstands- und anpassungsfähig. Mit einer Widerristhöhe von 80 cm bei den Schafen und 85 cm bei den Böcken zählt diese Rasse zu den größten Schweizer Schafen. Böcke bringen ein Gewicht von 100 kg und Schafe von 80 kg auf die Waage.

Spiegelschaf

Spiegelschafe sind mittelgroß und haben eine typische Färbung im Gesicht. Die Umgebung von Augen, Ohren und Maul ist auffällig hellbraun bis schwarz gefärbt. An den Beinen, am Bauch und am Kopf ist keine Wolle und die Tiere sind hornlos.

Sie gelten als widerstandsfähig, robust und genügsam, daher eignen sie sich gut für die extensive Haltung. Hervorragende Muttereigenschaften und ein starker Herdentrieb zeichnen die Tiere aus.

Das Fleisch ist schmackhaft, feinfaserig und fettarm.

Die Schafe haben eine Widerristhöhe von 75 cm und ein Gewicht von 70 kg, die Böcke wiegen 80 kg bei einer Größe von 80 cm.

Krainer Steinschaf

Das Krainer Steinschaf ist ein mittelgroßes, feingliedriges Schaf. Die meisten Tiere sind weiß oder schwarzbraun gefärbt, manche aber auch grau oder gescheckt. Die Nase ist gerade und die Ohren sind kurz und waagrecht stehend. Die meist hornlosen Tiere haben ein unbewolltes Gesicht und ebensolche Beine, aber einen bewollten Schwanz.

Krainer Steinschafe gelten als robust, genügsam, krankheitsresistent und stresstolerant. Sie sind außerdem zutraulich und standorttreu. Für trockenes, raues Klima sind sie gut geeignet.

Als Milchschaf liefern sie zwischen 300 und 500 Liter pro Jahr. Das Fleisch ist feinfaserig, fettarm und hat ein feinwürziges Aroma. Diese besondere Qualität erreicht das Fleisch nur bei langsamem Wachstum in extensiver Weidehaltung.

Die Schafe wiegen zwischen 50 und 60 kg, die Böcke zwischen 70 und 80 kg.

Montafoner Steinschaf

Die Hauptfarben des Montafoner Steinschafes sind Weiß und Schwarz. Es gibt sie aber auch in Braun bis Beige, Grau und Gefleckt. Oft haben die Tiere pigmentierte Augen oder einen helleren Bauch. Bei einfarbig schwarzen Tieren treten meist weiße Flecken an Kopf und Schwanz auf. Der Körper ist klein- bis mittelgroß, robust, breit und tief. Der Kopf des Bockes ist männlich, der des Schafes ungeramst. Die Ohren sind kurz bis mittellang und nicht hängend.

Die Tiere gelten als lebhaft und zutraulich. Sie haben gute Muttereigenschaften und ein gutes Sozialverhalten. Der Bock gilt als nicht aggressiv. Sie sind widerstandsfähig gegen Krankheiten, anspruchslos und gut für die Landschaftspflege geeignet. Das Fleisch ist feinfaserig und von hervorragender Qualität.

Die Schafe wiegen zwischen 45 und 75 kg und haben eine Widerristhöhe von 70 bis 85 cm. Die Böcke wiegen zwischen 65 und 85 kg und sind 70 bis 90 cm groß.

Tiroler Steinschaf

Tiroler Steinschafe sind mittelgroß bis groß mit tiefem, breitem Rumpf. Die Nase ist mäßig geramst und die Ohren sind mittelbreit und abstehend spitz. Bauch und Stirn sind bewollt, der Kopf glatt und beim Bock mit geschwungenen, starken Hörnern versehen. Die Schafe haben keine Hörner oder nur einen leichten Hornansatz. Das Wollkleid ist silbergrau bis anthrazitgrau oder weiß.

Tiroler Steinschafe haben eine hohe Fruchtbarkeit und ausgeprägte Muttereigenschaften. Die Milchleistung ist sehr gut und die Lammfleischproduktion hervorragend. Für die Haltung auf extensiven Weiden und Almflächen ist das Tiroler Steinschaf gut geeignet und kann optimal für die Landschaftspflege eingesetzt werden.

Die Böcke wiegen zwischen 70 und 120 kg und die Schafe zwischen 60 und 100 kg. Die Widerristhöhe liegt zwischen 90 und 100 cm. Sie liefern jährlich 4,5 bis 5 kg Wolle.

Zackelschaf

Zackelschafe sind klein bis mittelgroß mit weißem oder schwarzem, bis zu 30 cm langem Wollkleid. Lämmer von weißen Zackelschafen kommen entweder braun zur Welt oder hell mit dunkelbraunen Beinen, Schwanz, vorderem Rumpfteil und Kopf.

Sie besitzen einen auffallend schmalen Kopf mit großen Augen, bewollter Stirn und kleinen, waagrecht stehenden Ohren. Charakteristisch für Zackelschafe sind korkenzieherartig gedrehte Hörner, die v-förmig gestellt sind. Bei weißen Tieren sind die Hörner hell mit ein bis zwei dunklen Streifen. Bei schwarzen Tieren hingegen sind Hörner und Klauen schwarz. Die Hörner können beim Bock bis zu 1 m lang werden, bei den Schafen sind sie etwa halb so lang.

Zackelschafe gelten als eine robuste und widerstandsfähige Extensivrasse. Sie passen sich hervorragend an regionale Klima- und Nahrungsbedingungen an und haben sehr harte und unempfindliche Klauen.

Sowohl für die Gewinnung von Milch als auch von magerem, feinfaserigem Fleisch sind sie geeignet. Außerdem liefern sie grobe Wolle, die beispielsweise für wetterunempfindliche Mäntel oder Ähnliches genutzt werden kann.

Die Schafe wiegen zwischen 40 und 75 kg, die Böcke zwischen 65 und 85 kg. Die Widerristhöhe beträgt zwischen 70 und 90 cm und sie liefern jährlich zwischen 2 und 4 kg Wolle.

Was man beim Kauf beachten sollte

Erst wenn alle Anforderungen zur Haltung eines Schafs gegeben sind, sollte man zur Tat schreiten und Tiere anschaffen. Empfehlenswert ist der Kauf eines Mutterschafs mit Jungtieren, um so die Haltung über Jungtiere zu beginnen, welche eine größere Anpassungsfähigkeit besitzen als Alttiere einer bestehenden Herde.

Einige äußere Merkmale unterstützen die Kaufentscheidung:

- Das Fell (Wolle oder Vlies) muss dicht, sauber und lückenlos sein.
- Haltungsfehler: kein durchhängender Rücken, weder X- noch O-Beine.
- Gepflegte Klauen.
- Zahnstellung und Anzahl muss dem Alter entsprechen und gepflegt wirken.
- Die Augen müssen klar und scharf sein.
- Kein ausgehangenes oder hartes Euter mit wohlgeformten Zitzen. Normale und wohlgeformte Hoden beim Bock.

CHECKLISTE! Stall, Auslauf, Weide

Stall
- ❑ robuste Bauweise
- ❑ giftfreies Holz
- ❑ 4 m² Stallfläche pro Bock, 3 m² für ein Mutterschaf, 1 m² pro Lamm
- ❑ wasserbindende Einstreu
- ❑ Futterstelle (+ Salzleckstein)
- ❑ Tränke
- ❑ verschließbar
- ❑ trocken
- ❑ zugluftfrei
- ❑ hell

Auslauf
- ❑ geschützter Auslauf
- ❑ Futterstelle
- ❑ Tränke
- ❑ temporär
- ❑ 10 m² pro Tier

Weide
- ❑ so groß wie möglich
- ❑ täglich benutzbar
- ❑ 1.000–1.200 m² pro Tier
- ❑ Zaun
- ❑ Bäume und Sträucher
- ❑ artenreicher Saum
- ❑ geschlossene Grasnarbe
- ❑ Wasser

Stall

Schafe haben geringe Anforderungen an den Stall. Ein heller, gut belüfteter, aber nicht zugiger Stall genügt den Schafen für den Aufenthalt. Er muss nicht vollmassiv sein, sondern kann aus Holz errichtet oder in einem Altbau untergebracht werden. Außerdem sollte darauf geachtet werden, dass der Untergrund trocken und die Einstreu nicht zu lange verunreinigt ist. Ein Nachstreuen und das regelmäßige (nicht zu häufige) komplette Ausmisten führen zu diesem Zustand. Böcke brauchen mindestens 4 m², Mutterschafe 3 m² und Lämmer 1 bis 2 m².

Die Raumtemperatur sollte moderat sein und im Winter nicht zu tief auf 5 bis 8 °C abfallen, da bei tieferen Temperaturen zu viel Energie für die Regulation der Körpertemperatur aufgewendet werden muss, was dem Wachstum und der Fleisch-/Milchleistung schadet.

Die Frühjahrsbeweidung ist vor allem dann nützlich, wenn die Schafe noch die Knospen und Misteln der herabgeworfenen Äste oder der im Winter geschnittenen Obstgehölze fressen können.

Raufen und Krippen sollten niedrig (Kopfhöhe) angebracht werden, um die Futteraufnahme – die in der Regel vom Boden erfolgt – naturnah nachzubilden. Das Einsteigen in die Raufe und das Einfädeln des Kopfes, das womöglich Verletzungen verursachen kann, ist durch die Konstruktion zu vermeiden. Es empfiehlt sich ein Abstand der Rundhölzer von etwa 6 cm, sodass ein Futterzupfen nötig ist. Pro Tier werden etwa 60 cm Raufenplatz benötigt. Herabfallendes Futter, welches in eine Futterrinne fallen sollte, oder die in der Raufe verbliebenen Reste eignen sich bestens zur Fütterung der Kaninchen. Die Tränken können unterschiedlich gestaltet sein. Von der Automatiktränke bis zum Steinguttrog ist alles möglich, was regelmäßig gereinigt wird und frisches Wasser in beliebiger Menge vorhält. Die Türen des Stalls können als zweiteilige Türen gebaut werden, so kann bei angenehmen Temperaturen die obere Hälfte geöffnet werden, ohne dass andere Tiere eindringen können.

Selbst ein perfekter Stall reicht jedoch nicht aus, wenn nicht ein regelmäßiger und vielfältiger Auslauf gewährleistet ist.

Auslauf/Weide

Pro Tier sollte man 1.000 bis 1.200 m^2 Futterfläche einplanen, was einem täglichen Futterbedarf von 7 bis 9 kg entspricht. Diese unterteilt sich in Weidefläche (mindestens 600 m^2) und Heufläche. Der Begriff Weide wird in unserem Kapitel über Weiden, siehe S. 32 f., ausführlich besprochen. Ideal sind Weiden, die so groß sind, dass eine extensive Beweidung über die ganze Vegetationsperiode hindurch stattfinden kann, ohne die Weide zu wechseln.

Wechselt man die Weide, so sollten Schafe nur Weiden besuchen, die mindestens 7 Monate schaffrei waren.

Um die Weidezeit zu verlängern, nutzt man den herbstlichen Baum- und Strauchschnitt, um die Tiere länger auf den Flächen zu beschäftigen – im Frühjahr bereichern die Knospen des Obstbaumschnitts den ersten Weidegang.

Schafe beweiden die Flächen auch im Winter sehr gut, da Sie alles aufräumen, was die Kühe zuvor nicht gefressen haben.

Heu muss für die Tiere trocken gelagert werden. Am nahrhaftesten und gesündesten ist es, wenn es von einer extensiven Wiese stammt. Wildkräuter haben sowohl einen hohen Nährwert wie auch einen therapeutischen Wert. Die extensive Wiese ist die Apotheke der Haustiere.

Das Fehlen der grellen Farben der Kunststoffe zeigt, dass diese Bilder wirklich nachhaltig sind. Beim Bau und Unterhalt von Ställen und Lagern sollte man darauf verzichten, Kunststoffe zu verbauen. Die Verwendung heimischer Materialien ist immer besser.

INFO! Allgemeine Fütterungshinweise

- Befestigter Futterplatz.
- Futter auf mehrere Stellen verteilen, damit rangniedrigere Tiere auch zum Zug kommen und ihre Ration erhalten.
- Auf Reinlichkeit achten.
- Täglich nach dem Wasser schauen; besser zweimal als einmal. Jeden Tag frisches Wasser geben und die Tränke sauber halten.
- Ständiges Vorhandensein von Futter zieht aber Mäuse, Ratten und Vögel an.

Die Nahrungsaufnahme lässt sich in zwei Hauptkomponenten unterteilen: Zum einen der selbstständige Weidegang und zum anderen die Fütterung im Stall oder auf der Koppel. Zwar sind Schafe sehr genügsame und anspruchslose Tiere, die in ihrer Wildform gänzlich ohne menschliches Zutun erfolgreich leben. Dennoch gibt es einige Punkte zu beachten, die nicht zuletzt die angezüchtete Leistungsfähigkeit und Produktivität beeinflussen.

Die Aufnahme des Futters muss den täglichen Bedarf an Energie, Rohproteinen (Eiweiß), Vitaminen und Spurenelementen decken. Die Abstimmung zwischen Rohfaseranteil und Eisweißanteil bestimmt die Effektivität des Wiederkäuens und ist ein zentrales Fitnessargument der Schafe.

Somit ist das ausreichende Vorhandensein von Raufutter sicherlich der wichtigste Bestandteil einer guten Ernährung. Das Abweiden von vielfältigen Wiesen erfüllt dann die Anforderungen einer vielfältigen Ernährung. Zu der Beweidung von Gräsern und Kräutern gehören aber auch Gehölze, die oft der Selbstmedikation dienen und wichtige Nährstoffe enthalten. Zweige und Knospen sind demnach das ganze Jahr über eine willkommene Abwechslung, die man entweder anbietet oder die in natürlichen Hecken von den Schafen selbst geerntet werden. Als Beispiel einer sinnvollen Zufütterung im Frühjahr ist der Obstbaumschnitt zu nennen. Verbleibt er für einige Tage unter den Obstbäumen, so können die Schafe die Knospen und Misteln herausfressen und gehen gestärkt ins Frühjahr – ganz nebenbei hat man weniger Biomasse abzuführen.

Neben dem Weidegang ist die Winterfütterung die zweite große Hauptkomponente im Leben eines Schafs. Hier ist die Balance von Raufutter und Saftfutter das Hauptziel der Fütterungsabstimmung. Während das Raufutter vorwiegend aus Heu, siehe S. 49, besteht, setzt sich das Saftfutter aus Hackfrüchten und Kreuzblütlern (Futterrüben, Karotten, Grünkohl ...) zusammen. Nicht zu vergessen ist die Ergänzung durch Fallobst (Äpfel und Birnen) und rohe Gemüseabfälle aus Garten und Küche. Alle diese Saftfutterkomponenten müssen roh und zerkleinert (nicht gemust!) gefüttert werden. Kartoffelkeimlinge gehören nicht ins Futter, ebenso ist auf Verunreinigungen durch Schälmesser und Abfälle zu achten. Jäteabfälle aus dem Hausgarten sind aufgrund der Wurzeln ungeeignet und passen eher zu den Schweinen.

Die Klöntür ist eine in zwei Hälften geteilte Tür. Dadurch wird der Stall optimal belüftet und ein unkontrolliertes Ein-und Ausgehen der Tiere wird verhindert.

Die Vielfalt natürlicher Textilien und Materialien muss auch tierische Produkte aus rassegerechter und natürlicher Haltung beinhalten. Baumwolle, Kapok und Hanf reichen da nicht aus. Die Herstellung von Wolle und Pelz ist oft mit wichtigen sozialen und ökologischen Funktionen verbunden. Bei guter Praxis kann sie von hohem Nutzen sein.

Streuobstwiesen und Schrebergärten der Gemeinden sollten Kleintierhaltern zur Beweidung und Heugewinnung zur Verfügung gestellt werden.

Die Beweidung durch Schafe ist eine gute Form der Flächenpflege. Dennoch sind gemischte Beweidungen einem einseitigen Besatz immer vorzuziehen.

Die Gabe von Kraftfutter (Getreide, Leguminosenschrot, Brotreste) ergänzt das Futterspektrum und trägt den Anforderungen einer Leistungssteigerung Rechnung. Abgerundet wird das Futterangebot auf der Weide und im Stall durch das Vorhandensein eines Minerallecksteins.

Man findet in verschiedenen Büchern umfassende Tabellen zur Ernährung verschiedener Tiere zu verschiedenen Zwecken. Die individuelle Beobachtung ersetzt dies jedoch nie, denn der Grad zwischen Erhaltungsbedarf und Leistungsbedarf ist schmal und spielt bei der Hobbyhaltung selten eine große Rolle. Gerade bei der Fütterung im Stall ist jedoch darauf zu achten, dass die Fütterung nicht zu einem Mästen wird und die Muskulatur stark verfettet. Die Errechnung des Futterbedarfs dient zudem auch der Lagerplanung. So ist es doch entscheidend, festzustellen, ob das Futter durch den Winter reicht.

Info – Futter
Grünfutter – Gräser, Kräuter auf der Weide
Raufutter – Heu
Saftfutter – Futterrüben, Karotten, Grünkohl
Äpfel und Birnen
rohe Gemüseabfälle aus Garten und Küche
Kraftfutter – Getreide, Leguminosenschrot, Brotreste
Minerallecksteine

Die Beweidung der Flächen rund ums Haus sollte man für die Urlaubszeiten einplanen. Dann ist es für die Urlaubsvertretung leichter, nach Haus, Hof und Vieh zu schauen. Das reduziert die Wege und die Belastung der Vertretung.

Pflege

CHECKLISTE! Pflegeplan

Täglich:
- ❑ Futterstelle säubern
- ❑ füttern
- ❑ Wasser erneuern
- ❑ Kontrolle, ob es allen Tieren gut geht und alle leben
- ❑ Kontrolle des Stalles und der Zäune

Regelmäßig:
- ❑ Klauenpflege
- ❑ Fellkontrolle
- ❑ Wurmtest
- ❑ kehren
- ❑ misten

Bei Bedarf:
- ❑ kehren
- ❑ misten
- ❑ Nester säubern und neu befüllen
- ❑ desinfizieren mit biologischen Mitteln (nur im äußersten Notfall)

Klauenpflege

Gesunde Klauen sind essentiell bei der Schafhaltung. Viele Gesundheitsrisiken der Schafe lassen sich durch gepflegte Klauen begrenzen. Aus diesem Grund sollte das Schneiden der Klauen zweimal im Jahr durchgeführt werden und eine regelmäßige Kontrolle stattfinden. Zwar sind die Arbeitsschritte der Pflege recht einfach, dennoch benötigt es etwas Übung und zu Beginn den Beistand eines erfahrenen Schafhalters.

Kotuntersuchung und Entwurmung

Die Entwurmung erfolgt nie präventiv, sondern nur nach Bedarf und vorheriger Probe. Zu belastend für die Umwelt sind präventive Entwurmungskuren. Ein regelmäßiger Wurmtest ist daher Voraussetzung und gute handwerkliche Praxis von Schafhaltern.

Hautparasiten

Hautparasiten sind auch Schafen lästig und im schlimmsten Fall sogar gefährlich. Eine Abstufung ist hier sinnvoll. So sind Fliegen, deren Larven sich in das Schaf hineinfressen, schädlicher als eine einzelne Zecke oder Lausfliege. Man wird die Schafe daher immer wieder kontrollieren und darauf achten, dass keine Verunreinigungen des Fells unnötige Parasiten anlocken. Auch hier ist die Erfahrung der beste Lehrer und eine enge Zusammenarbeit mit einem erfahrenen Schafhalter von Vorteil.

Schur

Je nach Region ist die phänologische Witterung anders. Dennoch kann in Mitteleuropa ein Zeitraum von Mai bis Juli als Schurtermin angenommen werden. Je nach Lage, Zeit und Ziel variiert die Schur ein wenig. Das Scheren ist Übungssache und will gelernt sein. Daher ist hier die Zusammenarbeit mit einem erfahrenen Scherer erforderlich. Da wir Menschen aber schon seit vielen Tausend Jahren Schafe halten, sollte ein jeder von uns irgendwann einen Schäfer in der Verwandtschaft gehabt haben – es ist demnach wirklich erlernbar.

Vermehrung (Aufzucht)

Das Decken der Schafe ist in kleinen Herden ein großes Problem. Bei weniger als 6 Schafen lohnt sich das Halten eines Widders nicht, denn er braucht große Mengen an Futter, zeichnet sich durch finanziellen Wertverlust aus und das Fleisch wird im Alter immer zäher. Somit lohnt sich aus finanzieller und fleischerzeugender Sicht das Halten eines Widders für kleine Herden nicht. Dennoch ist es schön anzusehen, wenn ein Bock die Herde bereichert.

Böcke werden gegen Ende der Weidesaison angeschafft und zur Herde dazugelassen. Das heißt, das Tier kommt zur Herde und begattet dann recht zügig alle anwesenden Schafe. Ein Stück Ölkreide oder ein farbgetränktes Kissen zwischen den Vorderbeinen markiert automatisch alle gedeckten Schafe. Eine Glocke um den Hals des Bocks schützt die Besitzer, denn dann ist ein Anschleichen und Boxen aus dem Hinterhalt erschwert. Verschiedene Strategien des „Zulassens" können ausprobiert werden, um den Erfolg entweder auf einen kürzeren oder einen längeren Zeitraum zu konzentrieren. Um Inzucht zu vermeiden, sollte der Bock jährlich getauscht werden.

Gedeckt werden grundsätzlich alle vitalen Mutterschafe, das heißt Tiere, die noch nicht zu alt für eine weitere Mutterschaft sind. Meist lässt sich das anhand der Zähne errechnen, wobei diese

Schafe sind durch das Fell sehr gut an den Winter angepasst. Feuchtigkeit ist dennoch ein gewisses Problem und eine gute Inaugenscheinnahme der Tiere ist regelmäßig vorzunehmen. Bei einer geschlossenen Schneedecke muss mit Heu auch im Freien zugefüttert werden.

Regel vor allem für große Herden zutrifft. Kleinherdenhalter kennen die Tiere viel eher als Hirten mit mehreren Dutzend Tieren. Somit endet das Leben eines Schafs nach 6 bis 8 Jahren, denn die Abnutzung der Zähne führt dann im schlimmsten Fall zur Unterernährung und zum Siechtum.

In der Zeit vor dem Lammen wird noch eifrig gefressen. Nach etwa 145 Tagen ist es dann soweit. Die Phase des Lammens kommt, die Fraßmenge geht zurück, Kraftfutter wird in den Wochen vor der Geburt kaum mehr gegeben, da fette Mutterschafe und zu große Lämmer zwei vermeidbare Unsicherheitsfaktoren bei der Geburt sind. Ein wenig Selen im Trinkwasser schützt Mutter und Lamm vor unnötigen Krämpfen und feinstes Futter (frisches Gras) gibt Energie für Geburt und erste Milch.

Das Lammen erfolgt im Frühjahr und meist bei allen Müttern in einem engen Zeitfenster. Die Geburt klappt meist ohne Hilfe. Dauern die Wehen jedoch länger als eine Stunde, so empfiehlt es sich, das Tier zu isolieren und mit großer Behutsamkeit zu assistieren. Der Besuch eines Ablammungskurses ist gut investierte Zeit und schont Tier und Mensch – körperlich und seelisch. Während der Bock die ganze Zeit über bei den Schafen gehalten werden kann, empfiehlt es sich doch, ihn in der Zeit des Ablammens zu separieren, da er im Falle einer Geburtshilfe, wenn alle Konzentration beim Mutterschaf liegt, doch sehr gefährlich werden kann, da er das Mutterschaf boxend verteidigt, während man diesem eigentlich helfen möchte.

Die Lämmer werden von der Mutter gesäugt und später so lange gehalten, bis sie 35 bis 50 kg wiegen.

Leider sind Wolle und Schaffelle oft unterbezahlt. Das führt zu großen Problemen. Die Verunreinigung der Meere durch Mikroplastik ist auch eine Folge unserer synthetischen Bekleidung, die bei jedem Tragen und Waschen Fusseln und Fasern verliert.

Junge Schafe sind ein wunderbares Beispiel für die Entwicklung des Lebens. Für Kinder ist die Begleitung von der Geburt bis zum erwachsenen Schaf problemlos möglich. Was für ein wunderbarer pädagogischer Nebeneffekt.

Verwertung

Milchgewinnung

Milch ist eine wichtige Belohnung für das Halten der Schafe. Sie ist in der Qualität der Kuh- und Ziegenmilch recht ähnlich.

Fleischgewinnung/Schlachtung

Es gibt verschiedene Strategien zur Nutzung des Fleisches. Zum einen kann man regelmäßig ein Schaf aus der Herde verwerten oder man nutzt gezielt das Mästen von Lämmern, um sie möglichst effizient zum Fleischertrag zu ziehen.

Das Schlachten von Schafen ist eine Arbeit, die eigentlich jeder Mensch durchführen kann. Regional gibt es jedoch sehr unterschiedliche Schlachtanforderungen. Nach dem Schlachten erfolgt das Häuten, Ausnehmen und Zerlegen. Als Resultat bekommt man feinstes Fleisch und delikate Soßen.

Bei jedem Produkt, das man vom eigenen Tier verzehrt, spart man Tierleid in den großen Stallungen dieser Welt und kann sich sicher sein, was was das Tier in seinem Leben gefressen und erlebt hat.

Wollgewinnung

Die Schur erfordert einige Übung und unterscheidet sich in der Technik von Region zu Region. Es lohnt sich, sich damit zu beschäftigen, denn der Preis der Wolle ist meist niedriger als der Stundenlohn eines Scherers. Zwar ist das Scheren harte Arbeit, aber es macht auch große Freude und in der Gruppe zeigt sich ein schönes Gefühl nach getaner Arbeit. Das Scheren mit einer Handschere ist sehr aufwändig und die Gefahr von Verletzungen groß. Ein elektrisches Messer lohnt sich, denn es erleichtert die Arbeit erheblich, wobei sie dennoch körperlich anstrengend bleibt.

Fellgewinnung

Felle erfordern, dass das Tier zuvor geschlachtet wird. Je nach Nutzung des Fells wird das Schaf zu einem anderen Zeitpunkt geschlachtet. In einer Gerberei wird die Schafhaut schonend aufbereitet und haltbar gemacht, sodass das Fell genutzt werden kann.

Krankheiten

Auch Schafe können krank werden. Auch wenn es robuste Rassen gibt, ist eine regelmäßige Kontrolle unerlässlich. Körperform, Gewicht, Vlies, Augen und Afteröffnung sind wichtige Anhaltspunkte für einen Gesundheitscheck. Dabei sollten die Symptome ohne Hysterie betrachtet werden und der erste Gedanke immer ein guter sein. Der zweite Blick ist jedoch unbedingt ein kritischer, denn es gibt auch meldepflichtige Krankheiten.

Im Vergleich zu Ziegen führen Schafe ein recht träges Leben. Grasen, Wiederkäuen und Ruhen bestimmen das Leben. Das Schafezählen zur Beruhigung vor dem Einschlafen ist daher erfolgreicher als das Zählen von Ziegen.

Eine Winterbeweidung. Es ist kein Problem, dass die Schafe hier unter dem Schnee nach Gräsern suchen müssen. Alle wilden Weidegänger der Nordhalbkugel müssen sich durch Scharren, Schieben und Wühlen im Winter den Weg durch den Schnee bahnen, da ein Ausweichen in den Süden meist nicht möglich ist.

So muss die Einfahrt in ein Dorf aussehen. Gänse und Schafe beweiden gemeinsam den kleinen Sumpf im Ortseingang. Unsere technikverliebte Welt kennt leider meist nur noch umzäunte Regenrückhaltebecken mit genormtem Bewuchs und dem knatternden Lärm der Freischneider und Mulcher.

ZIEGEN

Ziegen sind die Spezialisten unter den Nutztieren. Nur wenigen Rassen ist es möglich, auf so extremen Standorten zu überleben und sich dennoch so vielfältig nutzen zu lassen. Da Ziegen mit holzigem Material und stacheligen Sträuchern gut überleben können, sind sie für trockene Regionen mit wenig frischem Grasaufwuchs prädestiniert.

In der Landschaftspflege übernehmen sie den wichtigen Bereich des Reduzierens von Verholzung und Buschwachstum. Das Offenhalten einer Landschaft ist durch eine extensive Beweidung durch diese Tiere gesichert. Die Beweidungsintervalle sollten jedoch etwa 8 Wochen betragen, um die Flächen nicht zu übernutzen. Für Ziegen kann das Futter nicht harsch genug sein. Je mehr Rohfasern die Pflanzen haben, desto lieber werden sie bevorzugt. Der Effekt für die Landschaftspflege ist enorm. Der Verbiss einer Ziege ist besser und fantasievoller, als es je ein Landschaftsgärtner oder ein Naturschützer bei der Pflege von Biotopen erreichen würde. Wir brauchen wieder Kleinbauern, Menschen, die den Wegrain beweiden, statt ihn zu mulchen, und die Grünflächen von denen pflegen zu lassen, die dafür geschaffen sind. Die „Kühe des armen Mannes", gehören wieder in die Fläche.

Es ist nicht schwer, sie zu halten; man muss nicht einmal arm sein. Die Beweidung von Straßen- und Wegrändern muss sich wieder lohnen. Des Landschafts- und Menschenschutzes wegen, aber auch um die alte Landrassenvielfalt wieder zu beleben.

Sie sind zudem durch schmackhaftes Fleisch und feine Milchprodukte der ideale Begleiter einer kleinbäuerlichen, selbstversorgenden bzw. Subsistenz-Landwirtschaft und ergänzen jede Tierherde optimal. Ziegen sind lebhaft und unterhaltsam und durch ihre Gewitztheit der Grund für große Freude und Attraktivität einer jeden Viehhaltung.

Welche Ziegen passen zu uns?

Bevor Sie sich Ziegen anschaffen, sollten Sie überlegen, welchen Zweck diese erfüllen sollen. Für die unterschiedlichen Ziele wie Milchgewinnung, Fleischgewinnung, Fell-/Wollgewinnung oder als Streicheltier gibt es jeweils geeignete Rassen.

Im folgenden Abschnitt werden gefährdete und somit besonders unterstützungswürdige Rassen kurz beschrieben.

Kurzsteckbrief

- Hausziege, stammt von den Wildziegenarten Bezoar (*Capra aegagrus*) und Markhor (*Capra falconeri*) ab
- Weiblich: Ziege, männlich: Ziegenbock, Jungtiere: Lämmer, Kitze
- Gewicht: 45–90 kg, Größe: Widerristhöhe 65–100 cm
- Alter: bis zu 15 Jahre
- Mindestgruppengröße: 2 Tiere
- Platzbedarf Stall pro Tier: 3,5 m^2
- Platzbedarf Auslauf/Weide pro Tier: 350–600 m^2
- Platzbedarf Lager: Heu, Stroh, ggf. Reisig
- Futter: Grünfutter, Raufutter, Saftfutter
- Heubedarf pro Ziege im Jahr etwa 450–500 kg
- Besonderheiten: Ziegen können als Zugtiere für kleine Wägen eingesetzt werden.

Anatomie der Ziege

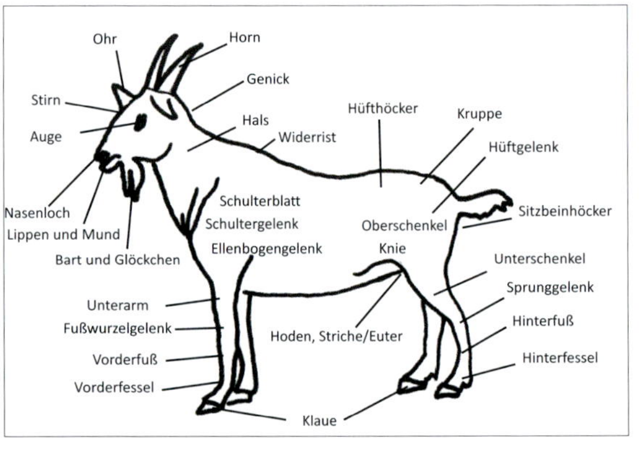

Der markante Ziegenbart und das haarige Fell ist ein erstes Merkmal, dass es sich bei diesem Tier um eine Ziege handelt. Die Unterscheidung der Haustierarten ist leider auch nicht mehr selbstverständlich.

Rassen

Laut *GEH*, *Pro Specie Rara* und *Arche Austria* sind folgende Rassen gefährdet:

Thüringer Wald Ziege

Die Thüringer Wald Ziege ist eine mittelgroße und kräftige Ziege. Die Ohren, das Maul, die Unterbeine und der Spiegel unterhalb des Schwanzes sind weiß, ansonsten ist das Tier schokoladenbraun. Weitere Kennzeichen sind eine tiefe, breite Brust, Stehohren, ein langer Hals, ein langer, gerader Rücken und ein mäßig abfallendes Becken.

Die Ziegen wiegen zwischen 50 und 70 kg, die Böcke zwischen 65 und 90 kg. Die Widerristhöhe beträgt zwischen 70 und 85 cm. Mit einer durchschnittlichen Milchleistung von 700 bis 800 kg pro Jahr ist die Thüringer Wald Ziege hervorragend zur milchbetonten Zweinutzung geeignet.

Sie ist sehr widerstandsfähig und bestens zur Landschaftspflege geeignet.

Die weiblichen Tiere sind sehr frühreif und fruchtbar und neigen zu Mehrlingsgeburten.

Grüenochte Geiss

Sie gehört zu den Walliser Ziegen und besitzt das typisch lange Haarkleid, welches vorne grau gezeichnet ist. Der Körperbau ist eher schlank und die Hörner kräftig.

Die Widerristhöhe liegt zwischen 75 und 85 cm, die Ziegen wiegen etwa 55 kg, die Böcke 75 kg.

Genutzt wird die Grüenochte Geiss vor allem zur Landschaftspflege und als Fleischlieferant.

Simplonziege (Capra Sempione)

Auch die Simplonziege gehört zu den Walliser Ziegen und weist ein einfarbig weißes, langes Haarkleid sowie einen schlanken Körperbau und kräftige Hörner auf. Gewicht und Größe entsprechen dem der Grüenochten Geiss. Auch die Simplonziege ist gut zur Landschaftspflege und als Fleischlieferant geeignet.

Die Widerristhöhe liegt zwischen 75 und 85 cm und das Gewicht zwischen 55 und 75 kg.

Graue Bergziege (Capra Grigia)

Die schönen grauen Ziegen sind optimal an das Bergleben angepasst, da sie über eine hohe Trittsicherheit, eine ausgeprägte Muskulatur und harte Hufe verfügen. Außerdem haben sie kräftige, nach hinten gebogene Hörner, die ihre Ursprünglichkeit und Widerstandskraft unterstreichen.

Die graue Bergziege gibt es in drei Farbschlägen: Silbergrau (Leventina-Schlag), Granitgrau (Calanca-Schlag) und Dunkelgrau (Valmaggia-Schlag).

Der Widerrist weist eine Höhe von 70 bis 80 cm bei den Ziegen bzw. 75 bis 85 cm bei den Böcken auf. Die Ziegen wiegen zwischen 45 und 55 kg, die Böcke zwischen 65 und 80 kg.

Graue Bergziegen sind sowohl als Milch- und Fleischlieferant als auch als Landschaftspfleger einsetzbar.

Appenzellerziege

Die Appenzellerziege besitzt ein rein weißes, mittellanges Haarkleid und ist meist genetisch hornlos. Sie gelten als widerstandsfähig und robust und haben einen kräftigen, kompakten Körperbau. Sie haben einen eher ruhigen, ausgeglichenen Charakter und neigen, dank ihrer hohen Fruchtbarkeit, zu Zwillingsgeburten. Sie weisen außerdem eine beachtliche Milchleistung auf.

Die Widerristhöhe liegt zwischen 75 und 85 cm und das Gewicht zwischen 55 und 75 kg.

Bündner Strahlenziege

Die Bündner Strahlenziege ist eine tiefschwarze Gebirgsziege, deren Maul, Spiegel und Stiefel weiß sind. Vom Horngrund bis zur Nase verlaufen zwei weiße „Strahlen". Sie gilt als robust und temperamentvoll.

Die Widerristhöhe liegt zwischen 75 und 85 cm und das Gewicht zwischen 55 und 75 kg.

Sie eignet sich sowohl als Milch- und Fleischziege als auch zur Landschaftspflege. Besonders ist, dass sie auch bei rauem Klima und langen Märschen noch eine gute Milchleistung bringt.

Kupferhalsziege

Zu den Walliser Ziegen gehörend, besitzt die Kupferhalsziege ein langes, zweifarbiges Haarkleid, welches im vorderen Bereich kupferfarben und im hinteren Bereich weiß ist. Die Bereiche sind durch eine klare Linie voneinander getrennt. Kräftige Hörner und Bärte sind ein weiteres Merkmal der Kupferhalsziege.

Die Widerristhöhe liegt zwischen 75 und 85 cm und das Gewicht zwischen 55 und 75 kg.

Die Lebensweise der Hausziegen zeigt sich in dieser Bildersammlung ganz gut. Es sind typische Ansichten aus der Vielfalt und dem Verhalten der Ziegen. Dass sich ein Schaf in die Gruppe geschlichen hat und sie es erkennen, zeigt, dass ein Zusammenleben von Schafen und Ziegen auf vielfältigen Weiden problemlos möglich ist.

Kupferhalsziegen werden zur Fleischgewinnung und Landschaftspflege genutzt.

Walliser Schwarzhalsziege

Die Färbung des langen Haarkleides ist wie bei den Kupferhalsziegen, nur eben kohleschwarz statt kupferfarben. Auch hier gibt es eine scharfe Farbtrennung. Die Walliser Schwarzhalsziegen besitzen ebenfalls kräftige Hörner und Bärte. Sie gelten als temperamentvoll und werden zur Fleischgewinnung und Landschaftspflege eingesetzt.

Die Widerristhöhe liegt zwischen 75 und 85 cm und das Gewicht zwischen 55 und 75 kg.

Blobe Ziege

„Blobe" ist Tirolerisch und heißt Blau, es steht für die teilweise blau-graue Grundfarbe der Ziegen. Es sind kräftig gebaute, stämmige, mittelgroße bis große Gebirgsziegen. Das Fell ist mittel- bis kurzhaarig mit charakteristisch dichter Unterwolle. Sie haben einen mittellangen und vergleichsweise breiten Kopf mit kräftigen Hörnern.

Blobe Ziegen gelten als sehr genügsam und widerstandsfähig. Die weiblichen Tiere wiegen zwischen 50 und 75 kg, die männlichen Tiere zwischen 65 und 85 kg. Die Widerristhöhe liegt zwischen 70 und 90 cm. Die Blobe Ziege ist eine Mehrnutzungsrasse (Beweidung, Fleisch, Milch).

Gämsfärbige Gebirgsziege

Eine reh- bis kastanienbraune Ziege mit typischer schwarzer Färbung am Rücken, an der Schwanzunterseite, am Bauch, am Kopf und an den Stiefeln. Sie sind mittel- bis großrahmig und besitzen ein glatt anliegendes Fell. Die Gämsfärbige Gebirgsziege gibt es sowohl behornt als auch unbehornt.

Die Ziegen weisen ein Gewicht von 60 bis 80 kg und eine Widerristhöhe von 70 bis 80 cm auf. Die Böcke wiegen zwischen 80 und 100 kg und haben eine Widerristhöhe von 80 bis 100 cm.

Die Gämsfärbige Gebirgsziege wird vor allem als Milchziege gehalten.

Pfauenziege

„Pfau-" kommt vom Rätoromanischen „pfaven", heißt gefleckt und beschreibt somit die schwarz-weiße Färbung der Ziegen. Die vordere Körperhälfte ist weiß, die hintere Körperhälfte überwiegend schwarz mit hellen Feldern. Die Stiefel sind schwarz und haben an den Vorderextremitäten meist einen ovalen, hellen Fleck. Der Kopf ist schwarz-weiß gemustert, wobei die Augenflecken schwarz sind. Das Haarkleid ist kurz bis mittellang, fein und dicht.

Die Pfauenziege wird vor allem im Bereich der Landschaftspflege und in der Fleischgewinnung eingesetzt.

Sie bringt ein Gewicht von 70 bis 90 kg auf die Waage und hat eine Widerristhöhe von 80 bis 95 cm.

Pinzgauer Ziege

Pinzgauer Ziegen sind großrahmig, haben ein kräftiges Fundament und sind behornt. Sie haben ein braunes, mittellanges Fell mit schwarzer Maske und teilweise braunen Abzeichen am Kopf. Böcke haben eine schwarze Brust, bei Jungtieren und weiblichen Tieren ist diese schwarz-braun. Die Beine sind ebenfalls schwarz und über den Rücken verläuft ein schwarzer Aalstrich.

Die Widerristhöhe liegt zwischen 70 und 85 cm, das Gewicht zwischen 55 und 90 kg.

Pinzgauer Ziegen sind sehr robust, anpassungs- und widerstandsfähig. Als Dreinutzungsrasse liefern sie Milch und Fleisch und sind gut für die Landschaftspflege geeignet.

Pinzgauer Strahlenziege

Bei der Pinzgauer Strahlenziege handelt es sich um eine mittelgroß- bis großrahmige, stämmige Gebirgsziege. Sie besitzt einen tiefen, breiten Körper mit kräftigem Fundament. Die scharf abgegrenzte Strahlenzeichnung am Kopf und unterhalb der Sprunggelenke ist charakteristisch. Die Tiere besitzen Hörner, es gibt aber auch genetisch hornlose Tiere.

Die Widerristhöhe liegt zwischen 70 und 90 cm und das Gewicht zwischen 45 und 85 kg.

Pinzgauer Strahlenziegen sind genügsam und sehr widerstandsfähig. Sie werden zur Landschaftspflege und Milchgewinnung eingesetzt.

Steirische Scheckenziege

Die Färbung der Steirischen Scheckenziege ist entweder braun-schwarz-weiß-gescheckt, schwarz-weiß-gescheckt oder auch grau. Am Kopf besitzt sie eine durchgehende Blesse und ein kurzes Haarkleid. Sie ist mittel- bis großrahmig und hat ein nicht zu stark abfallendes Becken. Die Steirischen Scheckenziegen sind überwiegend gehörnt.

Das Gewicht liegt zwischen 50 und 80 kg, die Widerristhöhe zwischen 65 und 85 cm.

Steirische Scheckenziegen werden vor allem aufgrund ihrer hohen Milchleistung gehalten, sind aber auch gut für die Landschaftspflege einsetzbar.

Tauernscheckenziege

Eine sehr lebhaft gefärbte, gehörnte und robuste Gebirgsrasse, die sich gut zur Landschaftspflege und Milchgewinnung eignet.

Sie ist braun-weiß-schwarz- oder auch nur schwarz-weiß-gescheckt mit Blesse am Kopf. Die Beine sind schwarz bis gescheckt und das Haarkleid kurz. Die Tiere sind mittelrahmig und haben ein stabiles Fundament.

Ziegen wiegen zwischen 50 und 70 kg, die Böcke zwischen 65 und 85 kg. Die Widerristhöhe liegt zwischen 70 und 90 cm.

Was man beim Kauf beachten sollte

Beim Kauf einer Ziege sollten Sie unbedingt auf gepflegte Klauen sowie eine gerade Beinstellung achten. Die Vorderbeine stehen enger als die Hinterbeine, was auf ein breites Becken hinweist, und der Rücken ist gerade. Die Ziege sollte nicht zu fett sein und ein kantiges Erscheinungsbild haben.

Ein dichtes, glänzendes Fell und dessen Weichheit und Elastizität sowie klare Augen sind weitere Merkmale, die man beachten sollte.

Das Euter darf nicht durchhängen und die Zitzen nicht zu kurz sein. Empfehlenswert ist ein Kugeleuter mit nach vorne gerichteten Strichen.

CHECKLISTE! Stall, Auslauf, Weide

Stall
- ❑ robuste Bauweise
- ❑ giftfreies Holz
- ❑ 3,5 m² Stallfläche pro Tier
- ❑ wasserbindende Einstreu
- ❑ Futterstelle (+ Salzleckstein)
- ❑ Tränke
- ❑ verschließbar
- ❑ trocken
- ❑ zugluftfrei
- ❑ hell
- ❑ Liegebretter in verschiedenen Höhen

Auslauf
- ❑ geschützter Auslauf
- ❑ Futterstelle
- ❑ Tränke
- ❑ temporär
- ❑ 50 m² pro Tier
- ❑ Klettermöglichkeit

Weide
- ❑ so groß wie möglich
- ❑ täglich benutzbar
- ❑ 600–1.000 m² pro Tier
- ❑ 2 m Zaun
- ❑ Bäume und Sträucher
- ❑ artenreicher Saum
- ❑ geschlossene Grasnarbe
- ❑ Wasser
- ❑ Klettermöglichkeiten

Der morgendliche Gang der Ziegen auf die Weide ist ein Spektakel. Ganz beiläufig werden auf dem Weg auch noch die Sträucher und Kräuter gepflegt und kurz gehalten und der Dorfbrunnen zum Trinken benutzt.

Stall

Ziegen brauchen unbedingt einen Stall, da sie viel Zeit dort verbringen. Auch tagsüber gehen sie, vor allem bei schlechter Witterung, immer wieder in den Stall zurück.

Um Rangeleien zu minimieren, ist viel Platz wichtig, damit sie Abstand halten können. Pro Tier sollte man mindestens 3,5 m^2 Stallfläche berechnen. Nischenartige Bretterbuchten und Liegebretter in zwei Etagen bieten den Tieren ebenfalls die Gelegenheit, sich aus dem Weg zu gehen und Ruhe zu finden. Die Liegebretter sollten genug Platz zur Verfügung stellen, sodass die Ziegen dort beispielsweise die Möglichkeit haben, sich zum Wiederkäuen niederzulegen. Das untere Brett ist dabei etwa 15 cm breiter, damit die Ziegen gut nach oben klettern können. Für tragende oder ältere Tiere ist es von Vorteil, wenn eine Treppenrampe zur Verfügung steht, um auch ohne Sprung auf die Liegebretter zu gelangen.

Aufgrund ihrer ausgeprägten Kletterleidenschaft muss allgemein alles sehr stabil gebaut sein. Ecken und Kanten kann man bei Bedarf mit Metall verstärken. Außerdem sind Kratzgelegenheiten sehr beliebt bei den Tieren. Hierfür kann man plastikfreie Kratzbürsten in unterschiedlichen Höhen anbringen.

Um kranke oder lammende Tiere abtrennen zu können, ist es von Vorteil, eine abtrennbare Bucht oder separierte, kleine Ställe oder Buchten im gleichen Gebäude zu haben. Wichtig ist, dass die Tiere sich trotz Abtrennung sehen oder zumindest hören und verständigen können.

Zur Stalleinrichtung gehören auch eine Wassertränke und eine Futterraufe, welche so groß gewählt sein sollte, dass alle Tiere Platz finden und ohne Futterneid fressen können. Der Stall sollte hell, sauber und trocken sein. Frische Luft ist wichtig, aber Zugluft muss vermieden werden. Eine dicke Stroheinstreu mögen die Ziegen besonders gern. Diese sorgt auch für Wärme von unten. Ziegen haben es gerne etwas wärmer, daher sollte der Stall im Winter mindestens 8 °C warm sein.

Auslauf/Weide

Ein direkt an den Stall angrenzender Auslauf ist für Ziegen neben einer Weide ideal. Im Auslauf können sich die Ziegen auch im zeitigen Frühjahr, im späten Herbst oder sogar an milden Wintertagen frei bewegen. In diesen Zeiten geben die Weiden meist nichts her. Der Auslauf sollte, wenn möglich, gleich groß wie die Stallfläche sein.

Der Zaun, sowohl beim Auslauf als auch bei der Weide, braucht eine Mindesthöhe von 1,5 m, da die Ziegen sonst drüberspringen. Wichtig ist außerdem, dass der Zaun keine Ausbruchsmöglichkeiten bietet, also nicht zu weitmaschig bzw. zu große Abstände zwischen den Latten hat und auch zwischen Zaun und Boden keine großen Lücken vorhanden sind.

Wenn es dennoch immer wieder Tiere schaffen, auszubrechen, und Sie eine andere Lösung brau-

Schaf- und Ziegenställe unterscheiden sich kaum. Trockene und zugluftfreie Räume machen eine Haltung recht unbeschwert. Eine angrenzende Weide ist zwar praktisch, sie ist aber auf keinen Fall das ganze Jahr durchgehend zu beweiden, da sie selten groß genug ist. Kurzrasige Weiden sind ein Zeichen der Überweidung.

Bringen wir der Ziege die ihr gebührende Dankbarkeit entgegen. H. H. Sambraus schreibt in seinem Atlas der Nutztierrassen: „Die Ziege hat sich um die Versorgung des Menschen verdient gemacht wie keine andere Tierart. Als Kuh des kleinen Mannes, ... half sie in Städten, Notzeiten zu überstehen." ... und ganz sicher auch auf dem Land.

Die Ziege ist das geborene Weidetier. Bevorzugt frisst sie Laub von Sträuchern; sie findet auf kleinsten, kargen Flächen, an Wegrändern, Grabenrändern und Böschungen ihre Nahrung. Sie hat eine ökologische Funktion. Man kann sie bei Schafen mitlaufen lassen, um die Verbuschung der Landschaft zu verhindern. Es ist sehr wichtig, dass sie einen trockenen, hellen, reinlichen, luftigen Stall hat, der im Sommer kühl und im Winter warm ist.

Schafe und Ziegen ergänzen sich bei der Beweidung. Sie haben unterschiedliche Fressschwerpunkte. Eine naturnahe Weide sollte vom Menschen nicht maschinell nachgepflegt werden. Die sich ausbildenden Strukturen sind sehr wertvoll für die Vielfalt und die ganzheitliche Ernährung der Tiere.

chen, gibt es noch die Möglichkeit des mobilen elektrischen Weidezauns. Hierbei sollte man unbedingt beachten, dass die Tiere nichts am Hals tragen, womit sie sich im Zaun verfangen können.

Klettereinrichtungen sind für Ziegen von großer Bedeutung. Flache Gehege sind für Ziegen sehr langweilig und untypisch. Sie sollten mit ausreichend Klettermöglichkeiten ausgestattet werden.

Ein Unterstand sollte den Tieren immer zur Verfügung stehen. Dieser bietet Schutz vor Sonne und Regen und kann gleichzeitig zum Klettern benutzt werden.

Fütterung

INFO! Allgemeine Fütterungshinweise

- Befestigter Futterplatz.
- Futter auf mehrere Stellen verteilen, damit rangniedrigere Tiere auch zum Zug kommen und ihre Ration erhalten.
- Auf Reinlichkeit achten.
- Täglich nach dem Wasser schauen; besser zweimal als einmal. Jeden Tag frisches Wasser geben und die Tränke sauber halten.
- Ständiges Vorhandensein von Futter zieht aber Mäuse, Ratten und Vögel an.

Die Voraussetzung für die Leistungsfähigkeit und die Langlebigkeit der Ziegen ist eine ausreichende und nährstoffgerechte Ernährung.

Im Sommer brauchen die Ziegen bei ausreichender Weide sowie gutem Wetter kaum eine Zufütterung. Raufutter, Zweige, Wasser und ein kupferfreier Salzleckstein sollten allerdings im Stall und auf der Weide immer zur Verfügung stehen. Milchziegen erhalten zusätzlich ein- bis zweimal am Tag Kraftfutter in Form von Hafer.

Bei schlechtem Wetter sollte man den Ziegen frisches Grünfutter in den Stall bringen, welches möglichst trocken ist.

Im Winter wird morgens und abends gefüttert. Die Menge des Kraftfutters ist jetzt höher als im Sommer. Saftfutter und Raufutter sollten reichlich gegeben werden und 24 Stunden zur Verfügung stehen, ebenso wie der kupferfreie Salzleckstein und Wasser.

Bei einseitigem Futter muss eventuell ein Mineralleckstein aufgehängt werden oder dem Futter Mineralstoffe beigemischt werden.

Steckrüben, Runkelrüben, Futterkartoffeln und saubere Gemüseabfälle dienen als Saftfutter.

Magere Standorte werden von Ziegen bevorzugt. Unsere grünen Wiesen sind ein Zeichen der Überdüngung und jahrelangen falschen Pflege. Für Ziegen sind karge Standorte zu bevorzugen.

Ziegenböcke sind während der Deckperiode meist sehr erregt und unruhig, daher fressen sie eher schlecht. Da der Bock sich zu dieser Zeit durch alles gestört fühlt, ist es von Vorteil, ihn nachts zu füttern und auf Leckerbissen zu achten.

Info – Futter
Grünfutter – Weidegang
Raufutter – Zweige, Sträucher
Saftfutter – Steckrüben, Runkelrüben, Futterkartoffeln, Gemüseabfälle
Salzleckstein

Pflege

CHECKLISTE! Pflegeplan

Täglich:
- ❏ Futterstelle säubern
- ❏ füttern
- ❏ Wasser erneuern
- ❏ Kontrolle, ob es allen Tieren gut geht und alle leben
- ❏ Kontrolle des Stalles und der Zaune

Regelmäßig:
- ❏ Klauenpflege
- ❏ Fellpflege
- ❏ Tierpflege
- ❏ kehren
- ❏ misten

Bei Bedarf:
- ❏ desinfizieren mit natürlichen Mitteln (nur im äußersten Notfall)

Fellpflege

Besonders zu Zeiten des Fellwechsels scheuern sich Ziegen gerne an allen möglichen Gegenständen, wie beispielsweise an Bäumen, Stallwänden oder Fütterungseinrichtungen. Damit dies noch besser möglich ist, kann man große (plastikfreie) Besen an verschiedenen Stellen anbringen. Haben Sie nur wenige Tiere, freuen sich diese auch über eine persönliche Fellpflegeeinheit mittels Wurzelbürste.

Klauenpflege

Da sich die Klauen unserer Hausziegen nicht mehr auf natürliche Weise selbst abnutzen, ist es notwendig, zwei- bis dreimal im Jahr die Klauen zu kürzen. Hierfür wird die Ziege am besten kurz festgebunden und dann nacheinander die Füße gehoben und die Klauen geschnitten. Diese Arbeit erfordert einige Übung und man lässt sie sich am besten von einem erfahrenen Ziegenhalter zeigen, damit man Verletzungen vermeidet.

Vermehrung (Aufzucht)

Im Alter von acht bis neun Monaten erreichen die weiblichen Lämmer die Zuchtreife. Bei männlichen Lämmern dauert es neun bis zwölf Monate, wobei sie erst volljährig, also mit einer Lebendmasse von 30 bis 35 kg, zur regelmäßigen Zucht benutzt werden sollten.

Unruhe, ungenügende Fresslust, ständiges Meckern, nachlassende Milchleistung und lebhaftes Schwanzwedeln sind Anzeichen der Brunst. Ein weiteres Merkmal ist eine gerötete und geschwollene Scheide. Die Brunst oder das „Bockigwer-

Das Zusammenleben verschiedener Tierarten ist selten ein Problem. Die Schweine finden zwar das Euter der Ziege attraktiv, dennoch läuft das Leben parallel weiter. Wer afrikanische Savannen kennt, weiß, dass es kaum eine Grenze des Zusammenlebens gibt. Sogar der Löwe fügt sich harmonisch in die Weidelandschaft ein.

Viele Nutztierrassen sind stark vom Aussterben bedroht. Doch das Bewusstsein in der Bevölkerung wächst, dass durch ihre Mithilfe und der von Bauern und Organisationen, wie der *GEH*, der *PSR* und der *Arche Austria*, die bedrohten Tierarten geschützt werden müssen.

den" tritt zum ersten Mal mit acht bis neun Monaten auf und liegt meist in den Herbstmonaten September bis Dezember. Die Ziege ist etwa drei Tage lang brünstig. Als günstigster Zeitpunkt für den Deckakt gilt der zweite Tag der Brunst.

Wird eine Ziege nicht gedeckt oder hat sie nicht aufgenommen, wird sie nach drei Wochen erneut brünstig.

Für den Deckakt werden Ziege und Bock im Stall oder im Auslauf zusammengeführt und ihr Verhalten beobachtet. Bereits ein Sprung reicht für die Befruchtung aus. Anschließend sollte man ruhig mit der Ziege umgehen und sie nicht zu schnell zum vertrauten Stall treiben.

Auch ein so genannter freier Herdensprung ist möglich. Dabei lässt man den Bock mindestens vier Wochen zur Ziegenherde und lässt ihn selbst wählen.

Ziegen haben eine Tragzeit von 146 bis 158 Tagen, in der besonders auf die Ernährung geachtet werden sollte. Ausreichend Nähr- und Mineralstoffe sind sowohl für die Entwicklung der zu erwartenden Lämmer als auch für das Muttertier und die spätere Milchproduktion wichtig. Außerdem sollte für freie Bewegungsmöglichkeiten im Stall und im Auslauf gesorgt werden, ohne grobe Behandlungen und Herumjagen.

Etwa acht Wochen vor dem Lammen sollten die tragenden Ziegen trockengestellt werden. Hierfür bekommen sie drei Tage vor dem Trockenstellen nur noch Erhaltungsfutter ohne Rüben. Das Melken wird auf einmal täglich reduziert und nach wenigen Tagen ganz eingestellt.

Ein paar Wochen vor dem Ablammen ist es wichtig, dass der Stall nochmals gründlich gereinigt und reichlich mit gutem Stroh ausgestreut wird, welches regelmäßig erneuert werden sollte. Ruhe ist ebenfalls eine wichtige Vorbedingung für eine reibungslose Geburt. Daher ist es gut, wenn man Ziegen, die kurz vor der Geburt stehen, in einen abgetrennten Stall stellt, der aber dennoch in der Nähe der anderen Ziegen ist.

Unruhe, leises Meckern sowie Stöhnen der Ziege kündigen die Geburt an. Bei einem normalen Geburtsverlauf ist keine Geburtshilfe erforderlich. Die Fruchtblase platzt in der Regel zur richtigen Zeit von selbst und auch die Nabelschnur zerreißt, nachdem das Lamm geboren ist. Bei Mehrlingsgeburten ist eine Pause von etwa 30 Minuten zwischen den Lämmern normal.

Unentbehrlich für die Gesunderhaltung des Lammes ist die Kolostralmilch, die unter anderem mehr Wirk- und Mineralstoffe enthält als Normalmilch und beim Lamm lösend auf das Darmpech wirkt. Außerdem enthält sie wichtige Abwehrstoffe für die Lämmer.

Die Mutterziege bekommt nach der Geburt, und nachdem die Lämmer ihre erste Milch bekommen haben, Wasser und etwas Saftfutter.

Die Lämmer sollten am besten natürlich aufgezogen, also bei der Mutter belassen werden. Hier ist die Mutter-Kind-Bindung sehr wichtig, die besonders durch abgetrennte Ställe gefördert wird. Bei der natürlichen Aufzucht ist es wichtig, das Euter regelmäßig zu kontrollieren und gegebenenfalls zusätzlich abzumelken.

Bei der künstlichen Aufzucht erhalten die Lämmer 39 °C warme Kuhmilch oder Vollmilchpulver aus einem Nuckeleimer, einer Rinnentränke oder einem Tränkeautomaten. Mindestens dreimal am

Die Aufzucht der Jungen braucht selten die Hilfe des Menschen. Es reicht, wenn wir beobachten und genießen.

Tag bekommen die Lämmer Milch. Die Menge steigert sich in der ersten Woche von einem halben Liter auf eineinhalb Liter am Tag. Nach zwei Wochen trinken die Lämmer etwa zwei Liter.

Es gibt außerdem die Möglichkeit einer sauren Kalttränke, die aus Milch mit Ameisensäure oder Joghurt besteht und vorbereitet auf Vorrat gegeben werden kann.

Nach einer Mindestdauer von 46 Tagen kann die Milch abrupt abgesetzt werden.

Ab der zweiten Lebenswoche sollte den Lämmern Heu, Wasser und Kraftfutter zur Verfügung stehen, damit sie sich zu Wiederkäuern entwickeln.

Verwertung/Nutzung

Produkte aus der Ziegenhaltung, wie Milch, Fleisch oder Fell, sind vielseitig einsetzbar, wenn sie fachkundig gewonnen und verarbeitet werden.

Milchgewinnung (Melkregeln, Milchnutzung, Milch)

Das Melken muss in einem sauberen Stall oder Raum stattfinden und hygienisch sein. Daher wird zunächst das Euter gereinigt und die Hände gewaschen. Dann wird die Ziege von Hand oder mit einer Melkmaschine zügig gemolken. Wichtig ist, dass das Euter immer ganz ausgemolken wird, damit keine Euterentzündungen entstehen.

Selbstverständlich müssen auch die Melkgefäße sauber und geruchfrei sein.

Ziegen- und Schafmilch sind wertvolle Bereicherungen unserer Ernährung. Als Trinkmilch oder veredelt zu Molkereiprodukten ist diese Milch ein Zeichen dafür, dass man aus Blumenwiesen leckere Köstlichkeiten zaubern kann.

Ziegenmilch kann genauso vielseitig verarbeitet werden wie Kuhmilch. Der Verzehr von ungekochter Ziegenmilch ist nicht schädlich, dennoch sollte man bei auftretenden gesundheitlichen Beschwerden daran denken, dass unabgekochte Ziegenmilch FSME übertragen kann.

Fleischgewinnung/Schlachtung

Für die Fleischgewinnung wird das Tier zunächst betäubt und dann die Halsschlagader geöffnet. Zum Ausbluten wird die Ziege an den Hinterbeinen aufgehängt. Sofort nach dem Schlachten wird das Fell abgezogen und das Fleisch herausgeschlagen.

Fellgewinnung

Nicht nur die Behandlung nach dem Schlachten, sondern auch die regelmäßige Fellpflege zu Lebzeiten beeinflusst die Qualität des Felles. Um diese zu erhalten, muss man folgende Punkte beachten.

Das Fell sollte von einem Fachmann abgezogen werden und anschließend mit einem stumpfen Gegenstand von allen anhaftenden Fleisch- und Fettresten befreit werden. Zum Trocknen wird das Fell mit dem Leder nach außen der Länge nach über eine Stange gehängt. Der Ort sollte luftig sein, direkte Sonneneinstrahlung und Ofennähe aber vermieden werden.

Ziegen liefern auch hervorragendes Leder. Dieses findet z. B. für die Lederhosenherstellung Verwendung, aber auch für viele andere Produkte.

Zugtier/Kleinfuhrwerk

Kleinfuhrwerke waren immer die billigste und beste Transporterleichterung für Menschen ohne Zugang zu Ross und Wagen. Ziegen eignen sich hervorragend für den Einsatz vor leichten Leiterwägen. Je nach Bauart kann so das Futter vom Feld geholt oder die Milch transportiert werden. Der Einsatz dieser Zugtiere ist auch für kleine Wanderungen optimal. Die Tiere fressen sich am Wegesrand satt und während der Pausen erholen sich Mensch und Tier. Es lohnt sich, Ziegen mit dem Einspannen vertraut zu machen und ihnen einige Zugarbeiten zuzutrauen. Moderne Zugwägen ermöglichen auch den Transport von Kindern oder von Gepäck zum und auf dem Ferienbauernhof.

Krankheiten

Auch Ziegen können krank werden. Bei einer rassegerechten Haltung mit viel Bewegung und frischer Luft kommt dies aber selten vor.

Durch Beobachtung der Tiere kann man meist sehr gut abschätzen, ob die Tiere krank sind. Auffälliges, untypisches Verhalten, kalte oder heiße Ohren und nicht vorhandene Pansengeräusche sowie Fressunlust können auf Erkrankungen hinweisen. In diesen Fällen kontaktieren Sie einen Tierarzt.

Dass der Erntewagen von einer Ziege besucht wird, zeigt die Gewitztheit und Kreativität der Tiere. Der Blumenstrauß ist sicher bald verspeist.

LAMAS UND ALPAKAS

Lamas und Alpakas sind recht neue Nutztiere in Mitteleuropa. Die beiden Kamelarten aus der neuen Welt werden hier noch nicht lange gehalten. Sie stammen von unterschiedlichen, aber eng verwandten Arten aus Südamerika ab und sind an das Leben entlang der Anden angepasst.

Kurzsteckbrief

- Lama (vom *Vikunja Vicugna vicugna*); Alpaka (vom *Guanako Vicugna pacos Lama guanicoe*)
- Weiblich: Stute, männlich: Hengst, Jungtiere: Fohlen
- Gewicht: 130–150 kg, Schulterhöhe 1,3 m
- Alter: bis 20 Jahre
- Mindestgruppengröße: drei
- Platzbedarf Stall pro Tier: ausreichend, da Alpakas und Lamas keinen Körperkontakt beim Liegen suchen/akzeptieren
- Platzbedarf Auslauf/Weide: 1.500 m^2 für die ersten drei, 200 m^2 zusätzlich für jedes weitere Tier.
- Platzbedarf Lager: Heu
- Futter: Gras, Heu, Äste
- Besonderheiten: idealer Gepäckträger bei Wanderungen

Anatomie der Lamas und Alpakas

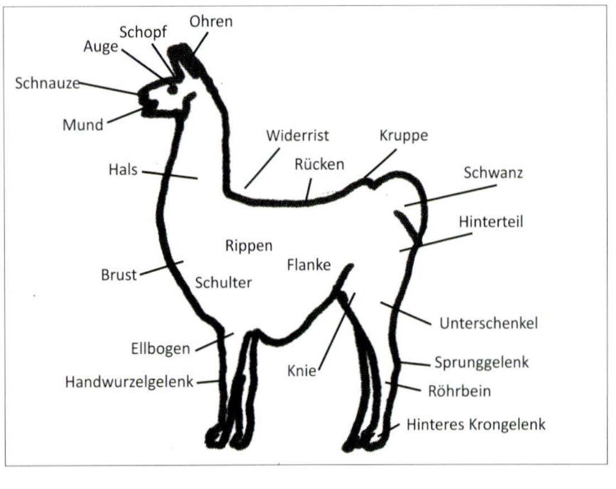

Welche Lamas oder Alpakas passen zu uns?

Wer sich ein Bild von der vielfältigen Landschaft entlang der südamerikanischen Anden machen kann, weiß, dass sich dort große Weiten mit umfassenden Gebirgslandschaften abwechseln. Diese Landschaft sorgte dafür, dass es sich bei Lamas und Alpakas um sehr bewegungsfreudige und geländetaugliche Tiere handelt. Die Grundvoraussetzung ist demnach eine sehr große Weide mit einem hohen Zaun. Lamas brauchen immer eine Herde. Drei Tiere sind die Mindestgröße. Maximal ein Hengst pro Gruppe ist möglich, da sonst die Herdenstruktur zum Kampf führt.

Was man beim Kauf beachten sollte

Auch für das Halten von Lamas sollte man sich vorab vorbereiten. Da die Tiere vielfach aus weniger pragmatischen Gründen gekauft werden, als das von den anderen Nutztieren bekannt ist, sollten sich gerade Menschen, die Lamas einfach nur „süß“ oder „putzig“ finden, ernsthaft informieren und gegebenenfalls einen Kurs zur Haltung belegen. Lamas werden sehr alt und in Mitteleuropa ist die Nutzung als Fleisch wenig verbreitet.

Der Kauf läuft vergleichbar mit allen anderen Tieren: Wirkt der Züchter seriös und vertrauenswürdig? Ist die Anlage tiergerecht? Wie wirken die Tiere? Gibt es Auffälligkeiten: verklebte Augen, Nasenausfluss oder Ähnliches? Gibt es Verhaltensauffälligkeiten? Sind die Tiere scheu oder zu aufdringlich? Lamas und Alpakas sollten sich neugierig nähern, aber keinen aufdringlichen Körperkontakt suchen. Lassen Sie sich zeigen, wie das Tier aufgehalftert oder abgeschirrt wird.

Die Wolle der Alpakas gehört zu den wärmsten und schützendsten Wollen aus dem Tierreich. Natürlich spielt die Temperatur der Haltungsumgebung eine Rolle bei der Qualität der Wolle.

Wallache sind perfekte Einsteigertiere, da sie günstiger sind und geschlechtsneutral auftreten. Jungtiere nach der Schur sind zu bevorzugen, da man hier alle Unregelmäßigkeiten in Körperbau und Hautstruktur gut sieht.

Stall

Ein einfacher Unterstand genügt. Stroh und eine Futterraufe machen den Stall zudem gemütlich. Lamas und Alpakas haben keine Probleme mit den Temperaturen unseres Winters, dennoch tut ihnen ein zugluftfreier und trockener Unterstand sehr gut, da die Tiere nur unzureichend gegen die mitteleuropäische Nässe geschützt sind.

Der Stall sollte so geschaffen sein, dass die Tiere ohne Körperkontakt liegen können, das heißt 2,5 m² pro Tier Liegefläche und dann noch genug Raum, damit rangniedere Tiere in dieser Zeit ungestört an der Futterraufe fressen können.

Auslauf/Weide

Lamas sind sehr agil und findig im Bewältigen von Hindernissen, daher sollte der Zaun etwa 1,4 bis 1,6 m hoch sein und auch ein Unterqueren ver-

CHECKLISTE! Stall, Auslauf, Weide

Stall
- ❑ robuste Bauweise
- ❑ giftfreies Holz
- ❑ 5–9 m² Stallfläche pro Tier, 2 m hoch
- ❑ Trennwände
- ❑ wasserbindende Einstreu
- ❑ Futterstelle (+ Salzleckstein)
- ❑ Tränke
- ❑ verschließbar
- ❑ trocken
- ❑ zugluftfrei
- ❑ hell

Auslauf
- ❑ geschützter, sehr großer Auslauf
- ❑ Futterstelle
- ❑ Tränke
- ❑ temporär
- ❑ 10 m² pro Tier

Weide
- ❑ so groß wie möglich
- ❑ täglich benutzbar
- ❑ 1.500–2.000 m² für das erste Trio
- ❑ Zaun
- ❑ Unterstand

Eine gemischte Herde, die hier zu Therapiezwecken gehalten wird. Lamas und Alpakas haben ihren Kopf auf Augenhöhe des Menschen und blicken uns unvermittelt in die Augen. Schafe und Pferde können das aufgrund der Körpergröße und der Augenanordnung nicht.

hindern. Lamas und Alpakas haben ungeahnte Sprungkräfte und können sehr schnell rennen. Um das auszuleben, wird für das erste Trio eine Weidefläche von 1.500 m^2 empfohlen, für jedes weitere Paar weitere 200 m^2. Abgeweidete, vermatschte und verdreckte Weiden müssen regenerieren. Daher sollte mindestens das Doppelte in Reserve bereitstehen. Dort sollte Heu gewonnen werden, damit die Tiere nicht in hochwüchsige Wiesen getrieben werden.

Fütterung

INFO! Allgemeine Fütterungshinweise

- Befestigter Futterplatz.
- Futter auf mehrere Stellen verteilen, damit rangniedrigere Tiere auch zum Zug kommen und ihre Ration erhalten.
- Auf Reinlichkeit achten.
- Täglich nach dem Wasser schauen; besser zweimal als einmal. Jeden Tag frisches Wasser geben und die Tränke sauber halten.
- Ständiges Vorhandensein von Futter zieht aber Mäuse, Ratten und Vögel an.

Lamas sind Pflanzenfresser. Da man sie meist nicht mästet, genügt Heu, die Kräuter einer Wiese und ein paar Äste von Sträuchern und Bäumen. Ganzjähriger Weidegang ist nötig. Fallobst ist für Lamas und Alpakas ungeeignet – Apfelbäume werden jedoch gerne gefressen und müssen geschützt werden.

Info – Futter
Gras, Kräuter
Heu
Äste

Pflege

CHECKLISTE! Pflegeplan

Täglich:
- ❑ Futterstelle säubern
- ❑ füttern
- ❑ Wasser erneuern
- ❑ Kontrolle, ob es allen Tieren gut geht und alle leben
- ❑ Kontrolle des Stalles und der Zäune

Regelmäßig:
- ❑ Klauenpflege
- ❑ Tierpflege
- ❑ kehren
- ❑ misten

Bei Bedarf:
- ❑ Schur
- ❑ desinfizieren mit biologischen Mitteln (nur im äußersten Notfall)

Die regelmäßige Kontrolle der Tiere und das Pflegen der Klauen ist eine wichtige Tätigkeit. Ansonsten ist die Beobachtung die wichtigste Pflege. Damit die Tiere bei der jährlichen Schur und beim Klauenpflegen zahm sind, empfiehlt es sich, dass

Eine gemischte Beweidung ist möglich. Dieser kurzrasige Bestand wird sehr artenarm und bietet wenig Lebensraum für Blütenpflanzen. Dennoch freuen sich auch hier verschiedene bodenbrütende Insekten über die Offenstellen.

man mit ihnen regelmäßig einen Spaziergang am Strick macht.

Vermehrung (Aufzucht)

Lamas leben immer in Gruppen. Einzeltiere sollte man nie halten. Neben dem Halten von reinen Stutengruppen lassen sich auch Wallache problemlos halten. Hengste sind wie so oft im Tierreich etwas aufwändiger zu pflegen, da hier ganz andere Platzverhältnisse und Hierarchieräume benötigt werden. Maximal ein Hengst pro Gruppe ist jedoch möglich, der stärkste Hengst wird alle anderen vertreiben. Aufgrund des Zauns ist das Ausleben dieser Herdenbildung bei uns jedoch nicht möglich.

Die Paarung erfolgt am besten im August/September. Nach 11 Monaten wird stets nur ein Fohlen geboren. Es empfiehlt sich, bei der Aufzucht ein klares Hierarchieverhältnis herzustellen, da sonst erwachsene Tiere zu Respektlosigkeiten neigen, was einen sicheren und berechenbaren Umgang erschwert.

Verwertung/Nutzung

Wollgewinnung

Die Wolle der Tiere ist bei richtiger und fachgerechter Schur von unvorstellbarer Wärmequalität.

Fleischgewinnung

Alpakas und Lamas liefern sehr wohlschmeckendes Fleisch. Leider ist diese Nutzung in Mitteleuropa nicht weit verbreitet. Dadurch ergeben sich jede Menge Probleme mit überalterten Tieren, die hohe Tierarztkosten verursachen und deren Alterungsprozess – wie bei allen Tieren – kein erstrebenswerter Anblick ist.

Trekking

Wallache lassen sich als besonders leistungsfähige Tragetiere nutzen. Auch Stuten und Hengste

Erwachsene Tiere bekommen Charakterköpfe. Der Trend, alle Babyalpakas süß zu finden, muss damit leben, dass die Tiere alt werden und ein langes Leben führen.

sind möglich. Da die Tiere extrem trittfest sind, sind Wanderungen mit Lamas sehr gut möglich. Die Nutzlast entspricht etwa 25 % des Körpergewichts. Bei Überladung streikt das Tier durch Abliegen.

Krankheiten

Lamas und Alpakas können sich verschiedene Krankheiten einfangen oder sich verletzen. Sollten Ihnen Verletzungen oder Verhaltensänderungen auffallen, wenden Sie sich an andere Halter oder den Tierarzt.

Die unterschiedlichen Frisuren sind recht typisch und einprägsam. Es bleibt zu hoffen, dass sich nicht alle Lama-und Alpakahalter optisch ihren Tieren annähern.

Ein einfacher Bretterzaun, eine unterstützende Litze und der geschützte Baum grenzen die Beweidungsaktivitäten der Tiere ein. Das Halten von Lamas und Alpakas stellt keine großen Herausforderungen, aber durchgehende Fürsorge an den Halter bereit.

SCHWEINE

Kaum ein anderes Tier hat so vielseitige Anlagen wie Schweine. Es gibt Schweine, die, wie das Turopolje, schwimmend und tauchend im Fluss oder im Teich nach Nahrung suchen. Andere helfen dem Menschen bei der Suche nach Trüffeln. Wieder andere wühlen mit der Schnauze den Oberboden um, sodass dieser belüftet wird und ohne großen Aufwand zum Saatbeet hergerichtet werden kann. Ebenso werden Schweine zur Landschaftspflege eingesetzt.

Hält man Schweine richtig und rassegerecht und lernt die Fähigkeiten und Kräfte dieser wunderbaren Tiere zu nutzen, dann ist das Schwein wohl der wichtigste Helfer in einem Selbstversorgergarten.

Das Leben des Schweins ist eine Mischung aus Schwerarbeit und Sensibilität. Die Ernährung des Schweins füllt alle Lücken, die bei der Viehhaltung geblieben sind, und kann bei guter Auslastung viele Wunder bewirken.

Dennoch gilt es zu bedenken, dass Schweine Nahrungskonkurrenten des Menschen sind, heutiger und nicht nur früherer Ackerbauern. Aus diesem Grund ist die globale Ernährung des Menschen über den Umweg Industrieschwein aus energetischen Gesichtspunkten, auch aus Gründen einer optimalen, nachhaltigen Wirtschaftsweise nicht zu empfehlen, ja, abzulehnen.

Es ist eine Lanze für das Schwein zu brechen. Nicht für das nach dem Zweiten Weltkrieg gezüchtete, stressempfindliche Einheitsschwein, als „veredeltes Deutsches Landschwein oder Deutsche Landrasse“ bezeichnet, sondern für vom Aussterben bedrohte regionale Schläge. Wertvolle Genreservoirs gilt es zu erhalten. Allesamt haben sie besondere, individuelle Merkmale und Vorzüge.

Welche Schweine passen zu uns?

Bei der Entscheidung, welche Rasse man sich anschaffen sollte, sind vor allem drei Aspekte zu bedenken: die Größe, die Nutzung und das Aussehen.

Je nachdem, wie viel Platz zur Verfügung steht, kann man sich für eine kleinere oder größere Rasse entscheiden. Bei der Nutzung ist die Frage, ob man es eher auf das Fleisch oder auf den Speck

Kurzsteckbrief

- Name: Hausschwein
- Weiblich: (Mutter-)Sau, männlich: Eber, Jungtiere: Ferkel, später Läufer.
- Gewicht: bis zu 350 kg, Größe: bis zu 95 cm
- Alter: 10–12 Jahre
- Mindestgruppengröße: 2–3
- Platzbedarf Stall pro Tier: 3 m^2
- Platzbedarf Auslauf/Weide pro Tier: 500–1.000 m^2
- Platzbedarf Lager: Einstreu, Heu, Kartoffeln und andere Hackfrüchte
- Futter: Getreide, Hackfrüchte, Heu, Leguminosen

Anatomie des Schweins

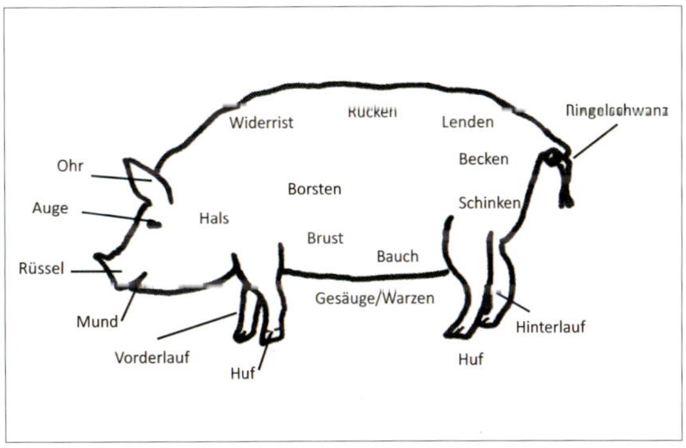

Schon das erste Schweinebild zeigt uns, dass Schweine sich nicht damit begnügen, die Weide oberflächlich zu beweiden. Schweine nutzen immer auch die Schicht unter der Grasnarbe.

Von den Schweinen können wir viel lernen. Es geht nicht darum, es anderen Recht zu machen. Das Hauptziel muss immer sein, dass man sich selbst wohlfühlt. Ob man nun in der Sonne liegt oder im Matsch wühlt, das Leben für Schweine ist sehr genussorientiert und beschäftigt sich wenig mit unseren ästhetischen Ängsten.

abgesehen hat. Je nach Vorliebe gibt es Rassen, die für einen bestimmten Bereich berühmt sind. Das Aussehen ist dann noch das i-Tüpfelchen. Hier wird nach ganz individuellen Vorlieben entschieden.

Im folgenden Abschnitt sind einige Rassen beschrieben, die laut *GEH, Pro Specie Rara* und *Arche Austria* als gefährdet gelten. Diese zu unterstützen lohnt sich.

Rassen

Angler Sattelschwein

Das Angler Sattelschwein ist eine großrahmige Landrasse mit schwarz pigmentierter Haut, die im Sattelbereich weiß gezeichnet ist. Außerdem besitzt es Schlappohren.

Dank sehr guter Muttereigenschaften und Milchleistung besitzt es eine hohe Ferkelaufzuchtrate. Angler Sattelschweine sind anspruchslose und robuste Tiere, die sich sehr gut für die extensive Weidehaltung eignen.

Der Eber erreicht eine Größe von bis zu 95 cm und ein Gewicht von 350 kg. Die Sau wird bis zu 85 cm groß und 300 kg schwer.

Deutsches Sattelschwein

Das Deutsche Sattelschwein wurde aus dem Angler Sattelschwein und dem Schwäbisch Hällischen Schwein gezüchtet. Es hat ebenfalls schwarz pigmentierte Haut und Haare mit einem hellen Sattel, der unterschiedlich breit sein kann. Auch das Deutsche Sattelschwein hat Schlappohren.

Neben einer überdurchschnittlichen Ferkelaufzuchtrate, sehr guten Muttereigenschaften und Milchleistung liefert es eine sehr gute Fleischqualität. Die sehr anspruchslosen und robusten Tiere eignen sich sehr gut für die extensive Weidehaltung.

Die Sau wird bis zu 80 cm und der Eber bis zu 85 cm groß. Die Sau erreicht ein Gewicht von bis zu 300 kg und der Eber von bis zu 350 kg.

Rotbuntes Husumer Schwein

Diese großrahmige Landrasse erkennt man an ihrer roten Farbe mit weißem Sattel. Die Tiere haben Schlappohren bis halb stehende Ohren.

Rotbunte Husumer Schweine gelten als robust, genügsam, vital und winterhart. Somit sind sie sehr gut für die extensive Weidehaltung geeignet. Sie besitzen ein ruhiges und ausgeglichenes Wesen und gute Muttereigenschaften. Durch den hohen Fettgehalt im Fleisch besitzt dieses einen besonderen, aromatischen Geschmack.

Der Eber wird bis zu 95 cm groß und 350 kg schwer, die Sau bis zu 85 cm groß und 300 kg schwer.

Leicoma

Eine weitere großrahmige Landrasse ist das Leicoma Schwein. Dieses ist ein weiß-rosa farbiges Schwein mit Hängeohren. Robustheit und hohe Fleischqualität zeichnen diese Rasse aus. Die durchschnittliche Wurfgröße beträgt 11 Ferkel pro Wurf.

Buntes Bentheimer Schwein

Bunte Bentheimer Schweine haben eine weiße oder graue Grundfärbung mit unregelmäßig schwarzen Flecken und Schlappohren. Es handelt sich um ein mittelrahmiges, langgestrecktes Landschwein.

Bunte Bentheimer Schweine sind langlebig, robust und stressresistent. Sie haben ein hervorragendes Aufzuchtvermögen und sind weidetauglich. Die Ferkel sind frühreif.

Die Sau wird bis zu 180 kg und der Eber bis zu 250 kg schwer mit einer Größe von bis zu 75 cm.

Schwäbisch Hällisches Schwein

Es handelt sich um eine großrahmige und tiefrumpfige Rasse mit Schlappohren. Die Grundfarbe ist Weiß, wobei Kopf und Hals sowie die Hinterseite der Oberschenkel schwarz sind. Der Übergang von Schwarz zu Weiß erfolgt in einem grauen Säumungsstreifen.

Schwäbisch Hällische Schweine gelten als widerstandsfähig, langlebig, frühreif und außergewöhnlich fruchtbar. Außerdem besitzen sie eine hervorragende Fleischqualität.

Der Eber wiegt zwischen 275 und 350 kg und wird bis zu 90 cm groß. Die Sau wiegt bis zu 225 bis 275 kg und wird bis zu 80 cm groß.

Schwarzes Alpenschwein

Diese Rasse gibt es in der Färbung Schwarz, aber auch Schwarz-Weiß bis Dunkelrot. Durch ihre Pigmentierung und das Borstenkleid haben sie eine gute Sonnenbrandresistenz und sind hervorragend für die ganztägige Weidehaltung geeignet.

Weißes Mangalitza- oder Woll-Schwein

Es hat ein außergewöhnliches Haarkleid und kommt in drei Farbvarianten (Rot, Blond und Schwalbenbäuchig) vor. Ein Speckschwein, für extensive Haltung im Freien bestens geeignet. Extrem ruhig und stressfrei. Krankheitsresistent und sehr robust. Im Sommer weidegängig, im Winter genügt die Zufütterung von Mais und Rüben. Typisch ungarisches Schwein.

Angler Sattelschwein

Die Bedeutung des Fetts als Aromaträger und das durchwachsene Fleisch lassen eine Umkehr in den Verbrauchsgewohnheiten erkennen, weg vom extrem mageren oft wässrigen, weichen, geschmacklosen Fleisch. Für die Haltung im Freien geeignet, robust und fruchtbar. Sattel rosa über die Schultern und Vorderläufe, sonst Kopf- und Hinterteil schwarz.

Large Black – Das große Schwarze Schwein

Bis ins 18. Jahrhundert ähnelte das weitverbreitete Schwein noch einem Wildschwein. Sautreiber, die durchs Land zogen, bringen die Schweine für den Verzehr aufs Land. Nur einen geringen Teil halten die Bauern selbst. Im 19. Jahrhundert werden leichte einheimische Landschläge mit schwereren englischen eingekreuzt zum schweren, Speck ansetzenden „Veredelten deutschen Landschwein“. Seit 1969 heißt die durch Verdrängungskreuzung hochgezüchtete Rasse: „Deutsche Landrasse“. Sie ist stressanfällig, fettarm und besitzt eine schlechte Fleischqualität.

Rotbuntes Husumer Schwein

Die heutigen Schweinerassen sind Kreuzungen aus dem Wildschwein und einer asiatischen Wildform. Deren charakteristischen Eigenschaften sind bei den einzelnen Rassen unterschiedlich ausgeprägt. Mitte des 20. Jahrhunderts züchteten die Bauern reine Kotelett- und Schinkenschweine mit minderer Fleischqualität heran, die fabrikmäßig gehalten werden. Die guten Eigenschaften einiger alter Rassen werden wieder geschätzt. Ihre extensive Haltung tut den Tieren, der Umwelt und den Menschen gut.

Ihr Fleisch ist qualitativ hochwertig und gut marmoriert, was durch viel Bewegung und die extensive Fütterung erreicht wird. Schwarze Alpenschweine fressen auch Raufutter und Vegetation, die für die klassische Beweidung von Milchvieh weniger geeignet sind.

Daher werden diese Tiere nicht nur des Fleisches wegen, sondern auch als Landschaftspfleger gehalten. Sie sind anspruchslos, widerstandsfähig, geländegängig, haben eine hohe Lebensdauer und gute Aufzuchteigenschaften.

Die Sau hat ein Gewicht von 130 bis 160 kg, der Eber von 150 bis 180 kg.

Mangalitza

Das Mangalitza Schwein gibt es in unterschiedlichen Färbungen. Die Haut ist gräulich schwarz pigmentiert. Die Borsten des Blonden Mangalitza variieren zwischen Grau über Gelb bis ins Rötlich-Gelbe, wobei die gelblichen und rötlichen Färbungen von Bodenbeschaffenheit und Haltung abhängig sind. Beim Schwalbenbäuchigen Mangalitza sind die Seiten und der Rücken schwarz, Backen, Bauch und der untere Teil des Körpers sind schwarz oder silbergrau. Das Rote Mangalitza hat Borsten in einem dunkleren oder helleren rötlichen Braun.

Die Borsten sind im Winter fest, rasierpinselartig und lockig, im Sommer eher feiner, glatter und kürzer.

Die Tiere sind robust, widerstandsfähig und kälteresistent und somit besonders für die Freilandhaltung und die Landschaftspflege geeignet. Sie kommen auch mit einer kargen Futtergrundlage zurecht. Sie sind neugierig, intelligent, haben einen gutmütigen Charakter und suchen den Kontakt zum Menschen.

Mangalitza Schweine werden bis zu 90 cm groß und können bis zu 300 kg schwer werden.

Turopolje

Die Grundfarbe des Turopolje Schweins ist Weiß bis Grau mit kleineren und größeren schwarzen Flecken am ganzen Körper, die auch ganze Körperteile einfärben können. Die Haut ist schwarz, auch unter den hellen Borsten. Die Borsten sind gerade und glatt anliegend, manchmal auch leicht gekraust.

Das Turopolje Schwein hat eine Leidenschaft für Wasser und kann Schwimmen sowie Tauchen. Die Tiere sind anspruchslos bezüglich Futterqualität, fressen auch Raufutter und ertragen extreme Witterung problemlos. Daher sind sie hervorragend für die extensive Weidehaltung geeignet. Sie liefern außerdem bestes und schmackhaftes Fleisch und Speck. Auf die Waage bringen sie 200 bis 250 kg.

Was man beim Kauf beachten sollte

Mehrere Schweine zusammen sind glücklicher als ein Einzelschwein. Daher lohnt es sich, in aller Regel mit dem Kauf von 2 oder mehreren Läufern (Jungschweinen) zu beginnen. Diese finden dann schnell ihren Platz in der neuen Umgebung. Neuzugänge sollte man langsam an einen Bestand heranführen und das gegenseitige Kennenlernen aus der Ferne beobachten. Anfangs ist der Neuzugang meist nicht gern gesehen und diverse Rangordnungskämpfe werden ausgetragen. Das legt sich dann nach einiger Zeit. Dennoch ist der Kauf von einzelnen Ferkeln nicht ratsam, da der Stress für ein neues Tier größer ist als für eine kleine Gruppe (zwei bis drei) neuer Tiere, die sich integrieren müssen.

Stall

Während der Sommermonate sollte die Möglichkeit bestehen, dass man die Tiere umsetzen kann. Somit sind alle Verschläge, die man auf- und abbauen oder bewegen kann, tauglich. Man spricht von „billigen Ställen“, also Ställen aus günstigem und ungehobeltem Stangenholz mit regionaler Abdeckung. Diese auf der Erde stehenden Dächer können fast das ganze Jahr über als Stallung verwendet werden. Die Dachneigung, die ohne Kniestock aus der Erde hervorgeht, schützt zudem die Jungsauen, die sich dort sicher bewegen können, da die Muttersau dort nicht hinkommt.

Wichtig ist es, dass im Stall keine Zugluft herrscht und dass verschiedene Zonen erkennbar sind. Schweine sind im Stall sehr penibel in der Trennung verschiedener Aktivitäten. So halten Schweine den durch eine Rampe abgetrennten und mit Einstreu versehenen Schlafplatz recht sauber. Die Einstreu besteht aus dem Material der Streuwiesen, aus abgeernteten Farnen oder einfach aus Stroh; die Einstreu sollte immer trocken bleiben. Ein Bereich zum Koten abseits des Futterbereichs ist ebenfalls sinnvoll.

CHECKLISTE! Stall, Auslauf, Weide

Stall
- ❑ robuste Bauweise
- ❑ giftfreies Holz
- ❑ 3 m² Stallfläche pro Tier
- ❑ wasserbindende Einstreu
- ❑ Futterstelle
- ❑ Tränke
- ❑ Kotbereich
- ❑ Liegebereich
- ❑ verschließbar
- ❑ trocken
- ❑ zugluftfrei
- ❑ hell

Auslauf
- ❑ Freiluftauslauf
- ❑ Futterstelle
- ❑ Tränke
- ❑ temporär
- ❑ 3 m² pro Tier
- ❑ z. B. Mist und Komposthaufen

Weide
- ❑ so groß wie möglich
- ❑ täglich benutzbar
- ❑ 500–1.000 m² pro Tier
- ❑ Zaun
- ❑ Bäume und Sträucher
- ❑ artenreicher Saum
- ❑ geschlossene Grasnarbe
- ❑ Wasser
- ❑ Bodenbearbeitung von abgeernteten und zukünftigen Äckern und Beeten

Auch wenn ein Schweineauslauf nicht den Anschein erweckt, als seien menschliche Kriterien ausschlaggebend, so zeugt das Vorhandensein von Matsch, Schlamm und Suhlen und einem sauberen Schlafplatz doch von der menschlichsten aller Sehnsüchte, nämlich nach dem Wunsch des Wohlfühlens und des Zuhauseseins. Die Trennung von Muttersau und Ferkeln ist durch Ferkelschutzgeländer und durch kleine Löcher zu erreichen, durch die zwar die Ferkel passen, die Mutter jedoch nicht. Dadurch können die Ferkel an andere Futterrationen (Nährstoffe etc.) kommen, die die große Mutter nicht erreicht.

Sicherlich wirkt diese Sau nicht nur zufrieden, sondern sie ist es auch. Die Kleinen liegen unter der Wärmelampe, die zum Schutz nur eine begrenzte Zutrittshöhe hat.

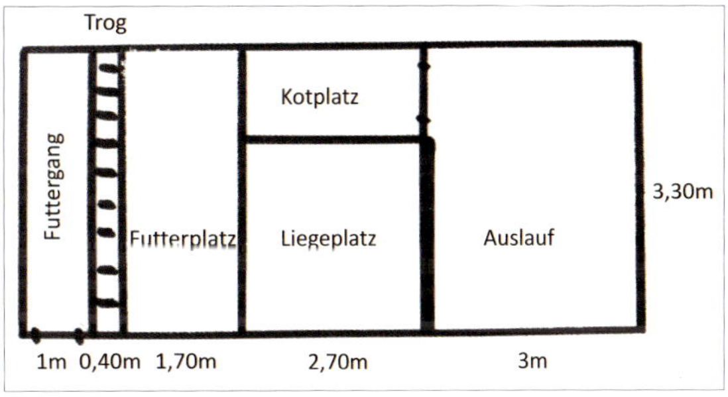

Dieser Grundriss eines vollfunktionsfähigen Schweinestalls lässt sich in den Kleinviehstall einbauen. Der Futtergang fällt dann mit dem Vorraum zusammen und der Auslauf grenzt beliebig an eine der Seiten an, um von dort aus auf die Weide überzugehen. Die Nutzung des Auslaufs als Misthaufen ist ebenso möglich. Dadurch wird der Mist von den Schweinen nachsortiert. Ein Brett zwischen Liegeplatz und Kotplatz sorgt dafür, dass die Schweine recht reinlich gehalten werden können und den Schlafplatz weitgehend sauber halten.

Auslauf/Weide

Die Besonderheit des Schweins ist die Fähigkeit, in verschiedenen Ebenen zu fressen. Der klassische Weidegang ist dabei nur eine Seite der Nutzung von Ressourcen. Schnell wird dem Schweinehalter klar, dass auch tiefliegende Nahrungsressourcen gern gefressen werden. Wurzeln, Knollen, Insekten, Würmer und alles, was sich unter der Erde befindet, wird durch Ausdauer und Sensibilität herausgearbeitet. Eine typische Schweineweide bildet sich dann schnell. Aber gerade hier lässt sich viel Gewinnbringendes nutzen.

Die Beweidung der Gemüsefelder oder des Gemüsegartens durch Schweine senkt die Last der Unkräuter und Schädlinge drastisch. Zudem graben die Schweine das Stück Land mit Bravour um und erleichtern so die Bodenbearbeitung erheblich. Flexible und den jahreszeitlichen Anforderungen angepasste Ausläufe sind für Schweine somit optimal, besonders dann, wenn die Flächen nie zu groß sind und die Effizienz des Schweins immer voll konzentriert auf ein neues Stück Land wirkt. Dadurch ist der Schweineauslauf im Idealfall ein stetig wanderndes Gehege, welches die Ackerflächen und Obstbaumwiesen im Lauf der Jahreszeiten abwandert.

Auch Obstbaumwiesen profitieren vom Schwein, denn Wurzelschädlinge werden ein ziemlich schweres Leben haben, wenn Schweine den Erdraum stören. Auch die Platzierung des Misthaufens (der anderen Tiere) im Umfeld der Schweine bringt noch zusätzliche Gewinne, denn die Schweine werden den Mist nachsortieren und das noch Fressbare verwerten, sodass der Mist dann samen- und schädlingsfrei auf den Beeten und Feldern ausgebracht werden kann.

Das Wintergehege ist hingegen anspruchsvoller, da es mehrere Monate belegt wird und daher abwechslungsreich und vielfältig sein sollte. Sträucher als Windschutz und eine trockene, stabile Hütte mit Stroh sowie ein Unterstand für grässliches Wetter sind dabei Grundelemente.

Vielerorts ist es Vorschrift, dass Schweinegehege mit einer doppelten Umzäunung (paralleler Zaun im Abstand von einigen Metern) versehen sind. Dadurch wird der Kontakt mit Wildschweinen verhindert und das Krankheitsrisiko minimiert.

Mit Gänsen, Enten und Hühnern lassen sich Schweine wunderbar zusammenhalten. Die Schweine wirken zudem als Schutz vor Marder und Fuchs. Ein friedliebendes Nebeneinander bereichert den Anblick der Anlage und wird bald zur Folge haben, dass eine Sitzbank zur Beobachtung aufgestellt wird.

Fütterung

INFO! Allgemeine Fütterungshinweise

- Befestigter Futterplatz.
- Futter auf mehrere Stellen verteilen, damit rangniedrigere Tiere auch zum Zug kommen und ihre Ration erhalten.
- Auf Reinlichkeit achten.
- Täglich nach dem Wasser schauen; besser zweimal als einmal. Jeden Tag frisches Wasser geben und die Tränke sauber halten.
- Ständiges Vorhandensein von Futter zieht aber Mäuse, Ratten und Vögel an.

Ferkel sind die Magnete eines jeden Hofs. Kaum ein Besucher wird es sich entgehen lassen, diese Rasselbande zu besuchen. Die Haltung ist sehr einfach, da die Mutter die Pflege übernimmt. Probleme treten bei ausreichenden Raumverhältnissen kaum auf.

Schweine können eigentlich nie genug bekommen. Es wird immer aufgefressen, denn dank der Rangordnung hat immer irgendein Schwein noch Hunger – oder schon wieder. Dennoch sollte man stets nur so viel füttern, dass nach 15 Minuten alles aufgefressen ist, sonst werden die Schweine zu fett.

Während die Weidezeit das kulinarische Schweineherz recht gut ausfüllt, wird es im Winter ein wenig knapper mit der Eigenernährung und so ist fast alles ein willkommener Grund, daran zu nagen. Vom Stroh bis zum Weihnachtsbaum erfüllt fast alles die Anforderungen des Schweinelebens. Dabei liegt die Betonung auf „fast alles", denn Fleisch, Fleischprodukte und Wurst haben auf dem Schweinespeiseplan nichts verloren. Alte, biologische Backwaren aus den Bäckereien sind ideal, auch überschüssige Bio-Milch und Bio-Milchprodukte, wie auch Molke (Käswasser). So wird über den Umweg Ziege, die die dornigen und verholzten Sträucher der Weiden frisst, aus ihren Milchprodukten letztendlich Schweinefutter. Für wenige Euro kommt man an Kisten mit nicht verkauften Backwaren und kann diese den Schweinen und Hühnern zufüttern. Vom Brot bis zum Berliner, Schweine sind nicht wählerisch, wenngleich man nach zwei Tagen Füttern mit Berlinern, gefüllt mit Himbeerkonfitüre, enttäuschte Schweinegesichter sehen wird, wenn plötzlich wieder Schrot auf dem Speiseplan steht.

Die wichtigste Besonderheit des Schweins ist es, dass es fähig ist Abwassersysteme und Müllabfuhr zu entlasten. So spielt der „Saukübel" in der Küche eine wichtige Rolle. In ihm findet alles Organische einen Platz und bereichert so das Schweineleben. Auch Küchenpapier und das erste Spülwasser ohne Spülmittel, mit welchem man fettige Pfannen oder Backbleche abgerieben und ausgewaschen hat, sind für Schweine gar nicht unattraktiv.

Als Grundfutter dient zu allen Zeiten ein Brei aus Schrot und Wasser. Weizen, Hafer und Gerste oder Erbsen lassen sich wunderbar schroten und mit Wasser zur Schweineleibspeise verarbeiten.

Info – Futter

Getreide
Brei aus Schrot (Weizen, Hafer, Gerste, Erbsen) und Wasser
Hackfrüchte
Heu
Leguminosen
alte, biologische Backwaren
überschüssige Biomilch, Bio-Milchprodukte
Molke (Käswasser)

Ein völlig verwüsteter und umgewühlter Schweineauslauf tritt nur auf, wenn er zu klein ist. Auf einer ausreichend großen Weide zusammen mit Schafen, Kühen, Ziegen und anderen Tieren zeigt sich die Einnischung wunderbar. Ziegen nutzen die Gehölze, Schafe und Kühe vorwiegend das kurze und lange Gras. Schweine reduzieren die Wurzeln und die bodenlebenden Tiere. Die Wühlstellen sind dann sehr nützlich als Tränke, Suhle und für die Aussamung neuer Wildkräuter.

Pflege

CHECKLISTE! Pflegeplan

Täglich:
- ❑ Futterstelle säubern
- ❑ füttern
- ❑ Wasser erneuern
- ❑ Kontrolle, ob es allen Tieren gut geht und alle leben
- ❑ Kontrolle des Stalles und der Zäune

Regelmäßig:
- ❑ Tierpflege
- ❑ kehren
- ❑ misten

Bei Bedarf:
- ❑ Suhle reinigen und erneuern
- ❑ desinfizieren mit biologischen Mitteln (nur im äußersten Notfall)

Das Vorhandensein einer Suhle ist für die Körperhygiene und die Gesundheitsförderung von Schweinen von größter Bedeutung. Die Regulation der Körpertemperatur erfolgt über das Schlammbad und so sind die Tiere auf Wasser angewiesen.

Eine regelmäßige Beobachtung der Tiere ist ebenfalls sinnvoll, dennoch brauchen Schweine sehr wenig Pflege von außen und leben in einer ausgewogenen und vielfältigen Umgebung sehr gesund. Die Belastung durch Zecken lässt sich mit Schwarzkümmelöl reduzieren. Das gezielte Einreiben der Tiere oder das Verabreichen von Schwarzkümmelöl im Trinkwasser wirkt Wunder. Die Wirkung bleibt auch den Schweinen nicht verborgen und so wird der Trinkwassertrog plötzlich zur Badewanne und die Ölflasche zum Lockmittel.

Vermehrung (Aufzucht)

Das Halten eines Ebers ist eine spannende Arbeit. Da er in der Wildnis als Einzelgänger lebt, ist er nicht sehr gesellig. Dennoch ist es für die Sauen und die Besitzer schön, wenn Sie ab und zu Ferkel haben. Denn um den Nachwuchs geht es im Allgemeinen, wenn man Fleisch essen möchte. So ist es also unabdingbar, dass man sich einen Eber hält oder ihn mit anderen Haltern teilt. Eber sind die effizientesten „Erdarbeiter", aber in menschlichen Augen ziemlich egoistisch und kratzbürstig. Drei Monate vor dem Wurf werden Sau und Eber zusammengebracht.

Schweine sind die wichtigsten Verwerter auf einem Hof. Als Nahrungskonkurrenten des Menschen sind sie nur in der intensiven Mast zu sehen. Auf einem Hof verwerten Sie Küchenabfälle und arbeiten sogar den Mistkaufen nochmals durch, um keine fressbaren Rohstoffe unnütz verkommen zu lassen.

Ferkel lernen von ihrer Mutter alles, was ein erwachsenes Schwein wissen muss.

Wo Ferkel sind, da ist auch ein Eber. Der Eber ist dominant und egoistisch. Alle – auch der Halter – behalten ihn besser stets im Auge, wenn sie mit ihm auf der Weide sind.

Das Ferkeln erfolgt dann ohne die Anwesenheit der anderen Tiere nach 116 Tagen. Die Muttersau wird sich in aller Ruhe ein Nest aus Stroh und Streu bauen und dort ferkeln. Ist der Platz ausreichend und die Ruhe groß, dann sind zerdrückte, gefressene oder getötete Ferkel sehr, sehr selten. Es kommen im Schnitt 11 Ferkel zur Welt, die man teils mästen und teils gewinnbringend verkaufen kann. Das Ziel sollte sein, dass Schweine kostenneutral gehalten werden. In dieser Rechnung ist auch der Wert der Produkte enthalten, die sich mit den teuersten Schweineprodukten auf dem Markt messen können.

Verwertung

Während man bei „Fell- und Pelztieren" darauf achtet, dass man das Fell am Stück abzieht und konserviert, hat beim Schwein die Haut eine andere Funktion.

Ursprünglich zielte die Schlachtung darauf ab, dass die Haut das unter ihr liegende Fett zusammenhält. Daher wurden Schweine geschlachtet, im heißen Wasser entborstet und gründlich gewaschen. Der Speck mit der Schwarte wurde dadurch fixiert, erhalten und portionierbar gemacht.

Der Trend weg vom Fett in der Küche hat Schweinefleisch und Fett bei dieser Schlachtmethode etwas aus dem Fokus gerückt. Obwohl Schweinefett ähnliche Schmelzwerte wie Palmöl hat, wird heute lieber mit Palmfetten gebacken und gekocht – ohne die Umweltwirkung zu beleuchten.

Die Schlachtung eines Schweins erfolgt regional recht unterschiedlich. Hofschlachtungen sind natürlich zu bevorzugen, um Tierleid zu reduzieren und den CO_2-Abdruck in Grenzen zu halten. Leider ist die Hofschlachtung vielerorts erschwert bzw. verboten worden. Eine Abklärung der regionalen, örtlichen Vorschriften bzw. das Abklären mit erfahrenen Haltern und das Einhalten gesetzlicher Bestimmungen schafft Sicherheit.

Fleischgewinnung

Vom Schwein ist alles verwertbar. Vom Kopf bis zum Schwanz. Was in unserer Küche keinen Platz mehr findet, kann getrocknet als Hundefutter verwendet werden. Die Literatur ist voll von Methoden, wie wirklich das ganze Schwein zu einem wertvollen Nahrungslieferanten wird.

Krankheiten

Krankheiten sind auch bei Schweinen vielfältig. Ein geregeltes Schweineleben, das nach einiger Zeit auf dem Esstisch endet, beugt vielen Krankheiten vor. Das fordert eine gewisse Disziplin und Konsequenz bei der Tierhaltung. Andere Krankheiten lassen sich durch Beobachtung feststellen und sollten bei pragmatischer Beurteilung dem Tierarzt anvertraut werden.

Schweine sind ideal für die Nachbeweidung von Kulturflächen. Gemüseäcker werden so von Ernteabfällen gesäubert und Schädlinge reduziert. Das Wühlen lockert den Boden und der Kot düngt fürs nächste Jahr. Ein idealer Helfer, der wieder viel öfter zum Einsatz kommen sollte.

Ein lebendiger Hof ohne einen Wurf junger Ferkel ist fast nicht vorstellbar. Der Unterhaltungswert ist riesig, die Dienstleistungen und Produkte, die wir durch eine Gruppe junger Schweine erhalten, unvorstellbar.

LITERATURVERZEICHNIS

Arnold, Annette und René Reibetanz (2008). **Alles für das Schaf.** Darmstadt, Pala-Verlag.

Arnold, Annette und René Reibetanz (2018). **Alles für die Ziege.** Darmstadt, Pala-Verlag.

Bödeker, Ernst (1914). **Kleinviehbuch. Praktische Anleitung zur nutzbringenden Zucht und Haltung von Kleinvieh.** Frankfurt an der Oder, Druck und Verlag der königlichen Hofbuchdruckerei Trowitzsch und Sohn.

Bridgewater, G. und A. Bridgewater (2007). **Selbstversorgung aus Haus und Garten.** Fränkisch-Crumbach, Edition XXL.

Bross-Burkhardt, Brunhilde (2015). **Praxisbuch – Minifarming.** München, BLV.

Denzau, Gertrud und Helmut Denzau (1999). **Wildesel.** Stuttgart, Thorbecke Verlag.

Dielacher, Veronika (2016). **Das große Buch vom Heu.** Graz, Leopold Stocker Verlag.

Dittmann, Nina (2016). **Vom Glück, Schweine zu hüten. Artgerechte Freilandhaltung alter Rassen.** Darmstadt, Pala-Verlag.

Dorkewitz, Katrin, Antje Feldmann, Anika Lucht-Simantke. Christel und Karola Stier (2019). **Gesundheitsmanagement und Seuchenschutz für gefährdete Nutztierrassen. Handbuch für Tierhalterinnen und Tierhalter sowie Grundlagen für die Zusammenarbeit mit Veterinären.**

Dowling, Alderson und Caras (1994). **Rasse statt Masse.** Hildesheim, Gerstenberg.

Dun, Kathryn und Paul Farnham (2008). **Beautiful Sheep.** London, Frances Lincoln Limited.

Estermann, Marie-Theres (2001). **Hühner, Gänse, Enten.** Stuttgart, Ulmer.

Fischer, Gerhard, Hugo Rieder, Regina Kuhn und Fridhelm Volk (2004). **Das Fotobuch für die Praxis.** Stuttgart, Ulmer Verlag.

Friedmann, K., F. Joppich, W. Krebs, J. Lehmann, H. Nawoi und G. Schirwitz (1982). **Unsere Kleintiere.** DDR Berlin, VEB Deutscher Landwirtschaftsverlag.

Göhring, Andrea und Jutta Schneider-Rapp (2017). **Bauernhoftiere bewegen Kinder.** Darmstadt, Pala-Verlag.

Gutjahr, Axel (2014). **Kaninchen, Ziege, Huhn und Co.** Graz – Stuttgart, Leopold Stocker Verlag.

Gutjahr, Axel (2015). **Schafhaltung auf Kleinflächen.** Reutlingen, Oertel und Spörer.

Haller, Martin (2000). **Seltene Haus- und Nutztierrassen.** Graz – Stuttgart, Leopold Stocker Verlag.

Heinrich, Kreuser (2006). **Leitfaden der Hühnerhaltung.** Reutlingen, Oertel und Spöhrer.

Kramer, Rudolf (1999). **Rassegeflügelzucht.** Waltrop, Manuskriptum.

Mandelmann, Marie und Gustav Mandelmann (2015). **Gärtnern für Selbstversorger.** Stuttgart, Kosmos.

Maurer, Gerhard (2015). **Ziegenhaltung heute.** Graz – Stuttgart, Leopold Stocker Verlag.

Müller, Georg (2013). **Europas Feldeinfriedungen, Wallhecken (Knicks), Hecken, Feldmauern, Flecht- und Biegehecken, traditionelle Zäune.** Stuttgart, Neuer Kunstverlag.

Nikutowski Nadja, Klaus Neugebauer (1997). **Einsatz von Schafen in der Umwelterziehung.** Heft 5, Wetzl, Naturschutz-Zentrum Hessen Projekt GmbH.

Ringdorfer, Ferdinand, Armin Deutz und Johann Gasteiner (2009). **Schafhaltung heute.** Graz – Stuttgart, Leopold Stocker Verlag.

Sambraus, Hans Hinrich (1989). **Atlas der Nutztierrassen. 220 Rassen in Wort und Bild.** Stuttgart, Ulmer Verlag.

Sambraus, Hans Hinrich (1994). **Gefährdete Nutztierrassen.** Stuttgart, Ulmer Verlag.

Sambraus, Hans Hinrich und Engelhard Boehncke (1990). **Ökologische Tierhaltung.** Karlsruhe, Verlag C. F. Müller.

Schiffer, Katrin Juliane und Carola Hotze (2017). **Hühner halten.** Stuttgart, Kosmos.

Seymour, John (1976). **Leben auf dem Lande.** Ravensburg, Ravensburger.

Stach, Günter (2008). **Geflügelställe und Ausläufe.** Reutlingen, Oertel und Spörer.

Stern-Les-Landes, Alice (2011). **Tiere halten hinterm Haus. Haltung, Pflege und Ernährung.** Augsburg, Weltbild.

Unterweger, Wolf-Dietmar (2015). **Die Bauern.** Graz –Stuttgart, Leopold Stocker Verlag.

Unterweger, Wolf-Dietmar und Philipp Unterweger (2018). **Echte Bauern retten die Welt!** Graz – Stuttgart, Leopold Stocker Verlag.

Unterweger, Wolf-Dietmar und Philipp Unterweger (2019). **Das Hühnerbuch – Handbuch zur Haltung glücklicher Hühner.** Graz – Stuttgart, Leopold Stocker Verlag.

Vanselow, Renate (2019). **Pferd und Grasland.** Lemgo, Starke Pferde Verlag.

Vogel-Reich, Alexandra (2015). **Ente, Gans und Schwan. Rassen – Haltung – Vermarktung.** Graz – Stuttgart, Leopold Stocker Verlag.

INTERNETQUELLEN

- http://www.schafzucht-niedersachsen.de/Schafzucht-Verbaende-Niedersachsen/index.php?option=com_content&view=article&id=116&Itemid=729&lang=de
- https://www.lfl.bayern.de/itz/schaf/030657/index.php
- http://www.schafzucht-kiel.de/index.php?id=15
- https://www.schafe-sind-toll.com/zucht/rasse-und-zuchtzielbeschreibungen/merinoschafe/
- https://www.bmnt.gv.at/land/lebensmittel/trad-lebensmittel/Fleisch/Schaf-Ziege/tiroler_bergschaf.html
- http://g-e-h.de/
- https://www.prospecierara.ch/
- http://www.arche-austria.at/
- https://perlhuhnhof.de
- https://www.provieh.de/
- https://www.sv-puten-perlhuhn.de/zucht-und-haltung/
- https://www.huehner-info.de
- https://www.milch.info/milchsorten/eselsmilch/
- https://www.orenda-ranch.com/index.php?page=geschichte_lama
- https://nwk-verein.de/haltung
- https://www.deine-tierwelt.de/magazin/lamas-und-alpakas-als-haustiere-wissenswertes-fuer-angehende-halter/
- https://www.markt.de/ratgeber/nutztiere/lamas-tipps-fuer-die-haltung/
- https://www.vogelforen.de/threads/pfauen-halten-aber-wie.158966/
- https://www.kleinod-farm.de/pfauen-halten
- http://www.pfauenfarm.de/Home-Deutsch/Der-Pfau/Haltung-PC/haltung-pc.html
- http://www.pfauenforum.de/haltung/
- https://m.geo.de/geolino/tierlexikon/17389-rtkl-voegel-pfau
- https://herz-fuer-tiere.de/ratgeber-tier/bauernhoftiere/schweine/schweinerassen/steckbrief-angler-sattelschwein
- https://www.selbstversorger.de/schweinerassen-uebersicht/#5_deutsches_sattelschwein
- https://www.oekolandbau.de/landwirtschaft/tier/spezielle-tierhaltung/gefluegel/mastgefluegel/oekologische-putenmast/haltung/
- www.starke-pferde.de

Aus unserem Programm

ISBN 978-3-7020-1495-7

ISBN 978-3-7020-1757-6

ISBN 978-3-7020-1790-3

Leopold Stocker Verlag

Graz – Stuttgart

www.stocker-verlag.com